"十三五"江苏省高等学校重点教材（编号：2020-1-117）

# 遥感二次开发语言 IDL
# （第 2 版）

徐永明　编著

科学出版社

北　京

# 内 容 简 介

本书的主旨是让读者掌握 IDL 语言编程方法，并将其灵活应用到具体的遥感问题中去，力求通俗易懂、简洁明了，注重理论联系实际。书中以 IDL 8.8 为基础，系统地介绍了 IDL 编程语言及其在遥感相关领域的实际应用。全书分"基础篇"和"实战篇"两篇，共 12 章，涵盖了 IDL 语言概述，IDL 语法基础，IDL 编程基础，数据的读写操作，图形绘制，图像处理，随机数、统计与插值，IDL 与 ENVI 交互，图形用户界面开发和程序打包与调用等方面的内容，并提供了大量的 IDL 遥感数据处理和信息提取实例。

本书可作为遥感、测绘、地理、环境、气象等学科的本科生及研究生教材，也可作为遥感及相关领域教师及科技工作者的参考书。

---

**图书在版编目（CIP）数据**

遥感二次开发语言 IDL/徐永明编著. —2 版. —北京：科学出版社，2023.3

"十三五"江苏省高等学校重点教材

ISBN 978-7-03-075014-3

Ⅰ.①遥… Ⅱ.①徐… Ⅲ.①遥感技术–软件工具–程序设计–高等学校–教材 Ⅳ.①TP7②TP311.56

中国国家版本馆 CIP 数据核字（2023）第 037884 号

责任编辑：王腾飞/责任校对：郝璐璐
责任印制：吴兆东/封面设计：许 瑞

科学出版社 出版

北京东黄城根北街 16 号
邮政编码：100717
http://www.sciencep.com

天津市新科印刷有限公司印刷
科学出版社发行 各地新华书店经销

\*

2014 年 6 月第 一 版 开本：787×1092 1/16
2023 年 3 月第 二 版 印张：22 1/4
2025 年 1 月第二十一次印刷 字数：533 000

**定价：129.00 元**
（如有印装质量问题，我社负责调换）

# 前　言

遥感能够以宏观、动态的手段获取空间上连续的地表及近地表信息，在环境监测、资源调查、城市规划、公共健康、国防安全、农林管理、气象气候等多个领域发挥着越来越重要的作用，对社会经济和科学研究有着重要意义。IDL 语言作为一门面向数组的编程语言，在遥感图像处理和信息提取方面有着独到的优势，其与遥感通用处理软件 ENVI 的结合，更是为遥感方面的工作提供了强有力的工具。

自 2014 年《遥感二次开发语言 IDL》第 1 版问世以来，8 年多的时间已经过去。这段时间里，遥感技术飞速发展，IDL 语言本身也实现了多次升级，第 1 版已略显过时。第 2 版在第 1 版基础上进行了大量的修改，增加了 ENVI 面向对象开发、图形用户界面开发、程序打包与调用等内容，更新并补充了大部分的应用案例。

全书共分两篇："基础篇"包括第 1~10 章，主要介绍 IDL 语言基础语法知识，包括 IDL 语言概述、IDL 语法基础、IDL 编程基础，数据的读写操作，图形绘制，图像处理，随机数、统计与插值，IDL 与 ENVI 交互，图形用户界面开发和程序打包与调用；"实战篇"包括第 11 章和第 12 章，主要介绍遥感数据处理和信息提取方面的应用实例。

本书得到了江苏省高等学校重点教材建设项目 "遥感二次开发语言（修订版）"的资助。研究生莫亚萍、陈惠娟参与了第 9 章和第 10 章的编写工作，研究生莫亚萍、吉蒙、张杨、许尘璐参与了案例资料收集和文字校对工作，并得到了南京信息工程大学祝善友教授、陈健副教授，中国气象局地球系统数值预报中心刘勇洪正研级高工，易智瑞公司邓书斌总经理、王文慧经理、徐恩慧工程师等人士的帮助，特此致谢！第 1 版出版后，有些读者和我进行了交流，指出了存在的问题，提出了宝贵建议，限于篇幅无法一一列举，在此一并感谢！书中矢量数据由全国地理信息资源目录服务系统提供，HJ CCD 数据由中国资源卫星应用中心提供，GF2 PMS 由遥感卫星应用国家工程实验室南京研究中心提供，FY4A AGRI 数据由国家卫星气象中心提供，Landsat 5 TM、Landsat 8 OLI 及 TIRS 由 USGS GloVis 提供，EOS MODIS、NPP VIIRS 数据由 NASA Earthdata 提供，$PM_{2.5}$ 格网数据由 NASA SEDAC 提供，Worldpop 人口格网数据由 Worldpop 网站提供，在此一并表示感谢！

本书所有的代码和数据资源已通过科学出版社在线资料共享，访问科学书店 www.ecsponline.com，检索图书名称，在图书详情页"资源下载"栏目中可获取本书附带学习资料。此外，可以通过 360 云盘和百度网盘下载，地址为：https://yunpan.360.cn/surl_

yEC7gtkSvRS 和 https://pan.baidu.com/s/1R29tYCj6lVKuMIfwtsixyg?pwd=IDLP。

  由于遥感技术的快速发展和笔者学识水平的限制，书中难免有不当之处，恳请广大读者批评指正。

徐永明

2022 年 12 月

# 目 录

前言

## 基 础 篇

**第1章 IDL 语言概述** ······················································································· 3
  1.1 IDL 语言简介 ························································································ 3
  1.2 IDL 工作环境 ························································································ 3
    1.2.1 IDL 工作界面 ················································································ 3
    1.2.2 IDL 帮助 ······················································································ 4
  1.3 IDL 使用时的一些注意事项 ··································································· 5
    1.3.1 书中 IDL 代码的表达方式 ······························································ 5
    1.3.2 IDL 注意事项 ················································································ 5
  1.4 版本的说明 ··························································································· 6

**第2章 IDL 语法基础** ······················································································· 7
  2.1 变量 ····································································································· 7
    2.1.1 变量概述 ······················································································ 7
    2.1.2 数据类型 ······················································································ 8
    2.1.3 变量基本操作 ··············································································· 8
    2.1.4 变量的属性和方法 ······································································ 11
    2.1.5 无效值和无穷值 ········································································· 12
  2.2 数组 ··································································································· 13
    2.2.1 创建数组 ···················································································· 13
    2.2.2 数组的下标 ················································································ 16
    2.2.3 数组操作函数 ············································································· 17
    2.2.4 数组运算 ···················································································· 28
  2.3 字符串 ······························································································· 29
    2.3.1 创建字符串 ················································································ 29
    2.3.2 字符串连接 ················································································ 30
    2.3.3 字符串操作函数 ········································································· 30
    2.3.4 字符串与数值的相互转换 ··························································· 35
    2.3.5 字符串读取 ················································································ 36
  2.4 表达式 ······························································································· 37
    2.4.1 数值型表达式 ············································································· 37
    2.4.2 关系型表达式 ············································································· 39

2.4.3 逻辑型表达式 ........................................................... 39
2.4.4 位运算表达式 ........................................................... 40
2.4.5 条件表达式 ............................................................... 41
2.4.6 运算符的优先级 ....................................................... 41
2.5 时间 ......................................................................................... 42
2.5.1 系统时间 ................................................................... 42
2.5.2 时间格式转换 ........................................................... 43
2.5.3 其他的时间操作函数 ............................................... 44
2.6 结构体 ..................................................................................... 46
2.6.1 匿名结构体 ............................................................... 46
2.6.2 署名结构体 ............................................................... 47
2.6.3 结构体数组 ............................................................... 47
2.6.4 结构体操作函数 ....................................................... 48
2.7 指针 ......................................................................................... 49
2.7.1 指针的创建 ............................................................... 49
2.7.2 指针的提取 ............................................................... 50
2.7.3 指针的释放 ............................................................... 50
2.7.4 指针的验证 ............................................................... 51
2.7.5 指针数组 ................................................................... 51

## 第3章 IDL 编程基础 ........................................................................ 52
3.1 过程和函数 ............................................................................. 52
3.1.1 过程 ........................................................................... 52
3.1.2 函数 ........................................................................... 53
3.1.3 程序的相互调用 ....................................................... 54
3.2 控制语句 ................................................................................. 54
3.2.1 选择结构 ................................................................... 54
3.2.2 循环结构 ................................................................... 58
3.2.3 continue 和 break 语句 ............................................. 60
3.3 参数和关键字 ......................................................................... 61
3.3.1 参数 ........................................................................... 61
3.3.2 关键字 ....................................................................... 62
3.3.3 值传递和地址传递 ................................................... 62
3.3.4 参数和关键字的检测 ............................................... 63
3.4 变量的作用域 ......................................................................... 64
3.4.1 局部变量 ................................................................... 64
3.4.2 全局变量 ................................................................... 64
3.5 其他 ......................................................................................... 65
3.5.1 IDL 程序优化 ............................................................ 65

  3.5.2 调用外部命令 ································································ 68
  3.5.3 程序断点与调试 ···························································· 68

# 第4章 数据的读写操作 ································································ 70
## 4.1 标准输入输出 ···································································· 70
  4.1.1 标准输入 ······································································ 70
  4.1.2 标准输出 ······································································ 71
## 4.2 文件的相关操作 ································································ 73
  4.2.1 文件的打开与关闭 ······················································ 73
  4.2.2 文件的其他操作 ·························································· 74
## 4.3 读写 ASCII 码文件 ··························································· 80
  4.3.1 读取 ASCII 码文件 ····················································· 81
  4.3.2 写入 ASCII 码文件 ····················································· 84
  4.3.3 读写 CSV 文件 ····························································· 84
## 4.4 读写二进制文件 ································································ 86
  4.4.1 读取二进制文件 ·························································· 86
  4.4.2 写入二进制文件 ·························································· 86
## 4.5 读写图像文件 ···································································· 87
  4.5.1 查询图像文件 ······························································ 87
  4.5.2 读取图像文件 ······························································ 88
  4.5.3 写入图像文件 ······························································ 91
## 4.6 读写 HDF 文件 ································································· 92
  4.6.1 读写 HDF4 文件 ·························································· 92
  4.6.2 读写 HDF5 文件 ·························································· 96
## 4.7 读写 NetCDF 文件 ·························································· 102

# 第5章 图形绘制 ············································································ 107
## 5.1 曲线图 ··············································································· 107
  5.1.1 基本曲线图 ·································································· 107
  5.1.2 曲线设置 ····································································· 108
  5.1.3 符号设置 ····································································· 109
  5.1.4 坐标轴设置 ································································· 111
  5.1.5 绘制多幅图形 ···························································· 112
  5.1.6 图形对象操作方法 ···················································· 112
  5.1.7 文本标注 ····································································· 114
  5.1.8 图例 ············································································· 115
## 5.2 散点图 ··············································································· 118
## 5.3 柱状图 ··············································································· 120
## 5.4 箱线图 ··············································································· 124

# 第6章 图像处理 ············································································ 127

6.1 图像显示 ·············································································· 127
6.2 图像统计 ·············································································· 128
  6.2.1 常规统计 ···································································· 128
  6.2.2 直方图统计 ································································ 129
6.3 图像增强 ·············································································· 130
  6.3.1 线性增强 ···································································· 130
  6.3.2 直方图均衡 ································································ 132
  6.3.3 掩模运算 ···································································· 133
  6.3.4 密度分割 ···································································· 134
  6.3.5 颜色空间变换 ···························································· 136
  6.3.6 图像二值化 ································································ 138
6.4 图像滤波 ·············································································· 138
  6.4.1 平滑滤波 ···································································· 138
  6.4.2 锐化滤波 ···································································· 140
  6.4.3 卷积运算 ···································································· 141
6.5 图像几何变换 ······································································ 142
  6.5.1 图像裁切 ···································································· 142
  6.5.2 图像重采样 ································································ 142
  6.5.3 图像转置 ···································································· 143
  6.5.4 图像旋转与翻转 ························································ 144

# 第7章 随机数、统计与插值 147
7.1 随机数 ·················································································· 147
  7.1.1 生成随机数 ································································ 147
  7.1.2 随机数的应用 ···························································· 148
7.2 数理统计 ·············································································· 150
  7.2.1 相关分析 ···································································· 150
  7.2.2 回归分析 ···································································· 152
7.3 插值 ······················································································ 156
  7.3.1 普通插值 ···································································· 156
  7.3.2 三角网插值 ································································ 159
  7.3.3 反距离权重插值 ························································ 161
  7.3.4 克里金插值 ································································ 164

# 第8章 IDL 与 ENVI 交互 166
8.1 IDL 与 ENVI 交互模式 ······················································ 166
8.2 IDL 与 ENVI 的数据交互 ·················································· 167
8.3 ENVI 调用 IDL 函数 ·························································· 168
  8.3.1 波段运算函数 ···························································· 168
  8.3.2 波谱运算函数 ···························································· 170

8.4 ENVI Classic 二次开发·····171
 8.4.1 常用的 ENVI 函数·····172
 8.4.2 envi_doit·····193
8.5 ENVI 面向对象二次开发·····208
 8.5.1 常用的 ENVI 对象·····208
 8.5.2 ENVITask·····220

**第 9 章 图形用户界面开发**·····234
9.1 图形界面开发基本概念·····234
9.2 常用组件·····234
 9.2.1 容器组件与组件管理·····234
 9.2.2 按钮组件·····237
 9.2.3 标签组件·····239
 9.2.4 文本框组件·····240
 9.2.5 列表组件·····241
 9.2.6 树组件·····244
 9.2.7 标签页组件·····245
 9.2.8 显示组件·····246
 9.2.9 表格组件·····247
 9.2.10 对话框组件·····249
 9.2.11 复合组件·····250
9.3 组件控制·····251
9.4 事件处理·····252

**第 10 章 程序打包与调用**·····261
10.1 sav 文件·····261
 10.1.1 打包 sav 文件·····261
 10.1.2 调用 sav 文件·····265
10.2 exe 文件·····267
 10.2.1 打包 exe 文件·····267
 10.2.2 调用 exe 文件·····268

## 实 战 篇

**第 11 章 IDL 遥感数据处理实例**·····273
11.1 气温移动观测数据处理·····273
11.2 地物光谱数据处理与特征提取·····276
11.3 基于波谱响应函数的 Landsat 8 OLI 光谱模拟·····279
11.4 MODIS 地表温度数据镶嵌、投影转换与合并处理·····281
11.5 FY4A AGRI 地表温度圆盘数据几何重定位处理·····284
11.6 NPP VIIRS 夜间灯光数据云掩模、镶嵌与空间裁切处理·····288

11.7 基于6S模型的GF2 PMS数据大气校正 ················································ 293
11.8 NPP VIIRS夜间灯光数据的多时相合成处理 ····································· 297
11.9 土地覆盖数据空间升尺度 ······································································ 299
11.10 批量生成遥感影像快视图 ····································································· 301

# 第12章 IDL遥感信息提取实例 ························································· 303
12.1 黑体辐射出射度计算 ············································································· 303
12.2 水体动态变化遥感监测 ········································································· 304
12.3 叶面积指数遥感估算 ············································································· 306
12.4 植被覆盖度遥感计算 ············································································· 309
12.5 植被时空变化遥感监测 ········································································· 311
12.6 Landsat 8地表温度遥感反演 ································································ 314
12.7 基于多因子局部回归的地表温度降尺度 ············································· 318
12.8 近地表气温遥感估算 ············································································· 322
12.9 遥感生态指数RSEI计算 ········································································ 326
12.10 温度植被干旱指数TVDI计算 ······························································ 329
12.11 人口加权$PM_{2.5}$暴露水平监测 ······························································ 334
12.12 森林火点遥感监测 ················································································ 336

**参考文献** ························································································································ 344

# 基 础 篇

# 第1章 IDL 语言概述

## 1.1 IDL 语言简介

交互式数据语言 IDL（Interactive Data Language）是美国 Harris Geospatial Solutions 公司的一种面向数组的计算机语言。自 1977 年问世以来，IDL 以其简单灵活的语法、强大的数据分析处理和可视化功能，在遥感、天文、地质、航天、医学和军事等许多领域得到了广泛应用。

IDL 语言最大的特点是面向数组，对数组的操作快捷且方便。基于 IDL 语言开发的遥感图像处理平台 ENVI（the Environment for Visualizing Images）与 IDL 语言能够方便地进行数据交互和函数调用，大大提高了 IDL 语言处理遥感图像的能力，可以让用户专注于算法方面的工作，用最少的时间和资源完成任务。因此，IDL 语言是进行遥感图像处理及应用分析的理想工具。

## 1.2 IDL 工作环境

### 1.2.1 IDL 工作界面

IDL8.8 的工作界面由菜单栏、工具栏、项目管理/变量查看器、程序编辑窗口、控制台、状态栏等构成（图 1.1）。

图 1.1 IDL8.8 的工作界面

菜单栏主要包括文件、编辑、源码、项目、宏命令、运行、窗口和帮助等8个菜单项，提供了文件管理、编辑、代码格式、项目管理、宏命令、运行调试、窗口视图管理和帮助等方面的功能。

工具栏提供了常用功能的按钮，包括新建文件、新建工程、打开文件、保存、全部保存、剪切、复制、粘贴、撤销、重做、编译、运行、停止、单步运行、单步跳过、单步跳出、重置会话、后退、前进和IDL转换器。在编写程序时单击工具栏按钮可方便快捷实现相应操作。

项目管理/变量查看器以标签页的方式切换项目管理器和变量查看器。项目管理器用于创建、修改和运行项目；变量查看器用于显示内存中IDL变量的名称、值、类型等。

程序编辑窗口是一个显示和编辑IDL代码的文本编辑器，主要用于编写IDL过程或者函数。

控制台用于输入IDL命令行并输出命令执行结果。IDL能自动记忆历史命令，通过"↑""↓"方向键可导入前/后面所输命令，或者通过切换到历史命令标签导入历史命令。

状态栏显示当前文件的基本属性、输入状态、当前光标位置、堆栈大小等基本信息。

### 1.2.2 IDL帮助

在学习IDL编程的过程中，使用IDL帮助系统非常重要。IDL8.8的帮助系统可以通过"帮助"菜单、敲F1键或者在控制台中输入"?"打开，系统界面如图1.2所示。帮助系统包括内容（Contents）、索引（Index）："内容"以目录形式分层次列出了所有帮助内容；"索引"按照字母顺序列出了IDL所有的过程、函数、运算符、系统变量等。

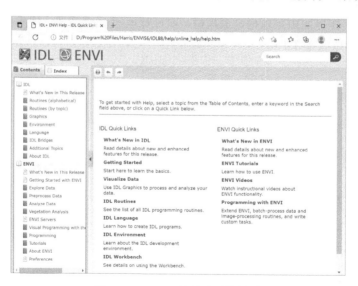

图1.2 IDL8.8的帮助系统界面

可以在右上方搜索框或者索引栏的搜索框输入内容查询出符合条件的帮助信息，或者在控制台中输入"?"加上要查询的内容，比如输入"?fltarr"即打开fltarr函数内容（图1.3）。

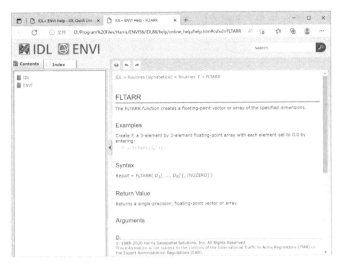

图 1.3　IDL8.8 帮助系统中的 fltarr 函数内容

## 1.3　IDL 使用时的一些注意事项

### 1.3.1　书中 IDL 代码的表达方式

书中 IDL 代码以下面两种方式表达：

1. 命令行

命令行代码在 IDL 控制台中输入，以"IDL>"开头（ENVI+IDL 工作模式下为"ENVI>"），控制台中的程序输出结果则没有"IDL>"开头或者"ENVI>"开头。

```
IDL> print, "Hello world"
Hello world
```

2. 过程/函数

过程或者函数在 IDL 程序编辑窗口输入，以"pro"或者"function"开头，以"end"结尾。

```
pro temp
  print, 'Hello world'
end
```

### 1.3.2　IDL 注意事项

在编写 IDL 程序过程中，以下事项需要注意：

1. 大小写

IDL 语言不区分大小写，用户可根据自己喜好来选择大小写方式。通常情况下，采用小写字母比较多。某些函数/过程名、参数/关键字名及变量名也会使用大写字母或首字母大写以方便阅读。

2. 注释

IDL 语言中分号";"为注释符，注释符右边的任何文本都被视为注释，程序执行时将被忽略。在写代码过程中适当使用注释，可以提高程序的可读性。

3. 续行符

IDL 语言中符号"$"为续行符，表示 IDL 语句延续到下一语句行。如果某条语句过长，不利于阅读，可以将这条语句分成若干行，使用续行符连接起来。

4. 续命令符

IDL 语言中符号"&"为续命令符，一行可以写多条 IDL 语句，语句之间用续命令符分隔，表示这是多条语句，IDL 将分别执行这些语句。

## 1.4 版本的说明

本书所有代码均在 IDL8.8 下测试通过，有些使用了新版本中新增功能的程序在旧版本 IDL 下运行可能会出错。

# 第 2 章 IDL 语法基础

## 2.1 变　　量

### 2.1.1 变量概述

变量指在程序运行过程中其值可以发生变化的数据。IDL 变量的命名规则如下：
- 第一个字符为英文字母或下划线；
- 可由英文字母、数字、下划线和美元符号"$"组成；
- 长度不超过 128 个字符；
- 中间不能有空格；
- 变量名不能是系统内部有特殊用途的保留字名称（IDL 保留字见表 2.1）。

表 2.1　IDL 保留字

| AND | BEGIN | CASE | COMMON | DO | ELSE | END |
|---|---|---|---|---|---|---|
| ENDCASE | ENDELSE | ENDFOR | ENDIF | ENDREP | EQ | FOR |
| FUNCTION | GE | GOTO | GT | IF | LE | LT |
| MOD | NE | NOT | OF | ON_IOERROR | OR | PRO |
| REPEAT | THEN | UNTIL | WHILE | XOR | | |

除了用户自己定义的变量以外，IDL 还提供了一些已经定义的特殊变量，以感叹号"!"开头，称为系统变量。系统变量的类型和结构不能改变，也不能从内存中释放。表 2.2 给出了几个常用的系统变量，所有的系统变量信息可参考 IDL 帮助。

表 2.2　IDL 常用的 7 个常数系统变量

| 变量名 | 说明 |
|---|---|
| !pi | 圆周率 π（单精度），3.14159 |
| !dpi | 圆周率 π（双精度），3.1415927 |
| !dtor | 角度到弧度的转换系数，π/180 |
| !radeg | 弧度到角度的转换系数，180/π |
| !color | 系统颜色查找表，可根据颜色名称获取 RGB 值 |
| !null | 空值 |
| !values | 无效值和无穷值（结构体变量，包括无效值和无穷值的域） |

### 2.1.2 数据类型

IDL 的数据类型可以分为两类：11 种数值数据类型（表 2.3）和 6 种非数值数据类型（表 2.4）。

表 2.3  IDL 数值数据类型

| 数据类型 | 描述 | 字节数 | 范围 |
| --- | --- | --- | --- |
| byte | 字节型 | 1 | $0\sim255$ |
| int | 整型 | 2 | $-32\,768\sim32\,767$ |
| uint | 无符号整型 | 2 | $0\sim65\,535$ |
| long | 长整型 | 4 | $-2^{31}\sim2^{31}-1$ |
| ulong | 无符号长整型 | 4 | $0\sim2^{32}-1$ |
| long64 | 64 位长整型 | 8 | $-2^{63}\sim2^{63}-1$ |
| ulong64 | 64 位无符号长整型 | 8 | $0\sim2^{64}-1$ |
| float | 浮点型 | 4 | $-10^{38}\sim10^{38}$ |
| double | 双精度浮点型 | 8 | $-10^{308}\sim10^{308}$ |
| complex | 复数 | 8 | $-10^{38}\sim10^{38}$ |
| dcomplex | 双精度复数 | 16 | $-10^{308}\sim10^{308}$ |

表 2.4  IDL 非数值数据类型

| 数据类型 | 描述 |
| --- | --- |
| string | 字符串（$0\sim32\,767$ 个字符） |
| struct | 结构体，一个或者多个变量的组合 |
| pointer | 指针 |
| object | 对象 |
| list | 链表 |
| hash | 哈希表 |

### 2.1.3 变量基本操作

IDL 变量在使用前不需要事先声明也不需要指定类型，可通过赋值方式直接定义，并且随时可以改变数据类型和维数。

通过赋值语句直接将变量 a 定义为一个浮点型变量，值为 1.1，然后通过另一条赋值语句将其转变为值为 3 的字节型变量。创建各种变量的方法详见表 2.5。

```
IDL> a=1.1
IDL> help, a
A               FLOAT     =       1.10000
IDL> a=3B
IDL> help, a
```

```
A               BYTE      =     3
```

在上面的代码中用到了 help 过程，该过程用于跟踪变量类型和大小。对于标量，help 过程显示变量名称、类型和值。对于数组，help 过程显示变量名称、类型和大小。

```
IDL> value=1.23
IDL> help, value
VALUE           FLOAT     =     1.23000
IDL> arr=[1, 2, 3, 4]
IDL> help, arr
ARR             INT       = Array[4]
```

print 过程显示标量和数组变量的值。

```
IDL> arr=[1.1, 2.6, -1.1, -2.6]
IDL> print, arr
     1.10000     2.60000    -1.10000    -2.60000
```

在 IDL 控制台中直接输入变量名也可以显示变量值，基本等效于 print 过程，但是在过程/函数中或者判断、循环语句中不能采用这样的方式。不过，print 和变量名直接回车的默认输出格式并不完全相同，如输出多个变量，print 会在一行中输出，而直接输入变量名会以一个变量一行的方式输出；又如针对浮点型数据，两种输出方式默认的输出位数不同。

```
IDL> arr
     1.1000000   2.5999999   -1.1000000   -2.5999999
IDL> a=3
IDL> b=5
IDL> print, a, b
     3       5
IDL> a, b
     3
     5
```

表 2.5  IDL 变量的创建与转换

| 数据类型 | 字节数 | 创建变量 | 数据类型转换函数 |
| --- | --- | --- | --- |
| 字节型 | 1 | 0B | Byte( ) |
| 整型 | 2 | 0 | Fix( ) |
| 长整型 | 4 | 0L | Long( ) |
| 64 位长整型 | 8 | 0LL | Long64( ) |
| 无符号整型 | 2 | 0U | Uint( ) |
| 无符号长整型 | 4 | 0UL | Ulong( ) |
| 64 位无符号长整型 | 8 | 0ULL | Ulong64( ) |

续表

| 数据类型 | 字节数 | 创建变量 | 数据类型转换函数 |
| --- | --- | --- | --- |
| 浮点型 | 4 | 0.0 | Float( ) |
| 双精度浮点型 | 8 | 0.0D | Double( ) |
| 复数 | 8 | Complex(0.0,0.0) | Complex( ) |
| 双精度复数 | 16 | Dcomplex(0.0D,0.0D) | Dcomplex( ) |
| 字符串 | 0~32 767 | " "或' ' | String( ) |
| 指针 | 4 | Ptr_New() | None |
| 对象 | 4 | Obj_New() | None |

特别大的数值一般需要通过科学计数法的方式来表达：

```
IDL> a=6.63e-34
IDL> help, a
A               FLOAT     =  6.63000e-034
IDL> b=2.998e8
IDL> help, b
B               FLOAT     =  2.99800e+008
```

对于已定义的变量，IDL 提供了变量转换函数，可以将变量从一种类型转换到另外一种类型，IDL 的各种变量转换函数见表 2.5。

将变量从精度较低的类型转换为精度较高的类型，转换过程中只有类型发生变化，值保持不变：

```
IDL> a=3B
IDL> help, a
A               BYTE      =    3
IDL> help, fix(a)
<Expression>    INT       =        3
IDL> a=1.23
IDL> help, a
A               FLOAT     =      1.23000
IDL> help, double(a)
<Expression>    DOUBLE    =        1.2300000
```

但是，将变量从精度较高的类型转换为精度较低的类型时，如果变量值超过输出变量类型的值域范围，会发生截断现象：

```
IDL> a=1.23
IDL> help, a
A               FLOAT     =      1.23000
IDL> help, fix(a)
<Expression>    INT       =        1
```

```
IDL> a=1234
IDL> help, a
A               INT       =      1234
IDL> help, byte(a)
<Expression>    BYTE      =      210
```

一般情况下，不建议将精度较高的变量类型转换为精度较低的类型。不过，有时候会遇到小数取整的问题，这种情况下最好不要使用如 fix 等函数直接将其转换为整型。IDL 提供了三个取整转换函数：round（四舍五入取整）、floor（去尾取整）、ceil（进一取整）：

round 语法：**result=round(var)**

floor 语法：**result=floor(var)**

ceil 语法：**result=ceil(var)**

- 参数 var 为数值型变量。

```
IDL> arr=[1.1, 2.6, -1.1, -2.6]
IDL> print, arr
    1.10000      2.60000     -1.10000    -2.60000
IDL> round(arr)
        1            3           -1          -3
IDL> floor(arr)
        1            2           -2          -3
IDL> ceil(arr)
        2            3           -1          -2
```

## 2.1.4 变量的属性和方法

IDL8.4 版本起，变量具有属性和方法。

变量属性的提取方式为**变量.属性**：

```
IDL> a=123
IDL> a.typename
INT
IDL> a=[1, 3, 5]
IDL> a.length
        3
```

变量方法的提取方式为**变量.方法()**：

```
IDL> a=[1, 3, 5]
IDL> a.mean()
    3.0000000
IDL> a='abcdef'
IDL> a.replace('cd','xx')
abxxef
```

### 2.1.5 无效值和无穷值

IDL 有两个特殊的变量：无效值（NaN 或-NaN）和无穷值（Inf 或-Inf）。
系统变量!values 可以用于创建无效值和无穷值：

```
IDL> a=!values.f_nan
IDL> help, a
A               FLOAT     =      NaN
IDL> b=!values.f_infinity
IDL> help, b
B               FLOAT     =      Inf
```

非法运算也会产生无效值或者无穷值：

```
IDL> help, sqrt(-1)
<Expression>    FLOAT     =      -NaN
% Program caused arithmetic error: Floating illegal operand
IDL> help, 1.0/0
<Expression>    FLOAT     =      Inf
% Program caused arithmetic error: Floating divide by 0
```

无效值 NaN 与所有数值的运算结果均为 NaN，无穷值 Inf 与所有数值的运算结果均为 Inf：

```
IDL> print, a*1, a+0
      NaN      NaN
IDL> print, b*1, b+0
      Inf      Inf
```

函数 finite 用于判断某变量是否为无效值/无穷值。如果为无效值/无穷值，返回 1；否则，返回 0。

语法：**result=finite(var [, /NaN] [, /infinity])**

- 参数 var 为变量；
- 关键字 NaN 设置 var 为无效值时函数返回 1；
- 关键字 infinity 设置 var 为无穷值时函数返回 1。

```
IDL> finite(a)
   0
IDL> finite(a, /nan)
   1
IDL> finite(b, /infinity)
   1
```

方法 isNaN 也可以用于判断某变量是否为无效值：如果为无效值，返回 1；否则返回 0。

语法：**result=var.isNaN()**

- 参数 var 为变量。

```
IDL> print, a.isNaN(), b.isNaN()
```

```
  1   0
```
方法 isInfinite 也可以用于判断某变量是否为无穷值：如果为无穷值，返回 1；否则返回 0。

**语法**：**result=var.isInfinite ()**

- 参数 var 为变量。

```
IDL> print, a.isInfinite(), b.isInfinite()
   0   1
```

## 2.2 数　　组

### 2.2.1 创建数组

数组的创建方法有两种：直接创建和利用函数创建。

**1. 直接创建**

利用方括号"[]"创建数组：

```
IDL> arr=[1, 2, 3, 4]
IDL> help, arr
ARR             INT       = Array[4]
IDL> arr
   1   2   3   4
```

也可以通过在方括号内设置起始数值、终止数值和步长的方式创建等步长数组：

```
IDL> arr=[1:8]
IDL> arr
   1   2   3   4   5   6   7   8
IDL> arr=[1:8:2]
IDL> arr
   1   3   5   7
IDL> arr=[2:-6]
IDL> arr
   2   1   0  -1  -2  -3  -4  -5  -6
```

使用方括号嵌套可以创建多维数组：

```
IDL> arr=[[1, 2, 3], [4, 5, 6]]
IDL> help, arr
ARR             INT       = Array[3, 2]
IDL> arr
   1   2   3
   4   5   6
```

可以根据已有数组嵌套创建数组：
```
IDL> a=[1, 2, 3]
IDL> b=[4, 5, 6]
IDL> arr=[a, b]
IDL> arr
   1       2       3       4       5       6
IDL> arr=[[a], [b]]
IDL> arr
   1       2       3
   4       5       6
```
创建数组时如果方括号内没有数据，则创建一个空数组，其本质就是一个空值，利用其可很方便地动态地把多个不同数组合并为新的数组。
```
IDL> arr=[]
IDL> help, arr
ARR             UNDEFINED = !NULL
IDL> arr1=[1, 2]
IDL> arr2=[arr, arr1]
IDL> help, arr2
ARR2            INT       = Array[2]
IDL> arr2
   1       2
```

2. 利用函数创建

利用函数可以创建两种常见的数组：零值数组和索引数组。零值数组中所有元素都为 0，索引数组中元素值为该元素的下标值。零值数组和索引数组的创建函数见表 2.6。

表 2.6  数组创建函数

| 数据类型 | 零值数组 | 索引数组 |
| --- | --- | --- |
| 字节型 | BytArr( ) | BIndGen( ) |
| 整型 | IntArr( ) | IndGen( ) |
| 长整型 | LonArr( ) | LIndGen( ) |
| 64 位长整型 | Lon64Arr( ) | L64IndGen( ) |
| 无符号整型 | UIntArr( ) | UIndGen( ) |
| 无符号长整型 | ULonArr( ) | ULIndGen( ) |
| 64 位无符号长整型 | ULon64Arr( ) | UL64IndGen( ) |
| 浮点型 | FltArr( ) | FIndGen( ) |
| 双精度浮点型 | DblArr( ) | DIndGen( ) |
| 复数 | ComplexArr( ) | CIndGen( ) |
| 双精度复数 | DComplexArr( ) | DCIndGen( ) |
| 字符串 | StrArr( ) | SIndGen( ) |

```
IDL> arr1=intarr(6)
IDL> arr1
     0       0       0       0       0       0
IDL> arr2=indgen(6)
IDL> arr2
     0       1       2       3       4       5
```
如果是多维数组，索引值为一维下标值：
```
IDL> arr=indgen(2, 2)
IDL> arr
     0       1
     2       3
```
函数 replicate 创建一个所有值相同的数组。

**语法**：**result=replicate(value, d$_1$[, …, d$_8$])**
- 参数 value 设置数组的初值；
- 参数 d$_1$, …, d$_8$ 设置数组各维的维度。

```
IDL> arr=replicate(3.2, 2, 3)
IDL> print, arr
     3.20000    3.20000
     3.20000    3.20000
     3.20000    3.20000
```

函数 make_array 可以按照指定要求创建数组。

**语法**：**result=make_array([d$_1$,…, d$_8$]] [, dimension=vector] [, value=value] [, /index] [, size=vector] [, type=type_code] [, /byte | , /integer | , /uint | , /long | , /ulong | , /l64 | , /ul64 | , /float | , /double | , /string | , /ptr])**

- 参数 d$_1$, …, d$_8$ 设置数组各维的维度；
- 关键字 dimension 设置数组各维的维度，为包含 1~8 个元素的数组，各元素分别对应各个维的维度，其效果等同于参数 d$_1$, …, d$_8$，该关键字与参数 d$_1$, …, d$_8$ 只能有其一；
- 关键字 value 设置数组的初值，如果该关键字未设置则默认值为 0；
- 关键字 index 设置结果数组为索引数组；
- 关键字 size 设置按照 size 数组所定义的参数来创建数组（size 数组详见 2.2.4 节）；
- 关键字 type 设置数组的数据类型（数据类型及对应编码值见表 2.7）；
- 关键字 byte、integer、uint、long、ulong、l64、ul64、float、double、string、ptr 分别设置数组的类型为字节型、整型、无符号整型、长整型、无符号长整型、64 位长整型、无符号 64 位长整型、浮点型、双精度浮点型、字符串和指针。

表 2.7 数据类型及对应编码值

| 值 | 数据类型 | 值 | 数据类型 |
|---|---|---|---|
| 0 | 未定义 | 8 | 结构体 |
| 1 | 字节型 | 9 | 双精度复数 |
| 2 | 整型 | 10 | 指针 |
| 3 | 长整型 | 11 | 对象 |
| 4 | 浮点型 | 12 | 无符号整型 |
| 5 | 双精度浮点型 | 13 | 无符号长整型 |
| 6 | 复数 | 14 | 64 位长整型 |
| 7 | 字符串 | 15 | 64 位无符号长整型 |

```
IDL> arr=make_array(3, 2, /byte)
IDL> arr
   0   0   0
   0   0   0
IDL> arr=make_array(3, 2, /byte, /index)   ;创建索引数组
IDL> arr
   0   1   2
   3   4   5
IDL> arr=make_array(3, 2, value=12L)       ;创建同值数组
IDL> arr
      12        12        12
      12        12        12
IDL> sz=[2, 4, 5, 1, 20]  ;sz数组定义了数组结构：2维数组，4列5行字节型
IDL> arr=make_array(size=sz)
IDL> help, arr
ARR            BYTE    = Array[4, 5]
```

### 2.2.2 数组的下标

IDL 的数组元素按照列优先顺序存储，数组的第一维（列）变化最快。

```
IDL> arr=indgen(3, 2)
IDL> arr
   0   1   2
   3   4   5
IDL> arr[1, 0]
   1
IDL> arr[0, 1]
   3
```

IDL 中数组的下标从 0 开始,其形式为:**数组[下标]**。
```
IDL> arr=indgen(6)
IDL> arr[2]
     2
```
下面给出了数组下标应用的一些示例:
```
IDL> arr=indgen(8)*10
IDL> arr
      0      10      20      30      40      50      60      70
IDL> arr[2]    ;标量下标
     20
IDL> arr[2:4]  ;下标范围
     20      30      40
IDL> arr[*]    ;所有下标
      0      10      20      30      40      50      60      70
IDL> arr[3:*]  ;从特定下标之后的所有下标
     30      40      50      60      70
IDL> index=[2, 3, 5]
IDL> arr[index]    ;下标用数组表示
     20      30      50
IDL> i=2
IDL> arr[i:i+2]    ;下标用变量表达式表示
     20      30      40
```
IDL 支持负下标: -1 为最后 1 个元素的下标,-2 为最后第 2 个元素的下标……
```
IDL> print, arr[-1], arr[-2]
     70      60
```

### 2.2.3 数组操作函数

1. 数组元素的数目

函数 n_elements 用于统计数组中所有元素的数目,如果数组未定义则返回 0。
**语法:result=n_elements(array)**
- 参数 array 为数组变量。
```
IDL> arr=findgen(3, 4)
IDL> n_elements(arr)
     12
```
也可以用变量的 length 属性统计数组元素数目。
```
IDL> arr.length
     12
```

### 2. 数组的大小和类型

函数 size 返回数组的尺寸和类型信息，结果为一个长整型数组，包含了数组的维数、大小和类型等信息。

语法： **result=size(array [, /n_dimensions ｜, /dimensions ｜, / type ｜, / tName ｜, / n_elements])**

- 参数 array 为数组变量；
- 关键字 n_dimensions 设置函数只返回维数；
- 关键字 dimensions 设置函数只返回每维的大小；
- 关键字 type 设置函数只返回数据类型的编码值（表 2.7）；
- 关键字 tName 设置函数只返回数据类型的名称；
- 关键字 n_elements 设置函数只返回元素数目。

```
IDL> arr=fltarr(10, 20)
IDL> size(arr)
2          10         20          4         200
```

函数 size 返回的结果数组包含 n+3 个元素（n 为数组的维数），各个元素的含义如下：第 1 个元素为数组的维数，第 2 个至第 n+1 个元素分别为每一维的大小；第 n+2 个元素为数据类型；第 n+3 个元素为数组元素的数目。

通过设定关键字 n_dimensions、dimensions、type、tName 和 n_elements 分别只返回维数、每维大小、类型编码、类型名称和元素数目：

```
IDL> size(arr, /n_dimensions)
       2
IDL> size(arr, /dimensions)
      10          20
IDL> size(arr, /type)
       4
IDL> size(arr, /tName)
FLOAT
IDL> size(arr, /n_elements)
     200
```

也可以用变量的 ndim、dim、typeCode、typeName 属性获取数组的元素数目维数、每维大小、类型编码、类型名称。

```
IDL> arr.ndim
       2
IDL> arr.dim
      10          20
IDL> arr.typeCode
       4
```

```
IDL> arr.typeName
FLOAT
```

3. 数组的最值

函数 max 用于计算数组元素的最大值。

**语法：result=max(array [, max_subscript] [, dimension=value] [, /NaN])**

- 参数 array 为数组变量；
- 参数 max_subscript 返回最大值对应的元素下标；
- 关键字 dimension 设置在某个维上统计最大值（1 表示统计第 1 维上的最大值，2 表示统计第 2 维上的最大值……）；
- 关键字 NaN 设置统计最大值时忽略无效值和无穷值。

函数 min 用于计算数组元素的最小值。

**语法：result=min(array [, min_subscript] [, dimension=value] [, /NaN])**

- 参数 array 为数组变量；
- 参数 min_subscript 返回最小值对应的元素下标；
- 关键字 dimension 设置在某个维上统计最小值；
- 关键字 NaN 设置统计最小值时忽略无效值和无穷值。

```
IDL> arr1=[1, 3, 4.2, 6, -2.3, 3.2]
IDL> print, max(arr1), min(arr1)
     6.00000     -2.30000
IDL> arr2=[[1, 3, 4.2], [6, -2.3, 3.2]]
IDL> print, arr2
     1.00000      3.00000      4.20000
     6.00000     -2.30000      3.20000
IDL> print, max(arr2, dimension=1)   ;第1维（列），即所有列在每一行的最大值
     4.20000      6.00000
IDL> print, max(arr2, dimension=2)   ;第2维（行），即所有行在每一列的最大值
     6.00000      3.00000      4.20000
```

函数 max 和 min 可以获取数组最值所对应的下标，无论几维数组均按照一维数组的下标方式返回。

```
IDL> max_w=max(arr1, index)
IDL> print, max_w, index
     6.00000              3
IDL> print, min(arr2, index, dimension=2)
     1.00000     -2.30000      3.20000
IDL> index
           0            4            5
```

针对包含无效值或者无穷值的数组，需要设置 NaN 关键字忽略无效值和无穷值。
```
IDL> arr3=[1, 4, !values.f_nan, !values.f_infinity]
IDL> arr3
     1.0000000       4.0000000             NaN             Inf
IDL> print, min(arr3), max(arr3)
     1.00000         Inf
% Program caused arithmetic error: Floating illegal operand
IDL> print, min(arr3, /NaN), max(arr3, /NaN)
     1.00000     4.00000
```
方法 max、min 也可以计算数组的最大值、最小值。

**语法**：**result=array.max([ max_subscript] [, dimension=value] [, /NaN])**
   **result= array.min([ min_subscript] [, dimension=value] [, /NaN])**
- 参数 max_subscript/min_subscript 返回最大值/最小值对应的数组下标；
- 关键字 dimension 设置在某个维上统计最大值/最小值；
- 关键字 NaN 设置统计最大值/最小值时忽略无效值和无穷值。

```
IDL> print, arr1.max(index)
     6.00000
IDL> index
     3
IDL> print, arr2.min(index, dimension=2)
     1.00000     -2.30000     3.20000
IDL> index
           0              4              5
IDL> print, arr3.min(), arr3.max()
     1.00000         Inf
% Program caused arithmetic error: Floating illegal operand
IDL> print, arr3.min(/NaN), arr3.max(/NaN)
     1.00000     4.00000
```

4. 数组的均值、中位数、方差、标准差

函数 mean 用于计算数组的平均值。
**语法**：**result=mean(array [, dimension=value] [, /NaN])**
- 参数 array 为数组变量；
- 关键字 dimension 设置在某个维上计算平均值；
- 关键字 NaN 设置统计平均值时忽略无效值和无穷值。

```
IDL> arr2=[[1, 3, 4.2], [6, -2.3, 3.2]]
IDL> print, mean(arr2)
     2.51667
```

```
IDL> print, mean(arr2, dimension=1)
    2.73333     2.30000
IDL> print, mean(arr2, dimension=2)
    3.50000     0.350000     3.70000
IDL> arr3=[1, 4, !values.f_nan, !values.f_infinity]
IDL> print, mean(arr3)
         NaN
IDL> print, mean(arr3, /NaN)
    2.50000
```

方法 mean 也可以计算数组的平均值。

**语法：result=array.mean([dimension=value] [, /NaN])**

- 关键字 dimension 设置在某个维上计算平均值。
- 关键字 NaN 设置统计平均值时忽略无效值和无穷值。

```
IDL> print, arr2.mean()
    2.51667
IDL> print, arr2.mean(dimension=2)
    3.50000     0.350000     3.70000
IDL> print, arr3.mean()
         NaN
IDL> print, arr3.mean(/NaN)
    2.50000
```

函数 median 用于计算数组的中位数。

**语法：result=median(array [, dimension=value] [, /even])**

- 参数 array 为数组变量；
- 关键字 dimension 设置在某个维上计算中位数；
- 关键字 even 设置当数组元素数目为偶数时取中间两个数值平均值为中位数，如果该关键字未设置默认取中间两个值中偏大的那个值。

```
IDL> print, median(arr2)
    3.20000
IDL> print, median(arr2, dimension=1)
    3.00000     3.20000
IDL> print, median(arr2, dimension=2)
    6.00000     3.00000     4.20000
IDL> print, median(arr2, /even)
    3.10000
```

方法 median 也可以统计数组的中位数。

**语法：result=array.median([dimension=value] [, /even])**

- 关键字 dimension 设置在某个维上计算中位数；

- 关键字 even 设置当数组元素数目为偶数时取中间两个数值平均值为中位数，如果该关键字未设置默认取中间两个值中偏大的那个值。

```
IDL> print, arr2.median()
    3.20000
IDL> print, arr2.median(dimension=2)
    6.00000      3.00000      4.20000
IDL> print, arr2.median(/even)
    3.10000
```

函数 variance 用于计算数组的方差。

语法：**result=variance(array [, dimension=value] [, /NaN])**

- 参数 array 为数组变量；
- 关键字 dimension 设置在某个维上统计方差；
- 关键字 NaN 设置计算方差时忽略无效值和无穷值。

```
IDL> print, variance(arr2)
    8.23367
IDL> print, variance(arr2, dimension=1)
    2.61333      17.8300
IDL> print, variance(arr2, dimension=2)
    12.5000      14.0450      0.500000
IDL> print, variance(arr3)
         NaN
IDL> print, variance(arr3, /NaN)
    4.50000
```

函数 stddev 用于计算数组的标准差。

语法：**result=stddev(array [, dimension=value] [, /NaN])**

- 参数 array 为数组变量；
- 关键字 dimension 设置在某个维上统计标准差；
- 关键字 NaN 设置计算标准差时忽略无效值和无穷值。

```
IDL> print, stddev(arr2)
    2.86944
IDL> print, stddev(arr2, dimension=1)
    1.61658      4.22256
IDL> print, stddev(arr2, dimension=2)
    3.53553      3.74767      0.707107
IDL> print, stddev(arr3)
         NaN
IDL> print, stddev(arr3, /NaN)
    2.12132
```

5. 数组求和

函数 total 用于计算数组元素的总和。

语法：**result=total(array [, dimension] [, /cumulative] [, /NaN])**

- 参数 array 为数组变量；
- 参数 dimension 设置在某个维上计算总和；
- 关键字 cumulative 设置函数返回累加数组，该数组第 i 个元素值为原数组[0:i–1] 的和；
- 关键字 NaN 设置求和时忽略无效值和无穷值。

```
IDL> print, total(arr2)
     15.1000
IDL> print, total(arr2, 1)
     8.20000      6.90000
IDL> print, total(arr2, 2)
     7.00000      0.700000      7.40000
IDL> print, total(arr2[1:2, *])
     8.10000
IDL> print, total(arr2, /cumulative)
     1.00000      4.00000      8.20000
     14.2000      11.9000      15.1000
IDL> print, total(arr3)
         NaN
IDL> print, total(arr3, /NaN)
     5.00000
```

方法 total 也可以对数组求和。

语法：**result=array.total([dimension] [, /cumulative] [, /NaN])**

- 关键字 dimension 设置在某个维上计算总和；
- 关键字 cumulative 设置返回累加数组；
- 关键字 NaN 设置求和时忽略无效值和无穷值。

```
IDL> print, arr2.total()
     15.1000
IDL> print, arr2.total(1)
     8.20000      6.90000
IDL> print, arr3.total(/NaN)
     5.00000
```

6. 数组偏度和峰度统计

（1）函数 skewness 用于计算数组的偏度系数。

语法：**result=skewness(array)**
- 参数 array 为数组变量。

```
IDL> print, skewness(arr1)
   -0.478071
```

（2）函数 kurtosis 用于计算数组的峰度系数。

语法：**result=kurtosis(array)**
- 参数 array 为数组变量。

```
IDL> print, kurtosis(arr1)
   -1.28137
```

（3）函数 moment 用于计算数组的平均值、方差、偏度和峰度。

语法：**result=moment(array [, mean=value] [, variance=value] [, skewness=value] [, kurtosis=value], [/NaN])**
- 参数 array 为数组变量；
- 关键字 mean 返回数组的平均值；
- 关键字 variance 返回数组的方差；
- 关键字 skewness 返回数组的偏度；
- 关键字 kurtosis 返回数组的峰度；
- 关键字 NaN 设置统计时忽略无效值和无穷值。

```
IDL> print, moment(arr1)
     2.51667      8.23367    -0.478071     -1.28137
IDL> result=moment(arr1, skewness=skewness, kurtosis=kurtosis)
IDL> print, skewness, kurtosis
   -0.478071     -1.28137
```

7. 数组元素的查找

函数 where 用于按照指定条件查找数组元素，返回数组中满足指定条件的元素下标。

语法：**result=where(array [, count] [, complement=variable] [, ncomplement=variable])**
- 参数 array 为数组变量；
- 参数 count 为满足查找条件的元素数目；
- 关键字 complement 为不满足查找条件的元素下标；
- 关键字 ncomplement 为不满足查找条件的元素数目。

```
IDL> arr=[5:10]
IDL> arr
       5       6       7       8       9      10
IDL> w=where(arr gt 6, count, complement=w1)
IDL> print, w, count
       2       3       4       5
```

```
                 4
IDL> arr[w]
         7       8       9      10
IDL> arr[w1]
         5       6
IDL> w=where(arr gt 6 and arr le 8)
IDL> arr[w]
         7       8
```

where 函数返回的下标始终是一维的下标（IDL 中的任何数组都可以看作一维），可以直接使用一维下标提取子数组，也可以计算出一维下标对应的二维下标（即行列号）。

```
IDL> arr=indgen(4, 3)
IDL> arr
         0       1       2       3
         4       5       6       7
         8       9      10      11
IDL> w=where(arr gt 9)
IDL> w
        10      11
IDL> dims=size(arr, /dimensions)
IDL> ns=dims[0]
IDL> print, w mod ns    ;计算出1维下标对应的2维下标的列号
         2       3
IDL> print, w/ns        ;计算出1维下标对应的2维下标的行号
         2       2
```

8. 数组的重排列

（1）函数 reform 用于在不改变元素总数目的前提下改变数组的维数或者维度大小。

语法：**result=reform(array, $d_1$[,⋯, $d_8$])**

- 参数 array 为数组变量；
- 参数 $d_1$,⋯, $d_8$ 设置调整后数组各维的维度。

```
IDL> arr=[1:6]
IDL> arr=reform(arr, 3, 2)
IDL> arr
         1       2       3
         4       5       6
```

也可以用 reform 方法改变数组的维数或者维度大小。

语法：**result=array.reform($d_1$[,⋯, $d_8$])**

- 参数 $d_1$,⋯, $d_8$ 设置调整后数组各维的维度。

```
IDL> arr=[1:6]
IDL> arr.reform(3, 2)
     1     2     3
     4     5     6
```

（2）函数 transpose 用于对数组进行转置运算。

语法：**result=transpose(array)**

- 参数 array 为数组变量。

```
IDL> arr=indgen(3, 2)
IDL> arr
     0     1     2
     3     4     5
IDL> print, transpose(arr)
     0     3
     1     4
     2     5
```

transpose 函数不仅可用于对二维数组进行转置运算，还可以用于对多维数组进行转置，三维数组的转置详见 6.5.3 节。

（3）函数 sort 用于对数组元素进行升序排列，返回排序后各个元素的下标。

语法：**result=sort(array)**

- 参数 array 为数组变量。

```
IDL> arr=[1, 3, 2, 5, 4, 6]
IDL> s=sort(arr)
IDL> s
     0     2     1     4     3     5
```

sort 函数返回的是元素下标，而不是元素。如果想要获取排序后的数组元素，需要对原数组进行一次取下标操作：

```
IDL> arr1=arr[s]
IDL> arr1
     1     2     3     4     5     6
```

方法 sort 也可以对数组排序，返回排序后的数组元素。

语法：**result=array.sort([indices=value])**

- 关键字 indices 返回排序后各个元素下标。

```
IDL> arr.sort(indices=s)
     1     2     3     4     5     6
IDL> s
     0     2     1     4     3     5
```

（4）函数 reverse 用于对数组进行翻转，返回翻转后的数组。

语法：**result=reverse(array)**

- 参数 array 为数组变量。

```
IDL> arr=[1:6]
IDL> arr1=reverse(arr)
IDL> arr1
       6       5       4       3       2       1
```

（5）函数 shift 用于对数组元素进行平移。

**语法：result=shift(array, s₁,···, sₙ)**

- 参数 array 为数组变量；
- 参数 $s_1$,···, $s_n$ 设置数组各维平移的位数，正值表示向前平移，负值表示向后平移。

```
IDL> arr
       1       2       3       4       5       6
IDL> shift(arr, 2)
       5       6       1       2       3       4
IDL> shift(arr, -1)
       2       3       4       5       6       1
```

方法 shift 也可以对数组进行平移，返回平移后的数组。

**语法：result=array.shift(s₁, ···, sₙ)**

- 参数 $s_1$,···, $s_n$ 设置数组各维平移的位数。

```
IDL> arr.shift(2)
       5       6       1       2       3       4
IDL> arr.shift(-1)
       2       3       4       5       6       1
```

9. 数组去重

函数 uniq 返回不重复元素的下标。需要注意的是，该函数只在重复元素相邻的状况下起作用，因此常常与 sort 函数联合使用。

**语法：result=uniq(array [, index])**

- 参数 array 为数组变量；
- 参数 index 为 array 数组排序后所有元素的下标（单调递增或者递减）。

```
IDL> arr=[1, 2, 1, 1, 2, 3, 3]
IDL> uniq(arr)
       0       1       3       4       6
IDL> uniq(arr, sort(arr))
       0       1       5
IDL> arr[uniq(arr, sort(arr))]
       1       2       3
```

方法 uniq 也可以对数组进行去重，返回去重后的数组，该方法不要求重复元素相邻。

**语法：result=array.uniq()**

```
IDL> arr=[1, 2, 1, 1, 2, 3, 3]
IDL> arr.uniq()
     1       2       3
```

### 2.2.4 数组运算

IDL 数组的运算原则是数组对应元素之间的计算。
```
IDL> a=[1, 1, 2, 2]
IDL> b=[2, 3, 4, 5]
IDL> a+b
     3       4       6       7
IDL> a*b
     2       3       8       10
```

如果表达式中有一个变量是数组，那么返回结果也是数组。IDL 数组与标量运算的原则是数组每个元素都与标量进行运算。
```
IDL> a=2
IDL> b=[5, 6, 7, 8]
IDL> c=a*b
IDL> help, c
C               INT       = Array[4]
IDL> c
     10      12      14      16
```

如果表达式左边是一个子数组，右边是一个标量，那么该子数组所有元素被直接赋予该标量的值。
```
IDL> a=indgen(6)
IDL> a[0:2]=3.1
IDL> a
     3       3       3       3       4       5
```

如果参与运算的数组其元素数目不相同，返回的数组的元素数目与参与运算数组中最少的元素数目相同。
```
IDL> a=[1, 1, 2, 2]
IDL> b=[2, 3, 4]
IDL> a+b
     3       4       6
```

IDL 针对数组运算专门提供了两种乘法运算符："#"（列乘）和"##"（行乘）。列乘以第一个数组的列乘以第二个数组的行（要求第一个数组的行数等于第二个数组的列数）；行乘以第一个数组的行乘以第二个数组的列（要求第一个数组的列数等于第二个数组的行数）。
```
IDL> a=[1, 2]
```

```
IDL> b=[[1], [2]]
IDL> a
       1       2
IDL> b
       1
       2
IDL> a#b
       1       2
       2       4
IDL> a##b
       5
```

## 2.3 字　符　串

### 2.3.1 创建字符串

字符串变量的创建非常简单，只要将变量内容用单引号或双引号括起来即可。

```
IDL> a='I am a student'
IDL> help, a
A               STRING    = 'I am a student'
IDL> a="I am a student"
IDL> help, a
A               STRING    = 'I am a student'
```

如果字符串中包含单引号或者双引号，则需要同时使用这两种引号：字符串内容中有单引号，则用双引号把整个字符串内容括起来；字符串内容中有双引号，则用单引号把整个字符串内容括起来。

```
IDL> a='I am "a" student'
IDL> a
I am "a" student
IDL> a="I am 'a' student"
IDL> a
I am 'a' student
```

通过直接赋值或者函数 strarr 可以创建字符串数组。

```
IDL> a=['abc', '123']
IDL> help, a
A               STRING    = Array[2]
IDL> a=strarr(5)
IDL> help, a
A               STRING    = Array[5]
```

### 2.3.2 字符串连接

字符串连接符"+"用于将若干个字符串连接为一个字符串。
```
IDL> a='I '+'am '+'a student'
IDL> help, a
A               STRING    = 'I am a student'
```
利用字符串连接功能可以生成一组有规律的字符串，如创建一组文件名，格式为"Day_001.dat、Day_002.dat、……Day_005.dat"：
```
IDL> days=[1:5]
IDL> fns='Day_'+string(days, format='(i3.3)')+'.dat'
IDL> print, fns
Day_001.dat Day_002.dat Day_003.dat Day_004.dat Day_005.dat
```
函数 strjoin 用于将一个字符串数组连接为一整个字符串。

语法：**result=strjoin(array [, delimiter])**

- 参数 array 为字符串数组；
- 参数 delimiter 为连接字符。

```
IDL> a=['I', 'am', 'a student']
IDL> help, strjoin(a)
<Expression>    STRING    = 'Iama student'
IDL> help, strjoin(a, ' ')
<Expression>    STRING    = 'I am a student'
```
方法 join 也可以对字符串数组进行连接。

语法：**result=array.join([delimiter])**

- 参数 delimiter 为连接字符。

```
IDL> help, a.join('~')
<Expression>    STRING    = 'I~am~a student'
```

### 2.3.3 字符串操作函数

1. 字符串长度

函数 strlen 用于统计字符串变量的长度，即字符串有多少个字符。

语法：**result=strlen(string)**

- 参数 string 为字符串变量。

```
IDL> a='I am a student'
IDL> strlen(a)
      14
```
方法 strlen 也可以统计字符串长度。

语法：**result=string.strlen()**

```
IDL> a.strlen()
       14
```

2. 字符串大小写

函数 strlowcase 用于将字符串变量中所有的英文字母统一改为小写字母。

语法：**result=strlowcase(string)**

- 参数 string 为字符串变量。

函数 strupcase 用于将字符串变量中所有的英文字母统一改为大写字母。

语法：**result=strupcase(string)**

- 参数 string 为字符串变量。

```
IDL> help, strlowcase(a)
<Expression>    STRING    = 'i am a student'
IDL> help, strupcase(a)
<Expression>    STRING    = 'I AM A STUDENT'
```

也可以用 toLower 或者 toUpper 方法将字符串统一改为小写或者大写。

语法：**result=string.toLower()**
　　　**result=string.toUpper()**

```
IDL> help, a.toLower()
<Expression>    STRING    = 'i am a student'
IDL> help, a.toUpper()
<Expression>    STRING    = 'I AM A STUDENT'
```

3. 字符串移除空格

函数 strcompress 用于移除字符串变量中的空格。

语法：**result=strcompress(string [, /remove_all])**

- 参数 string 为字符串变量；
- 关键字 remove_all 设置将字符串变量中所有的空格删除，该关键字未设置则默认将字符串变量中所有连续的空格压缩为一个空格。

```
IDL> a=' 0 1 2 3 4 5 '
IDL> b=strcompress(a)
IDL> help, b
B              STRING    = ' 0 1 2 3 4 5 '
IDL> c=strcompress(a, /remove_all)
IDL> help, c
C              STRING    = '012345'
```

函数 strtrim 用于移除字符串变量中两端的空格。

语法：**result=strtrim(string [, flag])**

- 参数 string 为字符串变量；

- 参数 flag 设置移除某些空格（flag 未设置或者值为 0 时删除字符串变量中右端的所有空格，值为 1 时删除左端的所有空格，值为 2 时删除左端和右端的所有空格）。

```
IDL> a=' 0 1 2 3 4 5 '
IDL> help, strtrim(a, 0)
<Expression>    STRING    = ' 0 1 2 3 4 5'
IDL> help, strtrim(a, 1)
<Expression>    STRING    = '0 1 2 3 4 5 '
IDL> help, strtrim(a, 2)
<Expression>    STRING    = '0 1 2 3 4 5'
```

方法 compress 和 trim 也可以移除字符串中的空格。compress 方法移除字符串变量中所有空格，trim 方法移除字符串变量中两端的空格。

语法：**result=string.compress()**

　　　**result=string.trim()**

```
IDL> help, a.compress()
<Expression>    STRING    = '012345'
IDL> help, a.trim()
<Expression>    STRING    = '0 1 2 3 4 5'
```

4. 字符串比较

函数 strcmp 用于比较两个字符串变量，字符串相同返回 1，否则返回 0。

语法：**result=strcmp(string1, string2 [, n] [, /fold_case])**

- 参数 string1 和 string2 为用于比较的两个字符串变量；
- 参数 n 设置只对字符串变量的前 n 个字符进行比较；
- 关键字 fold_case 设置比较时不区分大小写。

```
IDL> strcmp('abcd', 'abce')
   0
IDL> strcmp('abcd', 'abce', 3)
   1
IDL> strcmp('abcd', 'ABCD', 3)
   0
IDL> strcmp('abcd', 'ABCD', 3, /fold_case)
   1
```

方法 compare 也可以用于判断一个变量是否与另一个变量相同（不仅可用于字符串比较，也可以用于其他类型变量的比较）。如果该变量小于另一个变量，返回 -1；如果等于另一个变量，返回 0；如果大于另一个变量，返回 1。

语法：**result=var1.compare(var2)**

```
IDL> a='abcd'
IDL> a.compare('abce')
```

```
        -1
IDL> a.compare('abcd')
        0
IDL> a.compare('abc')
        1
```

**5. 字符串查找**

函数 strpos 用于查找一个字符串（子串）在另外一个字符串（母串）中的位置，返回值为子串在母串中的起始位置（从 0 起算）。如果母串中查找不到子串，则返回 –1，如果母串中包含不止一个子串，只返回母串中第一次出现子串的位置。

```
IDL> help, strpos('abcdabcd', 'bc')
<Expression>    LONG    =         1
IDL> help, strpos('abcdabcd', 'bc', /reverse_search)
<Expression>    LONG    =         5
```

语法：**result=strpos(string, substring [, /reverse_search])**

- 参数 string 为母串；
- 参数 substring 为子串；
- 关键字 reverse_search 设置从母串的末尾开始向前查询。

方法 indexOf 和 lastIndexOf 也可以查找子串的位置，indexOf 方法返回子串在母串中第一次出现的位置，lastIndexOf 方法返回子串在母串中最后一次出现的位置。

语法：**result=string.indexOf(substring)**

　　　　**result=string.lastIndexOf(substring)**

- 参数 substring 为子串。

```
IDL> a='abcdabcd'
IDL> a.indexof('bc')
        1
IDL> a.lastindexof('bc')
        5
```

**6. 字符串取子串**

函数 strmid 用于从字符串变量中取出一个子串。

语法：**result=strmid(string, pos [, length])**

- 参数 string 为字符串变量；
- 参数 pos 设置从第几个字符开始取子串（从 0 起算）；
- 参数 length 设置所取子串的长度，单位为字符，如果该关键字未设置则从 pos 位置一直取到字符串的最后一个字符。

```
IDL> a='abcdefg'
IDL> b=strmid(a, 2, 3)
```

```
IDL> help, b
B               STRING    = 'cde'
```

经常将 strpos 和 strmid 函数结合起来取出字符串某些特定位置的信息。比如从"lines = 640"中提取行数：

```
IDL> str='lines = 640'
IDL> pos=strpos(str, '=')
IDL> nl=strmid(str, pos+1)
IDL> nl=fix(nl)
IDL> help, nl
NL              INT       =      640
```

方法 substring 也可以提取子串，返回提取得到的子串。

语法：**result=string.substring(startIndex [, endIndex])**

- 参数 startIndex 为子串起始位置；
- 参数 endIndex 为子串终止位置。

```
IDL> b=a.substring(2, 4)
IDL> help, b
B               STRING    = 'cde'
```

7. 字符串拆分

函数 strsplit 用于将某个字符串拆分为若干个字符串，返回子串的起始位置或者子串。

语法：**result=strsplit(string [, pattern] [, /extract] [, count=variable])**

- 参数 string 为字符串变量；
- 参数 pattern 为分隔符，可以是单个字符或者若干个字符构成的字符串，如果为单个字符，则该字符作为唯一的分隔符，如果为多个字符，则这几个字符均作为分隔符，如果该关键字未设置，则默认分隔符为空格和 Tab 键；
- 关键字 extract 设置返回拆分后的子串，如果该关键字未设置则返回各子串的起始位置；
- 关键字 count 返回拆分后得到的子串数目。

```
IDL> str1='a, b, c'
IDL> str2=strsplit(str1, ', ')
IDL> help, str2
STR2            LONG      = Array[3]
IDL> print, str2
       0          3          6
IDL> str3=strsplit(str1, ', ', /extract)
IDL> help, str3
STR3            STRING    = Array[3]
IDL> print, str3
```

a b c

方法 split 也可以拆分字符串，返回拆分后的子串。

**语法：result=string.split([pattern])**

- 参数 pattern 为分隔符，目前只支持单个分隔符。

```
IDL> str2=str1.split(',')
IDL> help, str2
STR2            STRING    = Array[3]
IDL> print, str2
a b c
```

8. 字符串插入、删除和替换

方法 insert 用于将某个字符串插入另一个字符串中的某个位置。

**语法：result=string1.insert(string2 [, index])**

- 参数 string2 为待插入字符串 string1 中的字符串；
- 参数 index 为 string1 字符串中待插入的位置。

```
IDL> a='Year: 2021'
IDL> help, a.insert('2020 ', 6)
<Expression>    STRING    = 'Year: 2020 2021'
```

方法 remove 用于移除字符串中的某个部分。

**语法：result=string.remove(startIndex [, endIndex])**

- 参数 startIndex 为移除部分的起始位置；
- 参数 endIndex 为移除部分的终止位置。

```
IDL> a='Year: 2021'
IDL> a.remove(4,5)
Year2021
```

方法 replace 用于将字符串中的某个子串替换为另外的子串。

**语法：result=string.replace(substring1, substring2)**

- 参数 substring1 为待替换的子串；
- 参数 substring2 为替换原先子串的新子串。

```
IDL> a='Year: 2021'
IDL> help' a.replace('2021', '2022')
<Expression>    STRING    = 'Year: 2022'
```

### 2.3.4 字符串与数值的相互转换

函数 string 用于将数值型变量转换为字符串变量。

```
IDL> result=string(123)
IDL> help, result
RESULT          STRING    = '   123'
```

通过 format 关键字，string 函数可以设定输出字符串的具体格式（详见 4.1 节）。
```
IDL> help, string(12, format='(i3)')
RESULT          STRING    = ' 12'
IDL> help, string(1.2, format='(f3.1)')
RESULT          STRING    = '1.2'
```
方法 toString 也可以将数值型变量转换为字符串变量。
**语法：result=var.toString([format])**
- 参数 format 为输出的格式代码。
```
IDL> a=1.2
IDL> help, a.tostring()
<Expression>    STRING    = '1.2000000'
IDL> help, a.tostring('(f3.1)')
<Expression>    STRING    = '1.2'
```
函数 fix、long、float 等用于将字符串变量转换为整型、长整型、浮点型等数值型变量。
```
IDL> help, fix('123')
RESULT          INT       =      123
IDL> help, float('123')
RESULT          FLOAT     =      123.000
```

### 2.3.5 字符串读取

过程 reads 用于从字符串变量中按照指定的格式读取数据。
**语法：reads, input, var$_1$, …, var$_n$, [format=value]**
- 参数 input 为字符串变量；
- 参数 var$_1$, …, var$_n$ 用于按顺序存储从 input 字符串读入的数据；
- 关键字 format 设置读入数据的格式代码，如果该关键字未设置则默认分隔符为逗号、空格和 Tab 键（参数为字符串变量时例外）。
```
IDL> str='1 2 3, 4'
IDL> reads, str, v1, v2, v3, v4
IDL> help, v1, v2, v3, v4
V1              FLOAT     =      1.00000
V2              FLOAT     =      2.00000
V3              FLOAT     =      3.00000
V4              FLOAT     =      4.00000
```
如果 reads 过程后的变量没有预先定义，默认其为浮点型。如果想输入其他类型的数据，必须事先创建该变量。
```
IDL> str='1 2 3,4'
IDL> v1=0 & v2=0.0 & v3=0L & v4=''
```

```
IDL> reads, str, v1, v2, v3, v4
IDL> help, v1, v2, v3, v4
V1              INT       =        1
V2              FLOAT     =        2.00000
V3              LONG      =        3
V4              STRING    = ',4'
```

如下面给出了按规定格式读取数据的一个例子（数据中几个值依次为纬度、经度、日期和时间）：

```
IDL> data='49.17127 123.06716 7/2/2013 16:44:56'
IDL> Lat=0.0 & Lon=0.0 & Date='' & Time=''
IDL> reads, data, Lat, Lon, Date, Time, format='(f9.5, f10.5, a9, a8)'
IDL> help, Lat, Lon, Date, Time
LAT             FLOAT     =        49.1713
LON             FLOAT     =        123.067
DATE            STRING    = '7/2/2013 '
TIME            STRING    = '16:44:56'
```

## 2.4 表 达 式

### 2.4.1 数值型表达式

由各种数值型运算符连接起来的表达式为数值型表达式。IDL 的数值型运算符包括 10 种：+（加）、−（减）、*（乘）、/（除）、^（乘方）、mod（求余）、<（求最小）、>（求最大）、++（自增）、−−（自减）。其中运算符 "++" 和 "−−" 为单目运算符，其余为双目运算符。各数值型运算符的优先级见表 2.8，同等级运算符自左向右结合。小括号的优先级最高，括号内部分将首先被计算。

**表 2.8  IDL 数值型运算符的优先级**

| 优先级（1 最高） | 运算符 |
| --- | --- |
| 1 | ^、++、−− |
| 2 | *、/、mod |
| 3 | +、−、<、> |

求最小运算符 "<" 和求最大运算符 ">" 用于计算多个数的最小值和最大值。

```
IDL> 3<1<7<2
       1
IDL> 3>1>7>2
       7
IDL> 1<3<2>5<2
```

```
          2
```
注意，<和>运算符右边的负数必须用括号括起来。
```
IDL> 3>(-1)
    3
```
求余运算符 mod 返回两数相除的余数。
```
IDL> 9 mod 2
    1
```
应尽量不将 mod 运算符用于浮点型数据，因为浮点型数据舍入误差的存在使得 mod 运算可能得出不正确的结果。
```
IDL> 1.0 mod 0.1
    0.099999987
```
IDL 提供了绝对值、指数、对数、阶乘、三角函数等数学运算函数，表 2.9 给出了常用的一些数学运算函数。

表 2.9  常用的数学运算函数

| 函数 | 函数说明 | 函数 | 函数说明 |
| --- | --- | --- | --- |
| abs | 绝对值：$\|x\|$ | sin | 正弦：$\sin x$ |
| sqrt | 平方根：$\sqrt{x}$ | cos | 余弦：$\cos x$ |
| exp | 自然指数：$e^x$ | tan | 正切：$\tan x$ |
| alog | 自然对数：$\ln x$ | asin | 反正弦：$\arcsin x$ |
| alog10 | 常用对数：$\lg x$ | acos | 反余弦：$\arccos x$ |
| factorial | 阶乘：$n!$ | atan | 反正切：$\arctan x$ |

在使用数值型表达式时，有几个注意事项：

（1）表达式包含多种类型变量时，计算结果取决于精度最高的变量类型。
```
IDL> help, 3+2b+4.0+3D
<Expression>    DOUBLE    =        12.000000
```
（2）除法运算中，如果两个数都是整数，则运算结果也是整数，小数部分被舍弃。因此需要首先将其转换为浮点型数据再进行运算。
```
IDL> print, 7/2, 7.0/2
    3    3.50000
```
（3）如果表达式左边变量是子数组或者结构体的域，右边计算结果会转换为左边变量的数据类型。
```
IDL> arr=intarr(6)
IDL> arr[1]=5.3-1.7
IDL> help, arr
ARR             INT       = Array[6]
```

### 2.4.2 关系型表达式

由关系型运算符连接起来的表达式称为关系型表达式，返回结果为逻辑值：真（1B）或者假（0B）。IDL 的关系型运算符包括 6 种：EQ（等于）、NE（不等于）、GT（大于）、LT（小于）、GE（大于等于）、LE（小于等于）。这 6 种运算符均为双目运算符，其优先级相同。

```
IDL> a=1
IDL> b=2
IDL> help, a gt b
<Expression>    BYTE    =    0
```

关系型运算符可作用于数组变量，对数组各元素分别进行关系运算：

```
IDL> arr=[1.0, 2.1, 3.2, -1.5, 5.6]
IDL> mask=arr gt 0
IDL> print, mask
   1   1   1   0   1
IDL> print, mask*arr
     1.00000      2.10000      3.20000     -0.000000      5.60000
```

关系型运算符不仅用于 IDL 编程，同样也可以用于 ENVI 的波段运算。比如在 ENVI 的波段运算对话框中输入：b1 gt 0.2，计算结果为一个二值图像，原数据（b1）中所有大于 0.2 的像元其波段运算结果为 1，其余为 0。

### 2.4.3 逻辑型表达式

由逻辑型运算符连接起来的表达式称为逻辑型表达式。IDL 的逻辑型运算符包括 3 种：&&（逻辑与）、||（逻辑或）、~（逻辑非）。运算符&&与||为双目运算符，而运算符~为单目运算符。

逻辑与的运算规则是：参与运算的两个数据值都为真，结果才为真，否则为假。逻辑或的运算规则是：参与运算的两个数据值中至少有一个为真，结果为真，否则为假。逻辑非的运算规则是：参与运算的数据值为真，则结果为假，参与运算的数据值为假，则结果为真。

```
IDL> a=1
IDL> b=0
IDL> print, a && 1, a && 0
   1   0
IDL> print, a || 0, b || 0
   1   0
IDL> print, ~a, ~b
   0   1
```

实际工作中，逻辑型运算符常常和关系型运算符联合起来使用。

```
IDL> if (a gt 0) && (b lt 1) then print, 1 else print, 0
    1
```

### 2.4.4 位运算表达式

位运算符实现字节中的逐位运算操作。IDL 位运算符有 4 种：and（位与）、or（位或）、xor（位异或）、not（位非）。运算符 not 为单目运算符，其余皆为双目运算符。

位与的运算规则是：参与运算的两个数据值对应位都为 1，结果中该位值为 1，否则为 0。位或的运算规则是：参与运算的两个数据值对应位中至少有一个为 1，结果中该位值为 1，否则为 0。位异或的运算规则是：参与运算的两个数据值对应位值不同，结果中该位值为 1，否则为 0。位非的运算规则是：将参与运算的数据值各位的值取反，即从 0 变成 1 或从 1 变成 0。

位运算比较难以直观理解，举例说明这 4 种位运算：字节型变量 a 的值为 10（二进制表达方式为 00001010），字节型变量 b 的值为 6（二进制表达方式为 00000110），对 a 和 b 进行位与运算的结果是 2（二进制表达方式为 00000010），进行位或运算的结果是 14（二进制表达方式为 00001110），进行位异或运算的结果是 12（二进制表达方式为 00001100），对 a 进行位非运算的结果是 245（二进制表达方式为 11110101）。

```
IDL> a=10b
IDL> b=6b
IDL> a and b   ;位与运算
   2
IDL> a or b    ;位或运算
  14
IDL> a xor b   ;位异或运算
  12
IDL> not a     ;位非运算
 245
```

遥感的某些应用中需要进行位运算。以 MODIS 的云掩模产品 MOD35 为例，该产品科学数据集主要是 48 位的云掩模数据（体现为 6 个字节型的波段），其中前 8 位的意义见表 2.10。

表 2.10  MODIS 云掩模数据中前 8 位数据的描述（Kathleen, 2005）

| 位 | 说明 | 结果 |
| --- | --- | --- |
| 0 | 云掩模标记 | 0=未确定；1=确定 |
| 1 和 2 | 质量标记 | 00=云；01=不确定的晴空；10=可能的晴空；11=可信度高的晴空 |
| 3 | 白天/夜间标记 | 0=夜间；1=白天 |
| 4 | 太阳耀斑标记 | 0=是；1=否 |
| 5 | 冰雪背景标记 | 0=是；1=否 |
| 6 和 7 | 水陆标记 | 00=水体；01=海岸；10=沙漠；11=陆地 |

现有一个 MODIS 云掩模数据的前 8 位数据（体现为 1 个字节型的二维数组），想要提取出可信度高的晴空像元。可信度高的晴空意味着第 1 和第 2 位的值为 11，首先要取出这两位的值，然后判断这两位的值是否为 11。以二进制方式表示，即该数据与 00000110 进行位与运算，然后再判断其是否等于 00000110，写成十进制表示为：result=(data and 6) eq 6。

位运算符 and 和 or 也可以连接若干关系型表达式，与逻辑运算符&&和||起相同的作用。因为关系型表达式的结果为 1（二进制表达方式为 00000001）或者 0（二进制表达方式为 00000000），对 0 和 1 进行 and 运算的结果为 0，0 和 1 进行 or 运算的结果为 1，对 0 和 0 进行 and 和 or 运算的结果均为 0，对 1 和 1 进行 and 和 or 运算的结果均为 1，效果与&&和||相同。

### 2.4.5 条件表达式

条件表达式由条件运算符构成，在满足和不满足条件的情况下返回不同的值。

**语法：expr1? Expr2: expr3**

- 参数 expr1 为一个条件表达式，如果该表达式值为真，那么结果为参数 expr2 的值，否则结果为参数 expr3 的值。

```
IDL> a=3
IDL> b=2
IDL> c=a gt b? a: b
IDL> help, c
C               INT      =        3
```

### 2.4.6 运算符的优先级

为了对各种 IDL 运算符的优先级有整体的了解，表 2.11 给出了常用运算符的优先级。

表 2.11  常用运算符的优先级

| 优先级（1 最高） | 运算符 |
| --- | --- |
| 1 | ()、[] |
| 2 | *(指针符号)、^、++、-- |
| 3 | *(标量乘)、/、MOD、#、## |
| 4 | +、-、<、>、NOT、~ |
| 5 | EQ、NE、LT、GT、LE、GE |
| 6 | AND、OR |
| 7 | &&、||、~ |
| 8 | ?: |
| 9 | = |

## 2.5 时　　间

IDL 提供了 3 种表示时间的方式，即字符串、秒和儒略日。

（1）字符串方式以"星期几 月 日 时:分:秒 年"的形式来表示时间，比如'Thu Sep 30 15:27:24 2021'；

（2）秒方式从 UTC（世界标准时间）1970 年 1 月 1 日 0 时起计算，以秒为单位，比如 8.8367842e+008，表示该时间距离 1970 年 1 月 1 日 0 时为 $8.836\,784\,2\times10^8$ 秒；

（3）儒略日方式从 UTC 公元前 4713 年 1 月 1 日 12 时起计算，以天为单位，比如 2450814.9，表示该时间距离公元前 4713 年 1 月 1 日 12 时为 2 450 814.9 天。

### 2.5.1 系统时间

函数 systime 用于获取操作系统当前时间，该函数有 3 种方式，分别用于获取字符串、秒和儒略日格式的时间。

1. 获取字符串格式时间

语法：**result=systime([0] [, /UTC])**

- 参数 0 设置返回字符串格式的当前时间（缺省值）；
- 关键字 UTC 设置返回世界标准时间，该关键字未设置则默认为当前时区的时间。

```
IDL> systime()
Thu Sep 30 15:27:24 2021
IDL> systime(/UTC)
Thu Sep 30 07:27:28 2021
```

2. 获取秒格式时间

语法：**result=systime(1 | /seconds)**

- 参数 1 与关键字 seconds 效果等同，均设置返回秒格式的当前时间。

```
IDL> print, systime(1)
   1.6329869e+09
IDL> print, systime(/seconds)
   1.6329869e+09
```

3. 获取儒略日格式时间

语法：**result=systime(/julian [, /UTC])**

- 关键字 julian 设置返回儒略日格式的当前时间；
- 关键字 UTC 设置返回的时间为世界标准时间，该关键字未设置则默认为当前时区的时间。

```
IDL> print, systime(/julian)
```

```
        2459488.1
IDL> print, systime(/julian, /UTC)
        2459487.8
```

## 2.5.2 时间格式转换

IDL 提供了一系列函数用于实现字符串、秒和儒略日这三种格式时间之间的转换。

（1）函数 bin_date 用于将字符串格式的时间转换为年、月、日、时、分、秒这 6 个值，返回结果为 6 元素的数组。

**语法：result=bin_date(string_time)**

- 参数 string_time 为字符串格式的时间数据（"星期几 月 日 时:分:秒 年"）。

```
IDL> t1=systime()
IDL> t2=bin_date(t1)
IDL> help, t2
T2              LONG      = Array[6]
IDL> t2
        2021           9          30          15          29          13
```

（2）过程 caldat 用于将儒略日格式的时间转换为年、月、日、时、分、秒这 6 个分量。

**语法：caldat, julian, month [, day [, year [, hour [, minute [, second]]]]]**

- 参数 julian 为儒略日格式的时间；
- 参数 month、day、year、hour、minute、second 分别返回月、日、年、时、分、秒值。

```
IDL> t1=systime(/julian)
IDL> caldat, t1, month, day, year, hh, mm, ss
IDL> help, month, day, year, hh, mm, ss
MONTH           LONG      =            9
DAY             LONG      =           30
YEAR            LONG      =         2021
HH              LONG      =           15
MM              LONG      =           29
SS              DOUBLE    =     40.106056
```

过程 caldat 还可以批量转换儒略日格式时间：

```
IDL> t1=systime(/Julian)+[0:3]
IDL> caldat, t1, month, day, year, hh, mm, ss
IDL> help, month, day, year, hh, mm, ss
MONTH           LONG      = Array[4]
DAY             LONG      = Array[4]
YEAR            LONG      = Array[4]
```

```
HH              LONG      = Array[4]
MM              LONG      = Array[4]
SS              DOUBLE    = Array[4]
IDL> print, month, day, year, hh, mm, ss
       9            10            10            10
      30             1             2             3
    2021          2021          2021          2021
      15            15            15            15
      30            30            30            30
   35.116057    35.116057     35.116057     35.116057
```

（3）函数 julday 用于将年、月、日、时、分、秒这 6 个分量转换为对应的儒略日格式时间。

**语法：result=julday(month, day, year [, hour [, minute [, second]]])**

- 参数 month、day、year、hour、minute、second 分别为月、日、年、时、分、秒值。如果参数 hour、minute、second 未设置，默认返回该日 12 时的儒略日格式时间；如果参数 minute、second 未设置，默认返回该时零分的儒略日格式时间；如果参数 second 未设置，默认返回该分零秒的儒略日格式时间。

```
IDL> t1=julday(9, 30, 2021, 10, 44, 10)
IDL> help, t1
T1              DOUBLE    =        2459487.9
IDL> julday(9, 30, 2021), format='(f20.8)'
   2459488.00000000
IDL> julday(9, 30, 2021, 0), format='(f20.8)'
   2459487.50000000
IDL> julday(9, 30, 2021, 12, 0), format='(f20.8)'
   2459488.00000000
IDL> julday(9, 30, 2021, 12, 1, 1), format='(f20.8)'
   2459488.00070602
```

过程 julday 可以批量转换月、日、年、时、分、秒值，此时参数 month、day、year、hour、minute、second 这 6 个参数中有一个参数为数组。

```
IDL> t1=julday(6, [20:23], 2021, 10, 44, 10)
IDL> help, t1
T1              DOUBLE    = Array[4]
IDL> print, t1
     2459385.9      2459386.9      2459387.9      2459388.9
```

### 2.5.3 其他的时间操作函数

函数 timegen 用于生成指定的儒略日格式时间数组。

语法：**result=timegen([d$_1$,…, d$_8$] [, start=value] [, final=value] [, units=string] [, step_size=value] [, year=value] [, months=vector] [days=vector] [, hours=vector] [, minutes=vector] [, seconds=vector])**

- 参数 d$_1$,…, d$_8$ 设置函数返回结果数组的维度数目及各个维度，最多可设为 8 维数组。如果参数 final 没有设置，那么参数 d$_1$,…, d$_8$ 必须设置；如果参数 final 已经设置，那么参数 d$_1$,…, d$_8$ 被忽略；
- 参数 start 设置时间数组的起始时间（儒略日格式），默认值为 0；
- 参数 final 设置时间数组的终止时间（儒略日格式），如果该关键字未设置，则根据参数 d$_1$, …, d$_8$ 确定结果终止时间以及数组的数目；
- 参数 units 设置时间间隔的单位，共有'Years'、'Months'、'Days'、'Hours'、'Minutes'和'Seconds'6 种单位，也可简写为'Y'、'M'、'D'、'H'、'M'和'S'，分别表示年、月、日、时、分、秒，如果该关键字未设置，默认值为'Days'；
- 参数 step_size 设置时间数组的时间间隔；
- 关键字 year 设置起始年份，如果该关键字已设置则忽略关键字 start 中设置的起始年份；
- 关键字 months 设置时间数组中每年中必须包含这一/几月，如果关键字 units 已设置为'months'、'days'、'hours'、'minutes'或者'seconds'，则 months 关键字将被忽略；
- 关键字 days 设置时间数组中每月中必须包含这一/几天，如果关键字 units 已设置为'days'、'hours'、'minutes'或者'seconds'，则关键字 days 将被忽略；
- 关键字 hours 设置时间数组中每天中必须包含这一/几时，如果关键字 units 已设置为'hours'、'minutes'或者'seconds'，则关键字 hours 将被忽略；
- 关键字 minutes 设置时间数组中每时中必须包含这一/几分，如果关键字 units 已设置为'minutes'或者'seconds'，则关键字 minutes 将被忽略；
- 关键字 seconds 设置时间数组中每分中必须包含这一/几秒，如果关键字 units 已设置为'seconds'，则关键字 seconds 将被忽略。

创建从 2021 年 1 月 1 日起的 365 天的时间数组。
```
IDL> times=timegen(365, start=julday(1, 1, 2021))
IDL> help, times
TIMES           DOUBLE    = Array[365]
IDL> print, times[0:3]
     2459216.0     2459217.0     2459218.0     2459219.0
```
创建从 2021 年 1 月 1 日起的 4 个月的时间数组。
```
IDL> times=timegen(4, start=julday(1, 1, 2021), unit='months')
IDL> print, times
     2459216.0     2459247.0     2459275.0     2459306.0
```
创建从 2021 年 1 月 1 日~1 月 8 日之间的以 2 天为时间间隔的时间数组。
```
IDL> times=timegen(start=julday(1, 1, 2021), $
```

```
> final=julday(1, 8, 2021), unit='days', step_size=2)
IDL> print, times
      2459216.0       2459218.0       2459220.0       2459222.0
```

创建从 2021 年 1 月 1 日起的 4 天（每天的时刻不再是 12 点，而是 0 点）的时间数组。

```
IDL> times=timegen(4, start=julday(1, 1, 2021), unit='days', hour=0)
IDL> print, times
      2459216.5       2459217.5       2459218.5       2459219.5
```

编写程序，分别创建非闰年各个月第 1 天和最后 1 天的 DOY（day of year）数组。

```
IDL> days_julian=timegen(start=julday(1, 1, 2021), $
> final=julday(1, 1, 2022), units='months')
IDL> days=days_julian-days_julian[0]
IDL> DOY_s=fix(days[0:11]+1)
IDL> DOY_s
       1      32      60      91     121     152     182     213
     244     274     305     335
IDL> DOY_e=fix(days[1:12])
IDL> DOY_e
      31      59      90     120     151     181     212     243
     273     304     334     365
```

## 2.6 结构体

结构体是一种复杂的组合数据类型，将不同类型、不同大小的数据存储在一个变量中，分为匿名结构体和署名结构体两类。

### 2.6.1 匿名结构体

匿名结构体指省略结构体名称而直接定义的结构体，创建匿名结构体变量时直接将结构体内容用大括号括起来。

```
IDL> data={name: 'N1', value: 17.5}
IDL> help, data
** Structure <39253500>, 2 tags, length=24, data length=20, refs=1:
   NAME            STRING    'N1'
   VALUE           FLOAT     17.5000
```

结构体中的成员称为域，上面创建的匿名结构体变量 data 包含两个域：name（字符串，值为'N1'）和 value（浮点型，值为 17.5）。

结构体中的域的调用方式为：**结构体变量.域名**或者**结构体变量.(下标)**

```
IDL> data.name
```

```
N1
IDL> data.(1)
    17.500000
```
结构体中域的值可以修改，但是域的变量类型和大小不能修改，即使强行赋予其其他类型的值，IDL 也会自动将其转换为域本来的数据类型。
```
IDL> data.name='N2'
IDL> data.(1)=20
IDL> help, data
** Structure <39253500>, 2 tags, length=24, data length=20, refs=1:
   NAME            STRING     'N2'
   VALUE           FLOAT           20.0000
```

### 2.6.2 署名结构体

与匿名结构体相比，署名结构体有一个与之关联的名称，也可以理解为模板。一旦结构体名称被创建，那么该结构体就不能随便更改。创建署名结构体时需要同时定义该结构体的名称，使用大括号将结构体名称以及结构体内容括起来。
```
IDL> data={str, name: 'N1', value: 17.5}
IDL> help, data
** Structure STR, 2 tags, length=24, data length=20:
   NAME            STRING     'N1'
   VALUE           FLOAT           17.5000
```
可以直接用大括号和结构体名基于一个署名结构体创建新变量，新结构体变量的域值为初值 0 或者空字符串，也可以在创建时直接按顺序对各个域进行赋值。
```
IDL> data1={str}
IDL> help, data1
** Structure STR, 2 tags, length=24, data length=20:
   NAME            STRING     ''
   VALUE           FLOAT           0.000000
IDL> data2={str, 'N2', 22.3}
IDL> help, data2
** Structure STR, 2 tags, length=24, data length=20:
   NAME            STRING     'N2'
   VALUE           FLOAT           22.3000
```

### 2.6.3 结构体数组

使用 replicate 函数可以创建结构体数组。有两种方式：基于结构体名称或者结构体变量。如果某个结构体变量（无论是署名结构体还是匿名结构体）已经存在，可以利用 replicate 函数直接基于该变量创建一个结构体数组，此数组中每一个元素都与原结构体变量值相同。如果某个署名结构体名称已经存在，可以利用 replicate 函数直接基于该名称创建一个结构体数组，此数组中每一个元素值都为初值 0 或者空字符串。

```
IDL> arr=replicate(data, 2)
IDL> help, arr
ARR             STRUCT    = -> STR Array[2]
IDL> print, arr
{ N1      17.5000}{ N1      17.5000}
```

结构体数组中的每个域都可以被看作是一个单独的数组。

```
IDL> names=arr.name
IDL> help, names
NAMES           STRING    = Array[2]
IDL> print, names
N1 N1
```

### 2.6.4 结构体操作函数

1. 创建结构体

函数 create_struct 用于创建结构体。

语　法：**result=create_struct([tag₁, values₁, ⋯, tagₙ, valuesₙ] [, structsₙ] [, name=string])**

或者 **result=create_struct([tags, values₁,⋯, valuesₙ][, structsₙ] [, name=string])**

- 参数 tag₁,⋯, tagₙ 或者 tags 为结构体域的名称，可以是单个字符串变量或者字符串数组；
- 参数 values₁,⋯, valuesₙ 为结构体域的值，其数目必须与域名称的数目对应；
- 参数 structsₙ 为待加入新创建结构体的结构体变量；
- 关键字 name 设置新创建的结构体变量为署名结构体，其值为结构体名称。

```
IDL> data1=create_struct('name', 'N1', 'value', 17.5)
IDL> help, data1
** Structure <392524c0>, 2 tags, length=24, data length=20, refs=1:
   NAME            STRING    'N1'
   VALUE           FLOAT         17.5000
IDL> data1=create_struct(['name', 'value'], 'N1', 17.5)
IDL> help, data1
** Structure <39253500>, 2 tags, length=24, data length=20, refs=1:
   NAME            STRING    'N1'
   VALUE           FLOAT         17.5000
```

函数 create_struct 也可以在现有的结构体中添加新的域。

```
IDL> data2=create_struct(data1, 'num', 4)
```

```
IDL> help, data2
** Structure <3f98e3d0>, 3 tags, length=24, data length=22, refs=1:
   NAME            STRING    'N1'
   VALUE           FLOAT     17.5000
   NUM             INT       4
```

2. 结构体域名

函数 tag_names 用于获取结构体变量中所有域的名称。

**语法：result=tag_names(struct [, /struct_name])**

- 参数 struct 为结构体变量；
- 关键字 struct_name 设置函数返回结构体名称而不是结构体中域的名称。

```
IDL> tag_names=tag_names(data2)
IDL> help, tag_names
TAG_NAMES        STRING    = Array[3]
IDL> tag_names
NAME
VALUE
NUM
```

3. 结构体域的数目

函数 n_tags 用于获取结构体域的数目。

**语法：result=n_tags(struct)**

- 参数 struct 为结构体变量。

```
IDL> n_tags(data2)
       3
```

## 2.7 指　　针

指针是一种特殊的变量，用于存储内存单元的地址。指针变量不具有通常意义上的值，而是指向另一个变量地址的变量，其指向的变量可以是任意数据类型。

### 2.7.1 指针的创建

函数 ptr_new 用于创建一个指针变量。

**语法：result=ptr_new([initExpr])**

- 参数 initExpr 为函数创建的指针所指向的变量或者表达式等，如果该参数未设置，则返回一个未指向任何变量的空指针。

```
IDL> a=2.0
IDL> p1=ptr_new(a)
```

```
IDL> p2=ptr_new()
IDL> help, p1, p2
P1              POINTER   = <PtrHeapVar1>
P2              POINTER   = <NullPointer>
```

### 2.7.2 指针的提取

IDL 中对指针的提取通过指针提取运算符"*"来实现，在指针变量前加一个"*"表示该指针所指向的变量。

```
IDL> c=*p1
IDL> help, c
C               FLOAT     =       2.00000
IDL> b=[3, 4]
IDL> p2=ptr_new(b)
IDL> c=*p2
IDL> help, c
C               INT       = Array[2]
```

需要注意的是，对于指向数组的指针变量，提取其指向数组的子数组时，直接在指针变量后加下标会出错，因为指针提取运算符优先级低于方括号。需要将指针变量用小括号括起来，后面再加数组下标，保证首先进行指针的提取操作。

```
IDL> arr=[1, 2, 3, 4]
IDL> p1=ptr_new(arr)
IDL> a=*p1[2]
% Attempt to subscript P1 with <INT       (       2)> is out of range.
% Execution halted at: $MAIN$
IDL> a=(*p1)[2]
IDL> help, a
A               INT       =       3
```

### 2.7.3 指针的释放

过程 ptr_free 用于释放指针所指向的内存。

**语法**：**ptr_free, p$_1$, …, p$_n$**

- 参数 p$_1$,…, p$_n$ 为指针变量。

```
IDL> help, *p1
<PtrHeapVar2>   INT       = Array[4]
IDL> ptr_free, p1
IDL> help, *p1
% Invalid pointer: P1.
% Execution halted at: $MAIN$
```

### 2.7.4 指针的验证

函数 ptr_valid 用于验证指针的有效性，当指针变量有效时返回 1，否则返回 0。

语法：**result=ptr_valid([arg])**

- 参数 arg 为指针变量或者指针数组。

```
IDL> p1=ptr_new(a)
IDL> help, ptr_valid(p1)
<Expression>    BYTE    =    1
IDL> ptr_free, p1
IDL> help, ptr_valid(p1)
<Expression>    BYTE    =    0
```

### 2.7.5 指针数组

函数 ptrarr 用于创建指针数组，数组中每个元素均为一个指针变量。

语法：**result=ptrarr($d_1$,…, $d_8$)**

- 参数 $d_1$,…, $d_8$ 设置指针数组各维的维度。

```
IDL> a=2  &  b=3
IDL> ptr_arr=ptrarr(2)
IDL> ptr_arr[0]=ptr_new(a)
IDL> ptr_arr[1]=ptr_new(b)
IDL> *ptr_arr[0]
    2
```

# 第3章 IDL 编程基础

## 3.1 过程和函数

简单的运算可以通过在 IDL 控制台中输入命令行来完成，命令行方式输入方便，结果反馈及时，具有简便且交互性强的优点。但是命令行方式不足以完成复杂的任务，需要编写 IDL 程序文件，即过程和函数。无论是过程还是函数，其程序文件均是以".pro"为扩展名的 ASCII 码文件。

### 3.1.1 过程

过程以 pro 语句开始并以 end 语句结束。"pro"后面为过程名称，同时也可以有若干个参数或者关键字（参数和关键字详见 3.3 节）。

过程程序的格式如下：

**pro 过程名 [, 参数 1, …, 参数 n] [, 关键字 1=关键字变量 1, …, 关键字 m=关键字变量 m]**

  **命令序列**

**end**

通过**文件菜单→新建文件**、工具栏的新建文件按钮、快捷键 Ctrl+N 等可以建立新的过程文件。通过**文件菜单→打开文件**、工具栏的打开文件按钮、快捷键 Ctrl+O 等可以打开已有的过程文件进行编辑。通过**文件菜单→保存**或者**另存为**、工具栏的保存按钮、快捷键 Ctrl+S 等可以保存过程文件。

过程在运行之前必须编译。通过**运行菜单→编译**、工具栏的编译按钮、快捷键 Ctrl+F8 等可以对过程文件进行编译，编译后过程文件将被保存在内存中随时可以被运行。当 IDL 进程结束以后重新打开此过程，需要重新进行编译，否则不能调用。

如果过程程序不包含参数或者关键字，通过**运行菜单→运行**、工具栏的运行按钮、快捷键 F8、在命令行输入过程名称等可以运行编译后的过程。需要注意的是，**运行菜单→运行**、工具栏的运行按钮、快捷键 F8 等方式运行的是与过程文件名同名的过程，如果过程文件名和过程名不一致，运行会出错。这种情况下，需要在控制台输入过程名称来运行程序。

如果过程包含参数或者关键字，需要通过在控制台输入过程名称+参数、关键字的方式来运行。调用方式为：**过程名称, [, 参数 1, …, 参数 n] [, 关键字 1=关键字变量 1, …, 关键字 m=关键字变量 m]**。

下面分别给出了没有参数和有参数的过程例子。

没有参数的过程：

```
Pro test1
```

```
;将角度转换为弧度,没有参数或关键字
 deg=180
 radian=deg*!dtor
 print, radian
end
```
程序的运行方式及结果:
```
IDL> test1
    3.14159
```
有参数的过程:
```
Pro test2, deg
;将角度转为弧度,有一个参数deg
 radian=deg*!dtor
 print, radian
end
```
程序的运行方式及结果:
```
IDL> test2, 180
    3.14159
```

### 3.1.2 函数

与过程相比,IDL 函数最大的不同是运行以后会返回一个值。函数以 function 语句开始,以 return 语句返回函数的计算结果,以 end 语句结束。Function 后面为函数名称,同时也可以有若干个参数或者关键字(函数在一般情况下至少包含一个参数或者关键字)。

函数的格式:

**function 函数名 [, 参数 1,⋯, 参数 n] [, 关键字 1=关键字变量 1,⋯, 关键字 m=关键字变量 m]**

  命令序列
  **return, 表达式**

**end**

函数的建立、编辑、保存和编译与过程相似,但调用方式不同。其调用方式为:**变量=函数名([, 参数 1, ⋯, 参数 n] [, 关键字 1=关键字变量 1,⋯, 关键字 m=关键字变量 m])**。

下面给出了 IDL 函数应用的一个例子:
```
function test3, deg
;将角度转为弧度,有一个参数deg
 radian=deg*!dtor
 return, radian
end
```

程序的运行方式及结果：
```
IDL> result=test3(180)
IDL> help, result
RESULT          FLOAT     =       3.14159
```

### 3.1.3 程序的相互调用

IDL 的过程、函数之间可以相互调用，相互调用时往往需要利用参数和关键字传递数据，这部分具体内容见 3.3 节。

下面给出了 IDL 程序相互调用的一个例子：
```
pro test4
; 根据长方体的长、宽、高（x、y、z）计算其体积。

  x=2 & y=3 & z=4
  volume=cal_v(x, y, z)
  print, '体积：', volume

end


function cal_v, x, y, z
;计算体积
  return, x*y*z
end
```

## 3.2 控 制 语 句

IDL 程序主要有三种基本的结构：顺序结构、选择结构和循环结构。顺序结构按照先后顺序逐条执行各语句，选择结构根据条件判断是否执行相关语句，循环结构在条件成立时重复执行某些语句。

### 3.2.1 选择结构

1. if 语句

if 语句根据条件（逻辑型或者关系型表达式）的值判断需要执行相关语句。
if 语句的基本形式有三种：
（1）当 if 后面的条件为真时，执行语句或者语句序列。
**if** 条件 **then** 语句
或者
**if** 条件 **then begin**

语句序列

**endif**

（2）当 if 后面的条件为真时，执行语句或者语句序列；当条件为假时，执行 endif else 后面的语句或者语句序列。

**if 条件 then 语句 1 else 语句 2**

或者

**if 条件 then begin**

　　语句序列 1

**endif else begin**

　　语句序列 2

**endelse**

（3）当 if 后面的条件为真时，执行语句或者语句序列；当条件为假时，执行 endif else if 后面的语句或者语句序列……直到最后的 endelse 为止。这种 if 语句根据多个条件分别执行相应的语句或者语句序列。

**if 条件 1 then begin**

　　语句序列 1

**endif else if 条件 2 then begin**

　　语句序列 2

**endif else if 条件 3 then begin**

　　语句序列 3

**……**

**endif else begin**

　　语句序列 n

**endelse**

注意 if 与 endif、else 与 endelse 必须配对使用，else 语句以 endelse 结束而不是 endif。end 语句也可以起到 endif 或者 endelse 的作用，但是会降低程序的可读性，不建议这样使用。

下面给出了 if 语句应用的一个例子：

根据下面的公式计算并输出 y 的值。

$$y = \begin{cases} \sqrt{x} & x \geqslant 0 \\ \sqrt{-x} & x < 0 \end{cases}$$

```
function test5, x

  if x ge 0 then begin
    y=sqrt(x)
  endif else begin
    y=sqrt(-1*x)
```

```
        endelse

        return, y

end
```

if 语句可以嵌套使用，在一个 if 语句中嵌套另外一个或者几个 if 语句。在嵌套使用 if 语句时，尤其需要注意 if 与 endif、else 与 endelse 的配对。

**if 条件表达式 then begin**
 **if 条件表达式 then begin**
 语句序列 1
**endif**
**endif else begin**
 语句序列 2
**endelse**

下面给出了 if 嵌套语句应用的一个例子：
根据公式计算并输出 y 的值。

$$y = \begin{cases} \sqrt{x} & x \geqslant 1 \\ 1 & -1 < x < 1 \\ \sqrt{-x} & x \leqslant -1 \end{cases}$$

```
function test6, x

  if x ge 1 then begin
    y=sqrt(x)
  endif else begin
    if x lt -1 then begin
      y=sqrt(-1*x)
    endif else begin
      y=1
    endelse
  endelse

  return, y

end
```

或者
```
function test7, x
```

```
    if x ge 1 then begin
      y=sqrt(x)
    endif else if x lt -1 then begin
      y=sqrt(-1*x)
    endif else begin
      y=1
    endelse

    return, y
end
```

**2. case 语句**

case 语句根据变量或者表达式的值分别执行不同的语句或者语句序列。

case 语句的基本形式为

case 表达式 0 of
  表达式 1：语句 1
  表达式 2：语句 2
  表达式 3：begin
    语句序列 1
     end
  ……
  表达式 n：语句 n
else：语句 n+1
endcase

执行 case 语句时，首先计算 case 后面表达式 0 的值，然后检查表达式 1 的值是否与表达式 0 相等，如果相等则执行语句 1；否则再比较表达式 2 的值是否与表达式 0 相等……以此类推。如果所有表达式的值均不等于表达式 0，则执行 else 后面的语句 n+1。如果执行的语句不止一条，语句序列需要以 begin 开头，end 结束，如上面表达式 3 后面。在 case 语句执行过程中，程序只执行符合条件的 case 分支，适用于处理多分支选择任务。

case 语句中的 else 分支可以省略，但是如果前面表达式的值与表达式 0 均不相等，没有找到匹配的 case 语句会出错。因此使用 case 语句最好包含 else 分支。

下面给出了 case 语句的一个例子：

输入 1~3 的数字，打印出对应的英文单词。

```
pro test8, x
  case x of
    1: print, 'one'
    2: print, 'two'
```

```
      3: print, 'three'
      else: print, 'Wrong'
    endcase
end
```

### 3.2.2 循环结构

1. for 语句

for 语句用于在循环次数已知的情况按照指定的次数来重复执行循环体。
for 语句的基本形式为
**for i=m, n do** 语句
或者
**for i=m, n, inc do** 语句
或者
**for i=m, n, inc do begin**
　语句序列
　**endfor**

当 i 从 m 以步长 inc 逐步变化到 n 时（如果没有设定步长，默认步长为 1），循环执行语句。如果要循环执行的语句不止一条，for 语句后面要加上 begin，以 endfor 结束。

下面给出了 for 语句应用的一个例子：
计算从 1 到 100 的所有整数之和。

```
pro test9
  total_value=0
  for i=1, 100 do begin
    total_value=total_value+i
  endfor
  print, total_value
end
```

2. foreach 语句

foreach 语句用于遍历某个集合（数组）中所有的元素，重复执行循环体。
foreach 语句的基本形式为
**foreach element, variable [, index] do** 语句
或者
**foreach element, variable [, index] do begin**
　语句序列
**endforeach**

在循环过程中，将集合 variable 中当前元素的值赋给 elements，将当前元素的下标

赋给 index，然后下一次循环跳转到集合 variable 中的下一个元素。

下面给出了 for 语句应用的一个例子：

计算从 1 到 100 的所有整数之和。

```
pro test10
  arr=[1:100]
  total_value=0
  foreach value, arr do total_value=total_value+value
  print, total_value
end
```

3. while 语句

while 语句用于在满足条件值的情况下重复执行循环体。

while 语句的基本形式为

**while 条件 do 语句**

或者

**while 条件 do begin**

　语句序列

**endwhile**

当条件为真时，while 语句循环执行语句或者语句序列。其特点是先判断循环条件，如果循环条件成立，再执行循环体。

需要注意的是，循环过程中一定要能够改变条件值，或者使用其他方法来跳出循环，否则会陷入死循环（即无法正常退出的循环）。

下面给出了 while 语句应用的一个例子：

计算从 1 到 100 的所有整数之和。

```
pro test11
  total_value=0
  i=1
  while i le 100 do begin
    total_value=total_value+i
    i=i+1
  endwhile
  print, total_value
end
```

4. 循环语句的嵌套

循环控制语句可以嵌套使用，但是要注意 for 与 endfor、foreach 与 endforeach、while 与 endwhile 的配对，尤其注意嵌套时不能出现交叉。

下面给出了 if 与 while 语句嵌套使用的一个例子：
判断一个数字是否为素数。

```
pro test12, num

  flag=0   ;表示是否为素数，1表示为素数
  num1=fix(sqrt(num))
  for i=2, num1 do begin
    if num mod i eq 0 then flag=1
  endfor

  if flag eq 0 then begin
    print, '该数字是素数'
  endif else begin
    print, '该数字不是素数'
  endelse

end
```

### 3.2.3　continue 和 break 语句

continue 语句用于在 for、foreach、while 等循环语句中结束当前次循环体运行，跳转到判断循环条件的语句处，继续下一次的循环。

break 语句用于在 for、foreach、while 等循环语句或者 case 等选择语句中结束本层循环或者选择过程，跳转到循环或者选择语句后的下一条语句。break 语句如果用于多层循环或选择语句的嵌套过程中，只能退出当前层循环或者选择，并不能终止多层循环或选择。

下面给出了 continue 语句应用的一个例子：

```
pro test13
  for i=1, 2 do begin
    for j=1, 3 do begin
      if j eq 2 then continue
      print, i, j
    endfor
  endfor
end
```

程序的运行结果：

```
       1       1
       1       3
       2       1
```

```
            2       3
```
下面给出了 break 语句应用的例子：
```
pro test14
  for i=1, 2 do begin
    for j=1, 3 do begin
      if j eq 2 then break
      print, i, j
    endfor
  endfor
end
```
程序的运行结果：
```
       1       1
       2       1
```

## 3.3 参数和关键字

IDL 通过参数和关键字实现程序（过程/函数）之间的数据传递及运行环境设置等功能。

### 3.3.1 参数

参数的定义形式如下：

**pro/function 过程名/函数名, 参数 1, 参数 2,…, 参数 n**

参数必须先定义再使用，使用时其顺序和类型要与定义时保持一致。需要注意的是，调用有参数的过程并且需要使用该参数时，必须在命令行状态下输入该过程名以及后面的参数，而不能直接通过工具栏的运行按钮或者菜单栏的运行命令来调用。

下面给出了一个参数定义和使用的例子：
```
pro test15, a
  print, a^2
end
```
程序的调用和运行结果：
```
IDL> test15, 8
      64
```

一般情况下，参数在过程或者函数中被定义后，调用该过程/函数时该参数是必选项，需要设定。但是也有例外的情况，如 systime 函数在未设置参数时默认参数值为 0，即等同于 systime(0)。
```
IDL> print, systime()
Thu Sep 30 19:45:51 2021
IDL> print, systime(0)
```

```
Thu Sep 30 19:45:53 2021
IDL> print, systime(1)
   1.6330024e+09
```

在定义过程/函数时过程名/函数名后面的参数为形参,而在调用过程/函数时过程名/函数名后面的参数为实参。实参的作用是给对应的形参赋值。所以在调用过程/函数之前,实参必须要有一个确切的值,它可以是常量、变量或者表达式。实参名与形参名可以不同,只要位置(即在过程/函数名后面的顺序)一致即可。

### 3.3.2 关键字

关键字的定义形式如下:

**pro/function** 过程名/函数名, 关键字 1=关键字变量 1, ⋯, 关键字 n=关键字变量 n

等号左边是关键字名,仅起一个标识作用,右边的关键字变量才是过程/函数运行时真正使用的变量。

关键字必须先定义再使用。由于关键字依靠名字而不是顺序来定位,使用时其顺序不需要与定义时保持一致。调用的时候,先写出关键字名,然后在等号右边给出对应的关键字变量。此外,关键字多为可选项,在使用的时候不一定需要设定。关键字可以理解为不固定位置和顺序的参数。

下面给出了关键字定义和使用的一个例子:

```
pro test16, a=a
  print, a^2
end
```

程序的调用和运行结果:

```
IDL> test17, a=8
     64
```

除了用于传递数据,关键字还可以作为环境或功能设置选项的"开关",即使其生效或者失效。关键字在作这种用途时具有二进制特性,仅仅具有真和假两种开关状态,可以用"/关键字"来简化表达"关键字=1"的意思。

### 3.3.3 值传递和地址传递

参数/关键字的传递方式有两种:值传递和地址传递。值传递指在调用程序(过程/函数)时,仅仅把参数/关键字变量的值传递给相应程序的形参,程序的执行不会影响参数/关键字变量的值。地址传递指调用程序时,把参数/关键字变量的地址传递给相应程序的形参,此时形参和实参指向同一个地址,程序执行时对形参的操作实际上就是对实参的操作。如果程序执行时改变了形参的值,那么改变的值将替代参数/关键字变量的原值。

IDL 参数和关键字的类型决定了是地址传递还是值传递。变量名、数组名、结构体名和指针代表数据的地址,作为参数/关键字时其传递方式为地址传递;而常量、子数组、结构体的域和表达式作为参数/关键字时其传递方式为值传递。另外,系统变量不允许被改变，其作为参数/关键字时也是值传递。

下面给出了值传递和地址传递的一个例子：
```
pro test17, a
  a=a^2
  print, 'Values in test17:', a
end
```
该程序，比较值传递和地址传递的区别：
```
IDL> data=[1:3]
IDL> print, data
       1       2       3
IDL> data=[1:3]
IDL> test17, data
Values in test17:       1       4       9
IDL> print, data
       1       4       9
IDL> data=[1:3]
IDL> test17, data[*]
Values in test17:       1       4       9
IDL> print, data
       1       2       3
```

### 3.3.4 参数和关键字的检测

函数 n_params 用于统计参数（不包括关键字）的数目。

语法：**result=n_params()**

函数 keyword_set 用于检测某参数/关键字是否被设定。如果该参数/关键字已经设定，返回 1，否则返回 0。

语法：**result=keyword_set(var)**

- 参数 var 为变量。

下面给出了参数和关键字检测的一个例子：
```
pro test18, p1, p2, k1=k1
  print, '参数数目：', n_params()
  print, '参数p1是否被设定：', keyword_set(p1)
  print, '参数p2是否被设定：', keyword_set(p2)
  print, '关键字k1是否被设定：', keyword_set(k1)
end
```
程序的运行结果：
```
IDL> test18, 1, k1=3
参数数目：       1
```

```
参数p1是否被设定：      1
参数p2是否被设定：      0
关键字k1是否被设定：    1
```

## 3.4 变量的作用域

根据作用域的不同，变量可以分为局部变量和全局变量：局部变量在一个过程/函数内有效，在其他过程/函数内无效；全局变量在整个程序运行过程中都有效。

### 3.4.1 局部变量

局部变量仅在某个过程/函数内部起作用，其作用域在本过程/函数范围内。也就是说，局部变量只能在定义它的过程/函数内部使用，而不能在其他过程/函数内使用。

需要注意的是，若在程序中调用了另一个过程/函数，则原程序中的局部变量在所调用的另一个过程/函数中是无效的。不同的过程/函数中可以使用相同的局部变量名，它们属于不同过程/函数的变量，均在定义它们的过程/函数内起作用。

下面给出了局部变量作用域的一个例子：

```
pro test19
  a=1 & b=2
  print, 'test19中的变量：', 'a=', a, ',  b=', b
  test20
  print, 'test19中的变量：', 'a=', a, ',  b=', b
end

pro test20
  a=10 & b=20
  print, 'test20中的变量：', 'a=', a, ',  b=', b
end
```

程序的运行结果：

```
IDL> test19
Test19中的变量：a=        1,  b=        2
test20中的变量：a=       10,  b=       20
test19中的变量：a=        1,  b=        2
```

### 3.4.2 全局变量

全局变量在整个程序运行过程中始终有效，它可以被多个过程/函数所公用。IDL 的全局变量包括系统变量和公共变量两类。

系统变量包括常数变量、图形变量、系统配置变量和错误处理变量等，以!开头。

公共变量通过 common 语句进行定义和使用。

语法：**common block_name, var$_1$, ···, var$_n$**
- block_name 为公共变量块的名称；
- 参数 var$_1$, ···, var$_n$ 为该公共变量块所包含的变量名称。

第一个引用 common 语句的过程/函数定义了该公共变量块包含的变量。公共变量块定义后，可以在任意过程/函数中引用，但是需要先声明再引用，声明的格式与定义时的格式相同。公共变量块定义后其包含的变量数目不能改变，但是变量的类型和大小可以修改。

下面给出了公共变量定义和使用的一个例子：

```
pro test21
  common set_value, a
  a=10
end

pro test22
  common set_value, a
  print, 'a=', a
end
```

程序的运行结果：
```
IDL> test21
IDL> test22
a=      10
```

使用公共变量会降低程序的通用性和可移植性。因为多个过程/函数都依赖该公共变量，如果修改某过程/函数，要考虑修改后对其他过程/函数的影响。此外，公共变量在程序运行过程中一直占用内存，导致内存的利用率较低。应尽可能不使用公共变量，而是通过参数和关键字的传递来替代。

## 3.5 其　　他

### 3.5.1 IDL 程序优化

由于遥感数据的海量特征，其计算量往往很大。如果编写程序时考虑 IDL 语言自身的特点，遵循某些原则，将会有效提高程序的运行效率。

1. 以数组为操作主体

IDL 是面向数组的语言，能够直接对数组进行计算，提供了 where、total、mean 等一系列数组操作函数。在编程过程中要尽量对数组整体进行运算，而不要使用循环语句对数组元素进行计算。

下面给出了对比数组整体运算和循环运算所耗时间的一个例子：

内存中有一个 NDVI 数据，要求编程计算所有大于等于 0.3 的像元 NDVI 值的平均值。

利用传统的 for 循环对数组元素进行计算：

```
pro test23, ndvi

  t1=systime(1)    ;获取程序开始运行时的系统时间

  sz=size(ndvi)
  ns=sz[1]
  nl=sz[2]

  total_value=0.0d
  count=0L
  for i=0, ns-1 do begin
    for j=0, nl-1 do begin
      if ndvi[i, j] ge 0.3 then begin
        total_value=total_value+ndvi[i, j]    ;求和
        count=count+1    ;计数
      endif
    endfor
  endfor
  print, total_value/count

  t2=systime(1)    ;获取程序结束时的系统时间
  print, '耗时（秒）: ', t2-t1

end
```

程序的运行结果：

```
ENVI> test23, ndvi
    0.61299160
耗时（秒）:     0.36699986
```

利用 IDL 的 where 和 mean 函数对数组整体进行计算：

```
pro test24, ndvi

  t1=systime(1)    ;获取程序开始运行时的系统时间

  w=where(ndvi ge 0.3)
  print, mean(ndvi[w])
```

```
  t2=systime(1)    ;获取程序结束时的系统时间
  print, '耗时（秒）：', t2-t1

end
```
程序的运行结果：
```
ENVI> test 24, ndvi
     0.612990
耗时（秒）：       0.0090000629
```
利用 systime 函数获取程序运行前后的系统时间，可以得到这两个程序的运行时间。第一个程序基于传统的思路利用循环操作来实现，耗时约 0.367 秒；第二个程序利用 where 和 mean 函数对数组整体进行计算，耗时约 0.009 秒。可见对数组整体进行运算的程序运行效率高很多。

2. 内存管理

在处理大量遥感数据的时候，为了节约运行时间，提高计算效率，需要考虑对内存的有效使用。编写 IDL 程序的过程中，定义的变量越少越好，并尽可能少使用全局变量，通过参数和关键字传递数据。此外，通过 IDL 提供的内存管理过程/函数及时清理不需要的大内存变量。

（1）过程 delvar 用于从内存中直接清除变量并释放内存，仅适用于命令行方式。

**语法：delvar, var$_1$,…, var$_n$**

- 参数 var$_1$, …, var$_n$ 为变量。

下面给出了使用 delvar 过程释放内存变量的一个例子：
```
IDL> a=indgen(10, 10)
IDL> help, a
A               INT       = Array[10, 10]
IDL> delvar, a
IDL> help, a
A               UNDEFINED = <Undefined>
```
也可以直接在变量跟踪窗口选中要删除的变量，在鼠标右键单击菜单中的"删除变量"。

（2）函数 temporary 返回某个变量的临时备份，所在语句执行完毕后即释放该变量对应的内存。

**语法：result=temporary(var)**

- 参数 var 为变量。

下面给出了使用 temporary 函数释放内存变量的一个例子：
```
IDL> a=indgen(10, 10)
IDL> help, a
```

```
A               INT       = Array[10, 10]
IDL> b=temporary(a)/2.0
IDL> help, a, b
A               UNDEFINED = <Undefined>
B               FLOAT     = Array[10, 10]
```
也可以通过将某个变量直接赋值为空值!Null 来释放其内存：
```
IDL> a=indgen(10, 10)
IDL> help, a
A               INT       = Array[10, 10]
IDL> a=!null
IDL> help, a
A               UNDEFINED = !NULL
```
在处理大数据过程中，IDL 可能会给出"Unable to allocate memory: to make array."的提示，这说明 IDL 的内存不足以存储所有的变量。如果有不需要的变量，要将其释放以节省一部分内存空间。如果内存仍然不够，则不能将所有数据一次性读入 IDL 内存，而应该一次读取一行或者一个波段的数据进行运算，将运算结果保存在硬盘中再读入下一行或者下一个波段的数据，这方面具体内容见 8.4 节。

### 3.5.2 调用外部命令

过程 spawn 用于调用外部程序，针对 Windows 操作系统即为 Windows 命令。

**语法：spawn [, command] [, /hide]**
- 参数 command 为待执行的 Windows 命令；
- 关键字 hide 设置隐藏命令行窗口，如果该关键字未设置则默认显示命令行窗口。

```
IDL> spawn,'md temp'      ;创建temp目录
IDL> spawn, 'del temp1.txt'  ;删除temp1.txt文件
```

在遥感应用中，如果需要调用相关外部命令进行计算，比如调用 MRT（MODIS reprojection tool）软件、6S 模型等，可以通过 spawn 过程实现。

### 3.5.3 程序断点与调试

在程序编辑区域左侧灰色窄列双击鼠标左键可以添加断点，在断点处再次双击鼠标左键可以移除断点，或者鼠标右键单击选择"切换断点"可以添加/移除断点。此外，鼠标右键单击"显示行号"可以显示每一行的行号。

设置断点以后，程序执行到该断点处停止运行，可以查看断点处的数据值、状态等。图 3.1 中的 test25 程序添加断点后的运行结果如下：

```
IDL> test25
% Compiled module: TEST25.
a=     10
% Breakpoint at: TEST25            5 E:\Tempwork\test25.pro
```

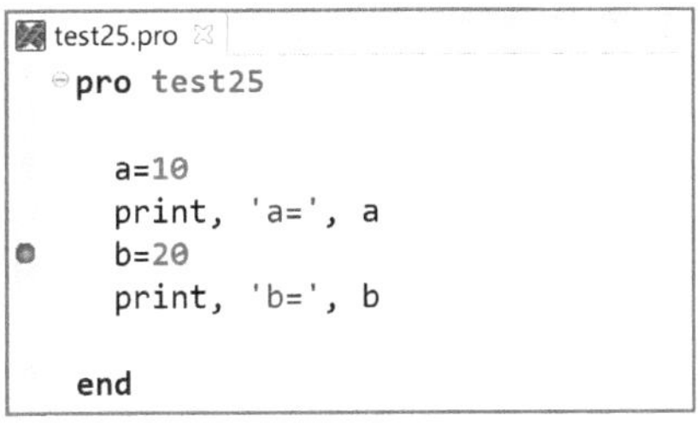

```
test25.pro
pro test25

   a=10
   print, 'a=', a
●  b=20
   print, 'b=', b

end
```

图 3.1　添加断点

在添加断点后，test25 过程中止于断点所在行。断点之前的代码执行完成，而断点之后的代码没有执行。可以通过变量查看器或者 help 命令查看变量 a、b 的状态。

```
IDL> help, a, b
A               INT     =       10
B               UNDEFINED = <Undefined>
```

程序中止于断点后，工具栏中的"运行"按钮变成了"恢复"按钮，"停止调试"后的三个按钮（"单步运行""单步跳过""单步跳出"）被激活，由灰色不可用状态转为黑色可用状态。"单步运行"自断点位置起逐条运行下面的语句，遇到子程序就进入并且继续逐条运行；"单步跳过"自断点位置起逐条运行下面的语句，遇到子程序将子程序整体作为一步运行；"单步跳出"一步执行完子程序余下部分，并返回上一层程序。

# 第4章 数据的读写操作

## 4.1 标准输入输出

标准输入是指从标准输入设备（键盘）直接输入数据，标准输出是指将数据直接输出到标准输出设备（屏幕）显示。标准输出简单而直接，在程序编写和调试过程中经常用到，而标准输入用得相对比较少。

### 4.1.1 标准输入

过程 read 用于从标准输入设备（键盘）中读入数据。
语法：**read, var$_1$,…, var$_n$ [, prompt=string]**
- 参数 var$_1$,…, var$_n$ 用于按顺序接收从键盘输入的数据；
- 关键字 prompt 设置输入数据时的提示信息。

当运行 read 过程后，IDL 控制台会出现一个":"，在":"后输入数值再回车，该数值会传递到对应的变量中。

```
IDL> read, a
: 12
IDL> help, a
A               FLOAT     =      12.0000
IDL> read, a, b
: 12
: 12.3
IDL> help, a, b
A               FLOAT     =      12.0000
B               FLOAT     =      12.3000
IDL> read, a, prompt='输入a的值： '
输入a的值：123
IDL> help, a
A               FLOAT     =      123.000
```

read 过程后的变量如果没有预先定义，则默认为浮点型。如果想输入其他类型的数据，必须事先创建该变量。

```
IDL> a=''
IDL> read, a
: 123
IDL> help, a
```

```
A               STRING    = '123'
```

## 4.1.2 标准输出

过程 print 用于将数据输出到屏幕（IDL 控制台）显示。

语法：**print, expr$_1$, ···, expr$_n$ [, format=value]**

- 参数 expr$_1$, ···, expr$_n$ 为待输出的数据，可以是常量、变量以及表达式等；
- 关键字 format 设置输出格式。

如果关键字 format 未设置则按照默认格式输出：字符串数据按照自身长度输出；字节型数据占 4 个字符的宽度，靠右显示（左边不足 4 个字符的以空格填充）；整型数据占 8 个字符的宽度，靠右显示（左边不足 8 个字符的以空格填充）；浮点型数据占 13 个字符的宽度，靠右显示（左边留出 6 个字符的空格，7 个字符用于显示数据）。

```
IDL> print, 'Hello world'
Hello world
IDL> print, 12B
  12
IDL> print, 12
      12
IDL> print, 12.3
      12.3000
```

当 print 同时输出多个不同类型数据时，各个数据分别按照默认格式输出。

```
IDL> print, 12, 12.3
      12      12.3000
IDL> print, '12.3', 12.3
12.3      12.3000
IDL> arr=[1:5]
IDL> print, arr
       1       2       3       4       5
```

通过 format 关键字设定格式代码（表 4.1）指定数据的输出格式。

表 4.1 常用的格式代码

| 格式代码 | 输出格式 |
| --- | --- |
| aN | 以 N 个字符宽度的字符串方式输出，如果省略 N 则输出所有字符 |
| iN.M | 以 N 个字符宽度的整数方式输出（最右边 M 个字符中的空格用 0 填充） |
| fN.M | 以 N 个字符宽度的单精度浮点型方式输出，精确到小数点后 M 位 |
| dN.M | 以 N 个字符宽度的双精度浮点型方式输出，精确到小数点后 M 位 |
| eN.M | 以 N 个字符宽度的科学计数法方式输出，精确到小数点后 M 位 |
| Nx | 输出 N 个空格 |
| / | 换行输出 |

下面给出了使用 format 格式代码输出字符型格式的一个例子：
```
IDL> print, 'Hello world', format='(a11)'
Hello world
IDL> print, 'Hello world', format='(a15)'
    Hello world
IDL> print, 'Hello world', format='(a8)'
Hello wo
```
注意：如果字符串的长度超过格式代码规定的字符宽度 N，则只输出前 N 个字符。

下面给出了使用 format 格式代码输出整数格式的一个例子：
```
IDL> print, 1, format='(i3)'
  1
IDL> print, 12, format='(i3.3)'
012
IDL> print, 1234, format='(i3.3)'
***
IDL> print, -12, format='(i3.2)'
-12
IDL> print, -12, format='(i3.3)'
***
```
注意：对于整数和小数类型数据，负号、小数点以及指数符号均包括在数据长度范围内，如果数据长度超过格式代码规定的字符宽度 N，则输出 N 个"*"表示溢出。

下面给出了使用 format 格式代码输出小数格式的一个例子：
```
IDL> print, 1.2, format='(f6.3)'
 1.200
IDL> print, 123.4, format='(f6.3)'
******
IDL> print, -12.3, format='(e10.2)'
-1.23e+001
IDL> print, -12.34, format='(e10.2)'
-1.23e+001
```

下面给出了使用空格、换行方式输出的一个例子：
```
IDL> print, 12, format='(10x, i3.3)'
          012
IDL> print, 12, format='(/, i3.3)'

012
```

IDL 格式化输出默认为右对齐，在 format 格式代码中使用负号可以改为左对齐。
```
IDL> print, 1, format='(i-3)'
```

1

如果输出的数据不止一个,可以通过设置多个格式代码来控制输出格式,格式代码按照从左向右的顺序使用。如果数据的数目超过格式代码的数目,在最后一个格式代码使用完之后,换行重新从第一个格式代码开始。

```
IDL> print, 12, 1.2, format='(i3, f5.2)'
 12 1.20
IDL> arr=indgen(8)
IDL> print, arr, format='(i3, i5, i7)'
  0    1      2
  3    4      5
  6    7
```

如果连续几个数据使用相同格式代码输出,可以在格式代码前加上数字或者将几个格式代码用小括号括起来再加上数字重复使用。

```
IDL> arr=findgen(6)
IDL> print, arr, format='(6f5.2)'
 0.00 1.00 2.00 3.00 4.00 5.00
IDL> print, arr, format='(2(f5.2, f8.2), f4.1, f5.1)'
 0.00     1.00 2.00     3.00 4.0  5.0
```

在某些情况下需要直接输出某些字符串或者标点符号,可以将其作为数据以字符型方式输出,也可以将其用双引号括起来直接写在格式代码中。

```
IDL> a=5
IDL> print, 'a=', a, format='(a, i2)'
a= 5
IDL> print, a, format='("a=", i2)'
a= 5
IDL> b=6
IDL> print, a, ';', b, format='(i2, a, i2)'
 5; 6
IDL> print, a, b, format='(i2, ";", i2)'
 5; 6
```

格式代码不仅仅用于标准输出,也可用于转换字符串、写入 ASCII 码文件等场景。

## 4.2 文件的相关操作

### 4.2.1 文件的打开与关闭

IDL 对文件的打开操作通过逻辑设备号完成,打开一个文件要将其和一个逻辑设备号进行关联。IDL 中有 128 个逻辑设备号,其中 1~99 号可以直接指定使用,100~128 号通过 get_lun 和 free_lun 命令进行获取和释放。直接使用 1~99 逻辑设备号必须要清楚哪些逻辑设备号已经被使用，比较麻烦，通常利用 get_lun 和 free_lun 命令来动态设置逻辑设备号。

IDL 提供了三个过程打开文件：openr 打开文件进行读操作，openw 打开文件进行写操作，openu 打开文件进行读写操作。

openr 语法：**openr, lun, fname, /get_lun**

openw 语法：**openw, lun, fname, /get_lun**

openu 语法：**openu, lun, fname, /get_lun**

- 参数 lun 为逻辑设备号变量；
- 参数 fname 为文件名；
- 关键字 get_lun 用于分配一个当前未使用的逻辑设备号存入变量 lun。

```
IDL> cd, 'E:\Tempwork'
IDL> fn='data_ASCII.txt'
IDL> openr, lun, fn, /get_lun
IDL> help, /file
Unit   Attributes                    Name
100    Read, Reserved                E:\Tempwork\data_ASCII.txt
IDL> help, lun
LUN            LONG      =      100
```

上面的 openr 语句打开了硬盘上的一个文件（data_ASCII.txt），通过 get_lun 关键字动态获取了逻辑设备号 100 赋予 lun 变量，并将其与文件建立了关联。

过程 free_lun 用于关闭逻辑设备号，即解除逻辑设备号与文件之间的关联。

语法：**free_lun [, lun$_1$,…, lun$_n$]**

- 参数 lun$_1$,…, lun$_n$ 为逻辑设备号变量。

```
IDL> free_lun, lun
IDL> help, /file
```

### 4.2.2 文件的其他操作

1. 文件名与路径

（1）过程 cd 用于改变当前工作路径。

语法：**cd [, directory] [, current=variable]**

- 参数 directory 为路径名；
- 关键字 current 用于获取当前工作路径名。

```
IDL> cd, 'e:/tempwork', current=cur_dir
IDL> print, cur_dir
C:\Documents and Settings\Administrator
```

（2）函数 dialog_pickfile 打开选择文件对话框，返回的是包括完整路径的绝对文名。

语法：**result=dialog_pickfile([, /directory] [, filter=string/string array] [, title=string] [, get_path=variable] [, path=string])**

- 关键字 directory 设置对话框用于选择目录名而不是文件名；
- 关键字 filter 设置文件名过滤条件；
- 关键字 title 设置对话框的标题；
- 关键字 get_path 用于获取所选文件所在的路径；
- 关键字 path 设置选择文件的初始路径。

```
IDL> fn=dialog_pickfile(filter=['*.txt'], title='选择数据文件', $
> get_path=work_dir)
```

程序运行结果见图 4.1。

图 4.1　设置了文件通配符的选择文件对话框

```
IDL> work_dir=dialog_pickfile(/directory)
IDL> help, work_dir
WORK_DIR            STRING    = 'E:\Tempwork\'
```

程序运行结果见图 4.2。

（3）过程 file_mkdir 用于创建文件夹。

语法：**file_mkdir, path**

- 参数 path 为待创建的文件夹名。

```
IDL> file_mkdir, 'Test_dir'
```

（4）函数 file_dirname 用于提取绝对文件名中的路径名，即移除文件名信息。

语法：**result=file_dirname(fname)**

- 参数 fname 为包含路径的绝对文件名。

```
IDL> fn='E:\Tempwork\data_ASCII.txt'
IDL> help, file_dirname(fn)
```

```
<Expression>    STRING    = 'E:\Tempwork'
```

图 4.2 浏览文件夹对话框

（5）函数 file_basename 用于提取绝对文件名中的文件名，即移除路径信息。

**语法：result=file_basename(fname [, removeSuffix])**
- 参数 fname 为包含路径的绝对文件名；
- 参数 removeSuffix 为待移除的文件后缀名。

```
IDL> help, file_basename(fn)
<Expression>    STRING    = 'data_ASCII.txt'
IDL> help, file_basename(fn, '.txt')
<Expression>    STRING    = 'data_ASCII'
```

（6）函数 file_which 返回相对文件名对应的绝对文件名。

**语法：result=file_which(fname)**
- 参数 fname 为不包含路径的相对文件名。

```
IDL> fn='data_ASCII.txt'
IDL> help, file_which(fn)
<Expression>    STRING    = 'E:\Tempwork\data_ASCII.txt'
```

（7）函数 filepath 用于给相对文件名添加完整的 IDL 安装路径。

**语法：result=filepath(fname [, subdirectory=string/string_array])**
- 参数 fname 为不包含路径的相对文件名；
- 关键字 subdirectory 设置子目录名。

```
IDL> print, filepath('abc.txt')
D:\Program Files\Harris\ENVI56\IDL88\abc.txt
```

```
IDL> print, filepath('IDL.exe', subdirectory='bin\bin.x86')
D:\Program Files\Harris\ENVI56\IDL88\bin\bin.x86\IDL.exe
```

要注意的是，filepath 并非用于搜索文件或者文件夹，而是在指定文件或文件夹之前加上 IDL 安装路径。

2. 文件查询

函数 file_search 用于搜索满足条件的所有文件名。

语法：**result=file_search(path_specification [, count=variable] [, /test_directory] [, /test_regular])**

或者 **result=file_search(dir_specification, recur_pattern [, count=variable] [, /test_directory] [, /test_regular])**

- 当函数 file_search 只使用一个参数时为标准查询模式，参数 path_specification 设置查询条件；当使用两个参数时为循环查询模式，参数 dir_specification 设置查询路径，参数 recur_pattern 设置查询的文件名条件；
- 关键字 count 返回满足查询条件的文件数目；
- 关键字 test_directory 设置只返回查询到的文件夹，不包括文件；
- 关键字 test_regular 设置只返回查询到的文件，不包括文件夹。

查找某个路径下所有文件和文件夹。
```
IDL> cd, 'E:\Tempwork'
IDL> fns=file_search()
```
查找当前路径下所有 txt 文件并返回文件数目。
```
IDL> fns=file_search('*.txt', count=fnums)
```
查找当前路径下所有文件名中包含'a'的文件。
```
IDL> fns=file_search('*a*')
```
查找当前路径下所有以 txt 或者 ppt 为扩展名的文件。
```
IDL> fns=file_search('*.{txt, ppt}')
```
查找当前路径下所有以'a'或者'b'开头的文件。
```
IDL> fns=file_search('[a~b]*.txt')
```

在标准查询模式下 file_search 函数返回相对文件名，在循环查询模式下返回绝对文件名。

查找某个路径下所有文件（包括子目录下的文件）和文件夹。
```
IDL> fns=file_search('E:\Tempwork\IDLworkspace', '*')
```
查找某个路径下所有文件（包括子目录下的文件），但是不包含文件夹。
```
IDL> fns=file_search('E:\Tempwork\IDLworkspace', '*',/test_regular)
```

下面给出了获取某文件夹内所有 ENVI 文件名的一个例子（ENVI 标准文件格式包括两个文件：后缀名为 hdr 的头文件，以及无后缀名的数据文件，两者文件名相同，仅仅后缀名不同）。
```
IDL> fns=file_search('*.hdr', count=fnums)
```

```
IDL> fns=file_basename(fns, '.hdr')   ;去掉文件名中的.hdr后缀
IDL> print, fns
```

3. 文件的复制、移动、删除

（1）过程 file_copy 用于复制文件。

语法：**file_copy, file, destPath**

- 参数 file 为待复制的文件名；
- 参数 destPath 为目标文件夹或者文件名。

```
IDL> file_copy, 'Data_ASCII.txt', 'Data_ASCII1.txt'
IDL> file_copy, 'Data_ASCII.txt', 'Test_dir'
IDL> file_copy, '*.txt', 'E:\'
```

（2）过程 file_move 用于移动文件。

语法：**file_move, file, destPath**

- 参数 file 为待移动的文件名；
- 参数 destPath 为目标文件夹或者文件名，为文件名时相当于对文件重命名。

```
IDL> file_move, 'Data_ASCII.txt', 'Data_ASCII2.txt'
IDL> file_move, 'Data_ASCII2.txt', 'Test_dir'
```

（3）过程 file_delete 用于删除文件或文件夹。

语法：**file_delete, file$_1$[, ···, file$_n$] [, /recursive] [, /quiet]**

- 参数 file$_1$,···, file$_n$ 为文件或文件夹名；
- 关键字 recursive 设置允许删除非空文件夹，如果该关键字未设置则默认不能删除非空文件夹；
- 关键字 quiet 设置跳过不能删除的文件/文件夹，如果该关键字未设置则默认在遇到不能删除的文件/文件夹时报错。

```
IDL> fn='Data_ASCII1.txt'
IDL> file_delete, fn, /quiet
```

4. 获取文件信息

（1）函数 file_test 用于检测文件是否存在。

语法：**result=file_test(fname [, /directory])**

- 参数 fname 为文件名；
- 关键字 directory 设置该函数检测文件夹是否存在。

```
IDL> fn='data_ASCII.txt'
IDL> print, file_test(fn), file_test(fn, /directory)
       1           0
```

（2）函数 file_lines 用于查询文本文件的行数。

语法：**result=file_lines(fname)**

- 参数 fname 为文件名。

```
IDL> file_lines(fn)
            5
```

（3）函数 fstat 用于查询文件的基本信息，返回结果为结构体变量。

**语法：result =fstat(lun)**

- 参数 lun 为文件所对应的逻辑设备号。

```
IDL> openr, lun, fn, /get_lun
IDL> finfo=fstat(lun)
IDL> help, finfo
** Structure FSTAT, 17 tags, length=72, data length=68:
   UNIT            LONG               101
   NAME            STRING       'E:\Tempwork\data_ASCII.txt'
   OPEN            BOOLEAN      true (1)
   ISATTY          BOOLEAN      false (0)
   ISAGUI          BOOLEAN      false (0)
   INTERACTIVE     BOOLEAN      false (0)
   XDR             BOOLEAN      false (0)
   COMPRESS        BOOLEAN      false (0)
   READ            BOOLEAN      true (1)
   WRITE           BOOLEAN      false (0)
   ATIME           LONG64             1659709667
   CTIME           LONG64             1659709667
   MTIME           LONG64             1389856715
   TRANSFER_COUNT  LONG               0
   CUR_PTR         LONG               0
   SIZE            LONG               58
   REC_LEN         LONG               0
```

表 4.2 给出了函数 fstat 返回结果中几个常用域的说明。

**表 4.2  函数 fstat 返回结果中的 6 个常用域**

| 域名 | 说明 |
| --- | --- |
| UNIT | 文件对应的逻辑设备号 |
| NAME | 文件名（含绝对路径） |
| READ | 文件是否打开为读状态（0：不可读；1：可读） |
| WRITE | 文件是否打开为写状态（0：不可写；1：可写） |
| CUR_PTR | 文件指针指向的位置（单位：字节） |
| SIZE | 文件尺寸（单位：字节） |

IDL 打开一个文件后，有一个文件指针与该文件相关联，指针指向该文件中下一个需要读取或写入内容的位置，打开文件时文件指针指向文件开头，执行读写操作后文件

指针会向后移动相应字节数。

5. 文件指针定位

过程 point_lun 用于对文件指针进行定位，将文件指针移动到指定的位置。
语法：**point_lun, lun, position**
- 参数 lun 为逻辑设备号；
- 参数 position 用于指定文件指针的位置，单位为字节。

下面给出了将文件指针由文件开头向后移动 10 个字节的一个例子：
```
IDL> openr, lun, fn, /get_lun
IDL> finfo=fstat(lun)
IDL> finfo.cur_ptr
       0
IDL> point_lun, lun, 10
IDL> finfo=fstat(lun)
IDL> finfo.cur_ptr
      10
```

6. 判断文件是否结束

函数 eof 用于判断文件是否已结束，即文件指针是否已到文件末尾。当文件结束时返回 1，否则返回 0。
语法：**result=eof(lun)**
- 参数 lun 为逻辑设备号。

下面给出了判断文件是否结束的一个例子：
```
IDL> openr, lun, fn, /get_lun
IDL> eof(lun)
     0
IDL> point_lun, lun, 58
IDL> eof(lun)
     1
```

## 4.3 读写 ASCII 码文件

ASCII 码文件也称为文本文件，存放在磁盘中时每个字符对应一个字节（8 位），用于存放对应的 ASCII 码。如"123 45"以 ASCII 码方式存储占 6 个字节："1""2""3"" ""4""5"分别以一个 8 位的 ASCII 码记录。最常见的 ASCII 码文件是 txt 文本文件。

ASCII 码文件具有可读性高的优点，利用任何一款文本编辑软件（记事本、写字板、Word、IDL 编辑器等）都可以直接打开 ASCII 码文件。在遥感领域，如遥感影像的头文件、光谱数据文件等通常都以 ASCII 码文件方式存储，便于用户读取。

## 4.3.1 读取 ASCII 码文件

过程 readf 用于读取 ASCII 码文件。

语法：**readf, lun, var$_1$,…, var$_n$**

- 参数 lun 为 ASCII 码文件对应的逻辑设备号；
- 参数 var$_1$,…, var$_n$ 用于按顺序存储从文件读入的数据（数据分隔符为逗号、空格或者 Tab 键）。

下面给出了读取一个 2 列 5 行 ASCII 码文件的例子：

| | |
|---|---|
| 1 | 10 |
| 2 | 20 |
| 3 | 30 |
| 4 | 40 |
| 5 | 50 |

```
IDL> fn=dialog_pickfile(title='选择ASCII码文件')
IDL> data=intarr(2, 5)
IDL> openr, lun, fn, /get_lun
IDL> readf, lun, data
IDL> free_lun, lun
IDL> print, data
       1      10
       2      20
       3      30
       4      40
       5      50
```

如果用于存储读取结果的变量容量超过 ASCII 码文件的所有数据，读取时会发生错误。以上一个例子中的 ASCII 码文件为例：

```
IDL> data=intarr(2, 8)
IDL> openr, lun, fn, /get_lun
IDL> readf, lun, data
% READF: End of file encountered. Unit: 101, File:
E:\Tempwork\IDLworkspace\data.txt
% Execution halted at: $MAIN$
```

如果用于存储读取结果的变量不足以存放 ASCII 码文件的所有数据，那么存储到满为止，文件指针停留在此位置上。以上一个例子中的 ASCII 码文件为例：

```
IDL> data=intarr(2, 3)
IDL> openr, lun, fn, /get_lun
IDL> readf, lun, data
IDL> print, data
```

```
            1      10
            2      20
            3      30
IDL> finfo=fstat(lun)
IDL> print, finfo.cur_ptr
        36
IDL> free_lun, lun
```

如果存放变量不止一个，那么首先读取第一个变量对应的数据，然后顺序读取第二个变量对应的数据……以前面例子中的 ASCII 码文件为例：

```
IDL> openr, lun, fn, /get_lun
IDL> data1=intarr(3)
IDL> data2=intarr(7)
IDL> readf, lun, data1, data2
IDL> free_lun, lun
IDL> print, data1
       1      10       2
IDL> print, data2
      20       3      30       4      40       5      50
```

除了以数值型数据的方式读取 ASCII 码文件内容之外，还可以以字符串方式读取。这种情况下，每行读入为一个字符串。

```
IDL> data=strarr(5)
IDL> openr, lun, fn, /get_lun
IDL> readf, lun, data
IDL> free_lun, lun
IDL> help, data
DATA            STRING    = Array[5]
IDL> help, data[0]
<Expression>    STRING    = '  1      10'
IDL> help, data[1]
<Expression>    STRING    = '  2      20'
```

对于分隔符不是默认分隔符（逗号、空格或者 Tab 键）的数据文件，可以先以字符串方式读入，然后通过字符串操作函数提取出数据。

下面给出了读取分隔符为分号的 ASCII 码文件的一个例子：

```
1;10
2;20
3;30
4;40
5;50
```

```
IDL> fn=dialog_pickfile(title='选择要打开的文件')
IDL> openr, lun, fn, /get_lun
IDL> data=strarr(5)
IDL> readf, lun, data
IDL> free_lun, lun
IDL> data1=bytarr(2, 5)
IDL> for i=0, 4 do data1[*, i]=data[i].split(';')
IDL> data1
   1       10
   2       20
   3       30
   4       40
   5       50
```

需要注意的是，不要将子数组作为 readf 的参数来存储读取的数据。因为子数组作为参数时传递方式为值传递而不是地址传递，其本身不会被真正改变。以前面例子中的 ASCII 码文件为例：

```
IDL> data=intarr(2, 6)
IDL> openr, lun, fn, /get_lun
IDL> readf, lun, data[*, 0:4]
IDL> free_lun, lun
IDL> data
        0        0
        0        0
        0        0
        0        0
        0        0
        0        0
```

如果想将 ASCII 码文件的数据读入 data 数组前 5 行，可以采用这样的方式：

```
IDL> tdata=intarr(2, 5)
IDL> openr, lun, fn, /get_lun
IDL> readf, lun, tdata
IDL> free_lun, lun
IDL> data[*, 0:4]=tdata
IDL> data
        1       10
        2       20
        3       30
        4       40
```

| | |
|---|---|
| 5 | 50 |
| 0 | 0 |

### 4.3.2 写入 ASCII 码文件

过程 printf 用于将数据写入 ASCII 码文件。

语法：**printf, lun, var$_1$, ···, var$_n$ [, format=value]**

- 参数 lun 为 ASCII 码文件对应的逻辑设备号；
- 参数 var$_1$,···, var$_n$ 为待写入的变量，按顺序写入文件中；
- 关键字 format 设置输出格式。

下面给出了将一个 2 列 5 行数组（前面例子中的 data 变量）写入文件的一个例子：

```
IDL> o_fn=dialog_pickfile(title= '文件保存为')+'.txt'
IDL> openw, lun, o_fn, /get_lun
IDL> printf, lun, data, format='(i2.2, ",", f6.2)'
IDL> free_lun, lun
```

打开所保存的 ASCII 码文件，内容如下：

| 01; 10.00 |
|---|
| 02; 20.00 |
| 03; 30.00 |
| 04; 40.00 |
| 05; 50.00 |

IDL 写入 ASCII 码文件时默认每行宽度为 80 列（80 个字符），输出数据时若每行超过 80 个字符会自动换行，在 openw 或者 openu 命令中通过关键字 width 可修改每行宽度：

```
IDL> openw, lun, fn, /get_lun, width=1000
```

### 4.3.3 读写 CSV 文件

CSV 文件即逗号分隔值文件，是一种特殊的 ASCII 码文件。该文件以半角逗号","为分隔符，每条记录占一行，如果文件包含字段名，则字段名出现在第一行。CSV 文件既有 ASCII 码文件的优点，也可以方便地导入电子表格或数据库中。

下面给出了一个 CSV 文件的例子：

| X,Y |
|---|
| 1,10 |
| 2,20 |
| 3,30 |
| 4,40 |
| 5,50 |

函数 read_csv 用于读取 CSV 文件，返回结果为结构体变量。

语法：**result=read_csv(fname [, count=variable] [, header=variable] [, num_records=value] [, record_start=value])**

- 参数 fname 为 CSV 文件名；
- 关键字 count 返回文件中数据的行数；
- 关键字 header 返回每一列的字段名，如果没有字段名则返回空字符串值；
- 关键字 num_records 设置读取几行数据，如果该关键字未设置则默认读取所有行的数据；
- 关键字 record_start 设置从第几行开始读取数据。

下面给出了读取 CSV 文件的一个例子：

```
IDL> fn=dialog_pickfile(title='选择CSV文件')
IDL> data=read_csv(fn, count=nl, header=header)
IDL> print, nl
       5
IDL> print, header
X Y
IDL> help, data
** Structure <1b14928>, 2 tags, length=40, data length=40, refs=1:
   FIELD1          LONG      Array[5]
   FIELD2          LONG      Array[5]
IDL> data.field1
       1       2       3       4       5
IDL> data.field2
      10      20      30      40      50
```

过程 write_csv 用于写入 CSV 文件。

**语法**：**write_csv, fname, data$_1$ [, data$_2$,···, data$_8$] [, header=variable]**

- 参数 fname 为 CSV 文件名。
- 参数 data$_1$, data$_2$, ···, data$_8$ 为待写入 CSV 文件的数据。data$_1$ 可以为结构体变量、二维数组或一维数组：如果 data$_1$ 为结构体变量，data$_2$、···、data$_8$ 将被忽略，CSV 文件的列数等于 data$_1$ 域的数目，行数等于 data$_1$ 各个域的元素数目；如果 data$_1$ 为二维数组，data$_2$、···、data$_8$ 将被忽略，CSV 文件的列数等于数组列数，行数等于数组行数；如果 data$_1$、data$_2$、···、data$_8$ 为一维数组，CSV 文件的列数等于参数 data$_1$、data$_2$、···、data$_8$ 的数目，行数等于数组的元素数目，所有数组元素数目必须相同，数据类型可以不同。
- 关键字 header 为字段名数组。

下面给出了将结构体数据写入 CSV 文件的一个例子：

```
IDL> data={x: indgen(4), y: [0.6, 0.2, 1.5, 2.1]}
IDL> header=['x', 'y']
IDL> o_fn=dialog_pickfile(title='CSV文件保存为')+'.csv'
IDL> write_csv, o_fn, data, header=header
```

下面给出了将二维数组写入 CSV 文件的一个例子：

```
IDL> x=[1:5]
IDL> y=sqrt(x)
IDL> data=[transpose(x), transpose(y)]
IDL> write_csv, o_fn, data, header=header
```
下面给出了将两个一维数组写入 CSV 文件的一个例子：
```
IDL> write_csv, o_fn, x, y, header=header
```

## 4.4 读写二进制文件

二进制文件以二进制的编码方式存放数据，按照字节型数据占 1 个字节、整型数据占 2 个字节、长整型和浮点型数据占 4 个字节、双精度浮点型数据占 8 个字节的方式以二进制字节存在文件中。如"123 45"，如果以字节型数据保存为二进制文件占 2 个字节（"123"和"45"分别占 1 个字节）；以整型数据保存为二进制文件占 4 个字节（"123"和"45"分别占 2 个字节）。读取二进制文件之前必须知道数据维数、数据类型及存储顺序，否则无法正确读取文件内容。

与 ASCII 码文件相比，二进制数据非常紧凑，节约存储空间，经常用于存储大数据文件。以 ENVI 文件格式为例，ENVI 头文件（后缀名为 hdr）为 ASCII 码文件，ENVI 数据文件（后缀名为 dat 或者无后缀名）为二进制文件。

### 4.4.1 读取二进制文件

过程 readu 用于读取二进制文件。

语法：**readu, lun, var₁, ⋯, varₙ**

- 参数 lun 为二进制文件对应的逻辑设备号；
- 参数 var₁, ⋯, varₙ 用于按顺序存储从文件中读入的数据。

下面给出了读取二进制格式单波段遥感文件（800 列 600 行，1 个波段，byte 类型）的一个例子：
```
IDL> fn=dialog_pickfile(title='选择单波段遥感文件')
IDL> openr, lun, fn, /get_lun
IDL> data=bytarr(800, 600)
IDL> readu, lun, data
IDL> free_lun, lun
```
有些遥感数据中包含了文件头，即该文件前 N 个字节并非数据，而是说明信息（如成像日期、行列数、数据类型等），从第 N+1 个字节开始才是真正的数据信息。这种情况下要首先读取或者跳过文件头，然后再读取数据。

### 4.4.2 写入二进制文件

过程 writeu 用于将数据写入二进制文件。

语法：**writeu, lun, var₁, ⋯, varₙ**

- 参数 lun 为二进制文件对应的逻辑设备号；
- 参数 $var_1$, ⋯, $var_n$ 为待写入的数据变量。

下面给出了将数据保存为二进制文件的一个例子(数据为上一个例子读入的遥感数据)：
```
IDL> o_fn=dialog_pickfile(title='数据保存为')
IDL> openw, lun, o_fn, /get_lun
IDL> writeu, lun, data
IDL> free_lun, lun
```

下面给出了读入二进制格式多波段遥感数据（800 列 600 行，7 个波段，uint 类型，BSQ 顺序），并按波段保存为独立二进制文件（文件名分别为 band_01、band_02……）的一个例子：

```
pro read_write_RS
;读入多光谱遥感数据，按波段保存为独立的文件

  ;读入文件
  fn=dialog_pickfile(title='选择多波段遥感文件')
  openr, lun, fn, /get_lun
  data=uintarr(800, 600, 7)
  readu, lun, data
  free_lun, lun

  ;生成文件名数组
  nb=7
  fns='band_'+string([1:nb], format='(i2.2)')+'.dat'   ;文件名数组

  ;保存文件
  for i=0, nb-1 do begin
    openw, lun, fns[i], /get_lun
    writeu, lun, data[*, *, i]
    free_lun, lun
  endfor

end
```

## 4.5 读写图像文件

### 4.5.1 查询图像文件

函数 query_image 用于查询图像文件基本信息。如果该文件为 IDL 支持的图像格式

返回 1，否则返回 0。

语法：**result=query_image(fname [, info] [, channels=variable] [, dimensions=variable] [, pixel_type=variable] [, type=variable])**

- 参数 fname 为图像文件名；
- 参数 info 返回图像的基本信息，为一结构体变量，包含 channels、dimensions、pixel_type、type 等域；
- 关键字 channels 返回图像的波段数，灰度图像波段数为 1，彩色图像波段数为 3；
- 关键字 dimensions 返回图像的列数和行数，为 2 个元素的数组；
- 关键字 pixel_type 返回图像像元的数据类型（见表 2.7）；
- 关键字 type 返回图像文件的类型，如 BMP、GIF、JPEG、PNG 和 TIFF 等。

```
IDL> fn=dialog_pickfile(title='选择要查询的图像文件')
IDL> result=query_image(fn, img_info, channels=channels, $
> dimensions=dimensions, pixel_type=pixel_type, type=type)
IDL> help, img_info
** Structure <431a8b60>, 8 tags, length=48, data length=45, refs=1:
   CHANNELS       LONG              3
   DIMENSIONS     LONG       Array[2]
   HAS_PALETTE    INT               0
   IMAGE_INDEX    LONG              0
   NUM_IMAGES     LONG              1
   PIXEL_TYPE     INT               1
   SBIT_VALUES    BYTE       Array[5]
   TYPE           STRING     'PNG'
IDL> img_info.dimensions
      800          600
IDL> help, channels, dimensions, pixel_type, type
CHANNELS        LONG       =         3
DIMENSIONS      LONG       = Array[2]
PIXEL_TYPE      INT        =         1
TYPE            STRING     = 'PNG'
IDL> print, dimensions
      800          600
```

除了 query_image 函数之外，IDL 还提供了 query_bmp、query_jpeg、query_png 和 query_tiff 等函数分别用于查询 BMP、JPEG、PNG 和 TIFF 等图像文件的信息。

### 4.5.2 读取图像文件

函数 read_image 用于读取图像文件，返回二维或者三维图像数组，如果该文件不是 IDL 支持的图像格式则返回–1。

语法：**result=read_image(fname)**
- 参数 fname 为图像文件名。

```
IDL> fn=dialog_pickfile(title='选择要读取的图像文件')
IDL> img=read_image(fn)
IDL> help, img
IMG             BYTE      = Array[3, 800, 600]
```

灰度图像返回结果为二维数组，两个维依次对应列和行。彩色图像返回的结果为三维数组，三个维分别对应波段、列和行，即 BIP 格式，波段数为 3（红、绿和蓝波段）。

函数 dialog_read_image 打开选择图像对话框（图 4.3）读取图像文件。点击 Open 按钮返回 1，点击 Cancel 按钮返回 0。

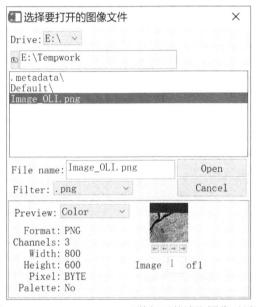

图 4.3　dialog_read_image 函数打开的读取图像对话框

语　法：**result=dialog_read_image([image=variable] [, query=variable] [, file=variable] [, filter_type=string] [, get_path=variable] [, path=string] [, title=string])**
- 关键字 image 用于存储所读取的图像；
- 关键字 query 用于获取图像的基本信息；
- 关键字 file 返回选择的文件名；
- 关键字 filter_type 设置文件类型过滤条件，如'.bmp'、'.jpg, .png'等；
- 关键字 get_path 用于获取所选文件所在路径；
- 关键字 path 设置选择文件的初始所在路径；
- 关键字 title 设置对话框的标题。

```
IDL> result=dialog_read_image(image=img, file=file, $
> filter_type='.png', get_path=workdir, query=img_info, $
```

```
> title='选择要打开的图像文件')
IDL> help, result
RESULT          LONG      =          1
IDL> help, img
IMG             BYTE      = Array[3, 800, 600]
IDL> help, img_info
** Structure <431aa840>, 8 tags, length=48, data length=45, refs=2:
   CHANNELS        LONG                3
   DIMENSIONS      LONG       Array[2]
   HAS_PALETTE     INT                 0
   IMAGE_INDEX     LONG                0
   NUM_IMAGES      LONG                1
   PIXEL_TYPE      INT                 1
   SBIT_VALUES     BYTE       Array[5]
   TYPE            STRING     'PNG'
```

除了 read_image 和 dialog_read_image 函数之外，IDL 还提供了 read_bmp、read_jpeg、read_png 和 read_tiff 等函数分别读取 BMP、JPEG、PNG 和 TIFF 等图像文件。

GeoTIFF 文件包含地理信息，可以通过关键字 geotiff 提取。

```
IDL> fn='Data_OLI.tif'
IDL> img=read_tiff(fn, geotiff=geo_info)
IDL> help, img
IMG             UINT      = Array[7, 800, 600]
IDL> help, geo_info
** Structure <3a24b150>, 7 tags, length=88, data length=82, refs=1:
   MODELPIXELSCALETAG
                   DOUBLE     Array[3]
   MODELTIEPOINTTAG
                   DOUBLE     Array[6, 1]
   GTMODELTYPEGEOKEY
                   INT                 1
   GTRASTERTYPEGEOKEY
                   INT                 1
   GEOGLINEARUNITSGEOKEY
                   INT              9001
   GEOGANGULARUNITSGEOKEY
                   INT              9102
   PROJECTEDCSTYPEGEOKEY
                   INT             32650
```

### 4.5.3 写入图像文件

过程 write_image 用于写入图像文件。

语法：**write_image, fname, format, data [, /order]**

- 参数 fname 为图像文件名；
- 参数 format 为图像文件格式，包括 BMP、JPEG、PNG 和 TIFF 等；
- 参数 data 为待写入的数据；
- 关键字 order 设置图像坐标原点为左上角，该关键字未设置则默认坐标原点为左下角。

```
IDL> fn=dialog_pickfile(title='图像文件保存为')
IDL> write_image, fn, 'jpeg', img
```

函数 dialog_write_imag 打开保存图像对话框（图 4.4）写入图像文件。点击 Save 按钮返回 1，点击 Cancel 按钮返回 0。

语法：**result=dialog_write_image(image [, filename=string] [, type=variable] [, title=string])**

- 关键字 image 为待写入的数据；
- 关键字 filename 返回选择的文件名；
- 关键字 type 设置图像文件类型；
- 关键字 title 设置对话框的标题。

```
IDL> result=dialog_write_image(img, filename=fn, type='bmp', $
> title='图像文件保存为')
```

图 4.4　dialog_write_image 函数打开的保存图像对话框

除了 write_image 过程和 dialog_write_image 函数之外，IDL 还提供了 write_bmp、write_jpeg、write_png 和 write_tiff 等过程分别写入 BMP、JPEG、PNG 和 TIFF 等图像文件。

## 4.6 读写 HDF 文件

层次型数据格式（hierarchical data format，HDF）文件格式由美国国家超级计算应用中心（National Center for Supercomputing Applications, NCSA）开发。单个 HDF 文件能够包含不同类型的数据，包括图像、多维数组、指针及文本数据等。目前用得比较多的 HDF 文件格式为 HDF4 和 HDF5。如 EOS MODIS 数据采用了基于 HDF4 的 HDF-EOS 格式，NPP VIIRS、HJ-1 HIS 等数据采用了 HDF5 格式。

### 4.6.1 读写 HDF4 文件

1. HDF4 文件操作

（1）函数 hdf_isHdf 用于判断文件是否为 HDF 文件，如果是返回 1，否则返回 0。

语法：**result=hdf_isHdf (fname)**

- 参数 fname 为文件名。

（2）函数 hdf_sd_start 用于打开 HDF 文件，返回一个 HDF 文件 ID 号。

语法：**result=hdf_sd_start (fname [, /read | , /rdwr] [, /create])**

- 参数 fname 为文件名；
- 关键字 read 设置该 HDF 文件打开为只读操作；
- 关键字 rdwr 设置该 HDF 文件打开为读写操作；
- 关键字 create 设置创建一个新的 HDF 文件。

（3）过程 hdf_sd_fileInfo 用于获取 HDF 文件中科学数据集和全局属性的数目。

语法：**hdf_sd_fileInfo, fid, nsds, natts**

- 参数 fid 为 HDF 文件 ID 号；
- 参数 nsds 返回 HDF 文件包含的科学数据集数目；
- 参数 natts 返回 HDF 文件包含的全局属性数目。

（4）过程 hdf_sd_end 用于关闭 HDF 文件。

语法：**hdf_sd_end, fid**

- 参数 fid 为 HDF 文件 ID 号。

2. HDF4 数据集操作

（1）函数 hdf_sd_nameToIndex 用于根据科学数据集的名称获取对应数据集索引号。

语法：**result=hdf_sd_nameToIndex(fid, sd_name)**

- 参数 fid 为 HDF 文件 ID 号；
- 参数 sd_name 为数据集的名称，比如 MODIS 植被指数产品 MOD13A3 中的科学数据集有"1 km monthly NDVI""1 km monthly NEVI""1 km monthly VI Quality"

等。科学数据集的名称可以通过 HDF Explorer、Panoply 等工具软件或 ENVI 等遥感软件查看，也可以通过 IDL 编程查看。

（2）函数 hdf_sd_select 用于根据索引号选择科学数据集，返回科学数据集 ID 号。

语法：**result=hdf_sd_select(fid, index)**

- 参数 fid 为 HDF 文件 ID 号；
- 参数 index 为数据集索引号。

（3）过程 hdf_sd_getInfo 用于查询 HDF 文件中某个科学数据集的基本信息（变量名称、描述、数据类型、维度数目、各个维度、有效值范围、单位等）。

语法：**hdf_sd_getInfo, sd_id [, name=variable] [, natts= variable] [, label=variable] [, ndims=variable] [, dims=variable] [, range=variable] [, type=variable] [, unit=variable]**

- 参数 sd_id 为科学数据集 ID 号；
- 关键字 name 返回科学数据集名称；
- 关键字 natts 返回科学数据集属性数目；
- 关键字 label 返回科学数据集描述；
- 关键字 ndims 返回科学数据集维度数目；
- 关键字 dims 返回科学数据集各个维度；
- 关键字 range 返回科学数据集有效值范围；
- 关键字 type 返回科学数据集数据类型；
- 关键字 unit 返回科学数据集单位。

（4）过程 hdf_sd_getData 用于读取科学数据集的数据。

语法：**hdf_sd_getData, sd_id, value**

- 参数 sd_id 为科学数据集 ID 号；
- 参数 value 返回读取的数据。

（5）函数 hdf_sd_create 用于创建科学数据集，返回科学数据集 ID 号。

语法：**result=hdf_sd_create(fid, name, dims [, /byte | , /dfnt_uint8 | , /int | , /dfnt_int16 | , /dfnt_uint16 | , /long | , /dfnt_uint32 | , /float | , /dfnt_float32 | , /double | , /dfnt_float64 | , /string | , /dfnt_char8])**

- 参数 fid 为 HDF 文件 ID 号；
- 参数 name 为变量名称；
- 参数 dims 为变量的维数，是一个一维数组；
- 关键字 byte（dfnt_uint8）、int（dfnt_int16）、dfnt_uint16、long、dfnt_uint32、float（dfnt_float32）、double（dfnt_float64）、string（dfnt_char8）分别设置数组的类型为字节型、整型、无符号整型、长整型、无符号长整型、浮点型、双精度浮点型和字符串。

（6）过程 hdf_sd_setInfo 设置科学数据集的基本信息。

语法：**hdf_sd_setInfo, sd_id [, label=string] [, range=[max, min]] [, unit=string]**

- 参数 sd_id 为科学数据集 ID 号；
- 关键字 label 返回科学数据集描述；

- 关键字 range 返回科学数据集有效值范围；
- 关键字 unit 返回科学数据集单位。

（7）函数 hdf_sd_dimGetID 用于创建科学数据集的维度，返回维度 ID 号。

语法：**result=hdf_sd_dimGetID(sd_id, dim_num)**

- 参数 sd_id 为科学数据集 ID 号；
- 参数 dim_num 为从 0 开始的维度数。

（8）过程 hdf_sd_dimSet 设置科学数据集的维度信息。

语法：**hdf_sd_dimSet, dim_id [, name=string] [, label=string]**

- 参数 dim_id 为维度 ID 号；
- 关键字 name 为维度名称；
- 关键字 label 为维度描述。

（9）过程 hdf_sd_addData 用于给科学数据集添加数据。

语法：**hdf_sd_addData, sd_id, data**

- 参数 sd_id 为科学数据集 ID 号；
- 参数 data 为待添加的数据。

（10）过程 hdf_sd_endAccess 用于关闭已打开的科学数据集。

语法：**hdf_sd_endAccess, sd_id**

- 参数 sd_id 为科学数据集 ID 号。

下面给出了读取 MODIS 气溶胶产品 MOD04_3K 中所有科学数据集名称的一个例子：

```
pro read_HDF_Sdnames, sd_names
;读取MOD04_3k产品中所有的科学数据集名称
;参数sd_names返回所有科学数据集的名称

  fn=dialog_pickfile(title='选择MODIS气溶胶数据')
  fid=hdf_sd_start(fn)   ;打开HDF文件
  hdf_sd_fileinfo, fid, nsds, natts   ;对HDF文件进行查询

  sd_names=strarr(nsds)   ;数据集名称数组
  for i=0, nsds-1 do begin
    ;逐数据集循环获取每个数据集名称
    sd_id=hdf_sd_select(fid, i)
    hdf_sd_getinfo, sd_id, name=name
    sd_names[i]=name
  endfor

  hdf_sd_endaccess, sd_id   ;关闭数据集
  hdf_sd_end, fid   ;关闭HDF文件
```

end

下面给出了读取 MODIS 气溶胶产品 MOD04_3K 中 0.55μm 气溶胶光学厚度数据的一个例子：

```
pro read_HDF, AOD, Lat, Lon
;读取MOD04_3K产品中的气溶胶光学厚度及经纬度
;参数AOD、Lat、Lon分别返回读取的气溶胶光学厚度、纬度、经度数据

  fn=dialog_pickfile(title='选择MODIS气溶胶数据')
  fid=hdf_sd_start(fn)

  sd_name_AOD='Optical_Depth_Land_And_Ocean'  ;0.55μmAOD的数据集名称
  sd_name_Lat='Latitude'   ;纬度的数据集名称
  sd_name_Lon='Longitude'  ;经度的数据集名称

  ;获取数据集索引号
  sd_index_AOD=hdf_sd_nameToIndex(fid, sd_name_AOD)
  sd_index_Lat=hdf_sd_nameToIndex(fid, sd_name_Lat)
  sd_index_Lon=hdf_sd_nameToIndex(fid, sd_name_Lon)

  ;选择数据集
  sd_id_AOD=hdf_sd_select(fid, sd_index_AOD)
  sd_id_Lat=hdf_sd_select(fid, sd_index_Lat)
  sd_id_Lon=hdf_sd_select(fid, sd_index_Lon)

  ;读取数据集的数据
  hdf_sd_getdata, sd_id_AOD, AOD
  hdf_sd_getdata, sd_id_Lat, Lat
  hdf_sd_getdata, sd_id_Lon, Lon

  ;关闭数据集与HDF文件
  hdf_sd_endaccess, sd_id_AOD
  hdf_sd_endaccess, sd_id_Lat
  hdf_sd_endaccess, sd_id_Lon
  hdf_sd_end, fid

end
```

下面给出了将前面读入的气溶胶光学厚度数据写入 HDF 文件的一个例子：

```
pro write_HDF, AOD, Lat, Lon
```

```
;将气溶胶光学厚度及经纬度数据写入一个HDF文件
;参数AOD、Lat、Lon分别为气溶胶光学厚度、纬度、经度

  fn=dialog_pickfile(title='数据保存为')
  fid=hdf_sd_start(fn, /create)    ;创建HDF文件

  dims=[(size(AOD))[1],(size(AOD))[2]]   ;维度信息

  ;写入AOD数据
  sd_id=hdf_sd_create(fid, 'AOD', dims, /int)   ;创建科学数据集
  range=[max(AOD), min(AOD)]
  hdf_sd_setInfo, sd_id, label='MODIS 3-km AOD', unit='none', $
    range=range   ;设置数据集基本信息
  hdf_sd_adddata, sd_id, AOD   ;写入AOD数据

  ;写入纬度信息
  sd_id=hdf_sd_create(fid, 'Latitude', dims, /float)   ;创建科学数据集
  hdf_sd_setInfo, sd_id, label='Latitude', unit='degree' ;设置基本信息
  hdf_sd_adddata, sd_id, Lat   ;写入纬度数据

  ;写入经度信息
  sd_id=hdf_sd_create(fid, 'Longitude', dims, /float)   ;创建科学数据集
  hdf_sd_setInfo, sd_id, label='Longitude', unit='degree' ;设置基本信息
  hdf_sd_adddata, sd_id, Lon   ;写入经度数据

  ;关闭数据集和HDF文件
  hdf_sd_endaccess, sd_id
  hdf_sd_end, fid
end
```

### 4.6.2 读写 HDF5 文件

1. HDF5 文件操作

（1）函数 h5_browser 用于打开 HDF5 浏览器（图 4.5），对 HDF5 文件进行查询和读取。如果文件能被正确识别返回 1，否则返回 0。

语法：**result=h5_browser([fname])**
- 参数 fname 为 HDF5 文件名，如果该参数未设置则在浏览器中由用户选择文件。

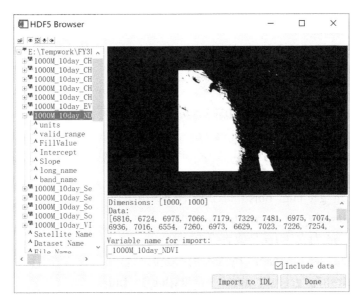

图 4.5　h5_browser 函数打开的 HDF5 浏览器

在 HDF5 浏览器中点击 Import to IDL 按钮可以将选中的科学数据集导入 IDL。
（2）函数 h5f_open 用于打开 HDF5 文件，返回一个 HDF5 文件 ID 号。
语法：**result= h5f_open(fname [, /write])**
- 参数 fname 为 HDF5 文件名；
- 关键字 write 设置打开 HDF5 文件执行读写操作，如果该关键字未设置则默认打开文件执行只读操作。

（3）函数 h5_parse 用于查询 HDF5 文件的基本信息（文件名称、路径、维度数目、属性数目及各个维度等），返回结果为结构体变量。其功能与 h5_browser 相近，但没有图形界面。
语法：**result=h5_parse(fname [, /read_data])**
- 参数 fname 为 HDF5 文件名；
- 关键字 read_data 设置将 HDF5 文件中的数据一起作为结果返回，如果该关键字未设置则仅仅返回文件的相关信息。

（4）函数 h5_list 用于列出 HDF5 文件中的组和数据集名称。
语法：**h5_list, fname [, filter=value] [, output=variable])**
- 参数 fname 为 HDF5 文件名；
- 关键字 filter 设置组和数据集名称的过滤条件；
- 关键字 output 返回组和数据集名称，如果该关键字未设置，则组和数据集名称直接输出到屏幕。

（5）函数 h5_create 用于创建一个 HDF5 文件，返回所创建文件的 ID 号。

语法：**result=h5_create(fname)**
- 参数 fname 为 HDF5 文件名。

（6）过程 h5f_close 用于关闭 HDF5 文件。

语法：**h5f_close, fid**
- 参数 fid 为 HDF5 文件 ID 号。

2. HDF5 组操作

（1）函数 h5g_open 用于打开 HDF5 组，返回组 ID 号。

语法：**result=h5g_open(loc_id, name)**
- 参数 loc_id 为组的位置，可以是文件 ID 号或者组 ID 号；
- 参数 name 为组的名称。

（2）函数 h5g_get_num_objs 用于获取 HDF5 组里对象数目。

语法：**result=h5g_get_num_objs(loc_id)**
- 参数 loc_id 为文件 ID 号或者组 ID 号。

（3）函数 h5g_get_obj_name_by_idx 用于获取组里某个对象的名称。

语法：**result=h5g_get_obj_name_by_idx(loc_id, index)**
- 参数 loc_id 为文件 ID 号或者组 ID 号；
- 参数 index 为组内对象的索引号。

（4）函数 h5g_get_members 用于获取组里成员数目。

语法：**result=h5g_get_members(loc_id, name)**
- 参数 loc_id 为文件 ID 号或者组 ID 号；
- 参数 name 为成员名称。

（5）函数 h5g_get_member_name 用于获取组里某个成员的名称。

语法：**result=h5g_get_member_name(loc_id, name, index)**
- 参数 loc_id 为文件 ID 号或者组 ID 号；
- 参数 name 为成员所在组的名称；
- 参数 index 为组内成员的索引号。

（6）函数 h5g_create 用于创建 HDF5 组，返回数据类型对象 ID 号。

语法：**result=h5g_create(loc_id, name)**
- 参数 loc_id 为文件 ID 号或者组 ID 号；
- 参数 name 为组的名称。

（7）过程 h5g_close 用于关闭 HDF5 组。

语法：**h5g_close, g_id**
- 参数 g_id 为组 ID 号。

3. HDF5 数据集操作

（1）函数 h5d_open 用于打开 HDF5 中的某个科学数据集，返回科学数据集 ID 号。

语法：**result=h5d_open(loc_id, fieldname)**

- 参数 **loc_id** 为文件 ID 号或者组 ID 号；
- 参数 fieldname 为数据集的名称（含路径）。

（2）函数 h5d_read 用于读取科学数据集的数据。

语法：**result=h5d_read(sd_id)**

- 参数 sd_id 为科学数据集 ID 号。

（3）过程 h5d_get_type 用于获取 HDF5 数据集的数据类型 ID 号。

语法：**result=h5d_get_type(sd_id)**

- 参数 sd_id 为科学数据集 ID 号。

（4）过程 h5d_get_space 用于获取 HDF5 数据集的数据空间 ID 号。

语法：**result=h5d_get_space(sd_id)**

- 参数 sd_id 为科学数据集 ID 号。

（5）函数 h5d_create 用于创建一个科学数据集，返回所创建数据集的 ID 号。

语法：**result=h5d_create(loc_id, name, dt_id, ds_id)**

- 参数 loc_id 为文件 ID 号或者组 ID 号；
- 参数 name 为所创建数据集的名称；
- 参数 dt_id 为数据类型 ID 号；
- 参数 ds_id 为数据空间 ID 号。

（6）过程 h5d_write 用于将数据集写入 HDF5 文件。

语法：**h5d_write, sd_id, data**

- 参数 sd_id 为科学数据集 ID 号；
- 参数 data 为待写入的数据。

（7）过程 h5d_close 用于关闭 HDF5 数据集。

语法：**h5d_close, sd_id**

- 参数 sd_id 为科学数据集 ID 号。

4. HDF5 属性操作

（1）函数 h5a_get_num_attrs 用于获取 HDF5 组或者数据集的属性数目。

语法：**result=h5a_get_num_attrs(loc_id)**

- 参数 loc_id 为组 ID 号或者数据集 ID 号。

（2）函数 h5a_open_idx 用于根据索引号打开 HDF5 文件中的属性，返回属性 ID 号。

语法：**result=h5a_open_idx(loc_id, index)**

- 参数 loc_id 为组 ID 号或者数据集 ID 号；
- 参数 index 为属性索引号。

（3）函数 h5a_open_name 用于根据属性名称打开 HDF5 文件中的属性，返回属性 ID 号。

语法：**result=h5a_open_name(loc_id, name)**

- 参数 loc_id 为组 ID 号或者数据集 ID 号；
- 参数 name 为属性名称。

（4）函数 h5a_get_name 用于获取 HDF5 属性名称。

语法：**result=h5a_get_name(att_id)**

- 参数 att_id 为属性 ID 号。

（5）函数 h5a_read 用于获取 HDF5 属性数据。

语法：**result=h5a_read(att_id)**

- 参数 att_id 为属性 ID 号。

（6）过程 h5a_get_type 用于获取 HDF5 属性的数据类型 ID 号。

语法：**result=h5a_get_type(att_id)**

- 参数 att_id 为属性 ID 号。

（7）过程 h5a_get_space 用于获取 HDF5 属性的数据空间 ID 号。

语法：**result=h5a_get_space(att_id)**

- 参数 att_id 为属性 ID 号。

（8）函数 h5a_create 用于创建 HDF5 属性。

语法：**result=h5a_create(loc_id, name, dt_id, ds_id)**

- 参数 loc_id 为组 ID 号或者数据集 ID 号；
- 参数 name 为所创建属性的名称；
- 参数 dt_id 为数据类型 ID 号；
- 参数 ds_id 为数据空间 ID 号。

（9）过程 h5a_write 用于写入 HDF5 属性。

语法：**h5a_write, att_id, data**

- 参数 att_id 为属性 ID 号；
- 参数 data 为属性数据。

（10）过程 h5a_close 用于关闭 HDF5 属性。

语法：**h5a_close, att_id**

- 参数 att_id 为属性 ID 号。

5. HDF5 其他操作

（1）函数 h5t_idl_create 用于创建一个数据类型对象，返回数据类型对象 ID 号。

语法：**result=h5t_idl_create(data)**

- 参数 data 为数据，根据该数据类型创建数据类型对象。

（2）函数 h5s_create_simple 用于创建一个数据空间，返回数据空间 ID 号。

语法：**result=h5s_create_simple(dims)**

- 参数 dims 为维度数组。

（3）过程 h5s_close 用于关闭 HDF5 数据空间。

语法：**h5s_close, ds_id**

- 参数 ds_id 为数据空间 ID 号。

（4）过程 h5t_close 用于关闭 HDF5 数据类型。

语法：**h5t_close, dt_id**

- 参数 dt_id 为数据类型 ID 号。

下面给出了读取 FY3D/MERSI 植被指数产品中所有变量名称的一个例子（该数据虽然后缀名为 hdf，但实质是 HDF5 格式）：

```
pro read_HDF5_Sdnames, sd_names
;读取FY3D/MERSI植被指数数据产品中所有的数据集名称
;参数sd_names返回所有的数据集名称

  fn=dialog_pickfile(title='打开FY3D/MERSI植被指数数据')
  fid=h5f_open(fn)   ;打开HDF5文件

  nsds=h5g_get_num_objs(fid)
  sd_names=strarr(nsds)   ;变量名称数组

  for i=0, nsds-1 do begin
  ;逐变量循环获取每个变量名称
    sd_names[i]=h5g_get_obj_name_by_idx(fid, i)
  endfor

  h5f_close, fid

end
```

下面给出了读取 FY3D/MERSI 植被指数产品中 NDVI 数据并写入新的 HDF5 文件的一个例子：

```
pro read_write_HDF5
;读取FY3D/MERSI植被指数产品中的NDVI及属性，写入新的HDF5文件

  ;打开HDF5文件及待写入的HDF5文件
  fn=dialog_pickfile(title='打开FY3D/MERSI植被指数数据')
  fid1=h5f_open(fn)   ;打开HDF5文件
  o_fn=dialog_pickfile(title='数据保存为')
  fid2=h5f_create(o_fn)

  ;读取NDVI
  sd_id1=h5d_open(fid1, '1000M_10day_NDVI')
  ndvi=h5d_read(sd_id1)   ;读取变量的数据

  ;设置NDVI数据类型和数据空间
  dt_id=h5t_idl_create(ndvi)
```

```
    ds_id=h5s_create_simple(size(ndvi,/dimensions))

    ;定义数据集并写入新的HDF5文件
    sd_id2=h5d_create(fid2, 'NDVI', dt_id, ds_id)
    h5d_write, sd_id2, ndvi

    ;读取NDVI所有属性并写入新文件
    natts=h5a_get_num_attrs(sd_id1)
    for i=0, natts-1 do begin

      ;获取当前属性信息
      att_id1=h5a_open_idx(sd_id1, i)
      name=h5a_get_name(att_id1)
      att=h5a_read(att_id1)
      dt_id=h5a_get_type(att_id1)
      ds_id=h5a_get_space(att_id1)

      ;将属性写入文件
      att_id2=h5a_create(sd_id2, name, dt_id, ds_id)
      h5a_write, att_id2, att

    endfor

    ;关闭所有id号
    h5a_close, att_id1
    h5a_close, att_id2
    h5s_close, ds_id
    h5t_close, dt_id
    h5d_close, sd_id1
    h5d_close, sd_id2
    h5f_close, fid1
    h5f_close, fid2

end
```

## 4.7 读写 NetCDF 文件

NetCDF（network common data form，网络通用数据格式）文件格式由美国大气研究高校协会（University Corporation for Atmospheric Research, UCAR）开发，可以对格网数据进行高效地存储、管理、获取和分发等。NetCDF 格式广泛应用于大气、海洋学、水文、环境模拟、地球物理等领域，如 ERA 气象再分析资料、COADS 海洋与大气综合数据集等均采用了 NetCDF 数据格式。

1. NetCDF 文件操作

（1）函数 ncdf_open 用于打开 NetCDF 文件，返回文件 ID 号。

语法：**result=ncdf_open(fname [, /write])**
- 参数 fname 为 NetCDF 文件名；
- 关键字 write 设置打开 NetCDF 文件为读写操作，如果该关键字未设置则打开为只读操作。

（2）函数 ncdf_inquire 用于对打开的 NetCDF 文件进行查询并返回文件的基本信息（维度数目、变量数目及属性数目等）。

语法：**result=ncdf_inquire(fid)**
- 参数 fid 为 NetCDF 文件 ID 号。

（3）函数 ncdf_create 用于创建一个新的 NetCDF 文件，返回文件 ID 号。

语法：**result=ncdf_create(fname)**
- 参数 fname 为 NetCDF 文件名。

（4）过程 ncdf_close 用于关闭打开的 NetCDF 文件。

语法：**ncdf_close, fid**
- 参数 fid 为 NetCDF 文件 ID 号。

2. NetCDF 变量操作

（1）函数 ncdf_varid 用于根据变量名称获取对应变量 ID 号。

语法：**result=ncdf_varid(fid, name)**
- 参数 fid 为 NetCDF 文件 ID 号；
- 参数 name 为变量的名称。

（2）函数 ncdf_varinq 用于查询 NetCDF 文件中某个变量的基本信息（变量名称、类型、维度数目、属性数目及各个维度等）。

语法：**result=ncdf_varinq(fid, v_id)**
- 参数 fid 为 NetCDF 文件 ID 号；
- 参数 v_id 为变量 ID 号或者变量名。

（3）过程 ncdf_varget 用于读取 NetCDF 文件中的变量。

语法：**ncdf_varget, fid, v_id, value**
- 参数 fid 为 NetCDF 文件 ID 号；
- 参数 v_id 为变量 ID 号或者变量名；
- 参数 value 返回读取的数据。

（4）函数 ncdf_vardef 用于在 NetCDF 文件中添加新的变量。

语法：**result=ncdf_vardef(fid, name [, dim])**
- 参数 fid 为 NetCDF 文件 ID 号；
- 参数 name 为变量的名称；
- 参数 dim 为维度 ID 号数组。

（5）过程 ncdf_varput 用于将数据写入 NetCDF 变量。

语法：**ncdf_varput, fid, v_id, value**
- 参数 fid 为 NetCDF 文件 ID 号；
- 参数 v_id 为变量 ID 号；
- 参数 value 为待写入的数据。

3. NetCDF 维度操作

（1）函数 ncdf_dimId 用于获取 NetCDF 维度 ID 号。

语法：**result=ncdf_dimId(fid, name)**
- 参数 fid 为 NetCDF 文件 ID 号；
- 参数 name 为维度名称。

（2）过程 ncdf_diminq 用于查询 NetCDF 文件维度信息。

语法：**ncdf_diminq, fid, d_id, name, size**
- 参数 fid 为 NetCDF 文件 ID 号；
- 参数 d_id 为维度 ID 号或者索引号；
- 参数 name 返回维度名称；
- 参数 size 返回维度值。

（3）函数 ncdf_dimdef 用于定义 NetCDF 文件维度。

语法：**result=ncdf_dimdef(fid, name, size)**
- 参数 fid 为 NetCDF 文件 ID 号；
- 参数 name 为维度名称；
- 参数 size 为维度值。

4. NetCDF 属性操作

（1）函数 ncdf_attname 用于获取 NetCDF 属性的名称。

语法：**result=ncdf_attname(fid [, v_id], index)**
- 参数 fid 为 NetCDF 文件 ID 号；
- 参数 v_id 为变量 ID 号；
- 参数 index 为属性的索引号；

（2）过程 ncdf_attget 用于获取 NetCDF 的属性。

语法：**ncdf_attget, fid, v_id, name, value**
- 参数 fid 为 NetCDF 文件 ID 号；
- 参数 v_id 为变量 ID 号；
- 参数 name 为属性的名称；

- 参数 value 返回属性值。

（3）过程 ncdf_attput 用于在 NetCDF 文件中添加新的属性。

语法：**ncdf_attput, fid [, v_id], name, value**

- 参数 fid 为 NetCDF 文件 ID 号；
- 参数 v_id 为变量 ID 号；
- 参数 name 为属性的名称；
- 参数 value 为属性值。

5. NetCDF 操作模式切换

函数 ncdf_control 用于切换 NetCDF 操作模式。

语法：**ncdf_control, fid [, /endef] [, /redef] [, /abort]**

- 参数 fid 为 NetCDF 文件 ID 号；
- 关键字 endef 用于将 NetCDF 文件由定义模式转入数据模式，NetCDF 定义模式下可以创建新的维度、变量和属性，但是不能读写变量数据，数据模式下可以读写变量数据或修改属性，但是不能创建新的维度、变量和属性；
- 关键字 redef 用于将 NetCDF 文件转入定义模式；
- 关键字 abort 用于关闭一个不在定义模式下的 NetCDF 文件。

下面给出了读取 FY4A AGRI 地表温度产品（全圆盘/标称）中所有变量名称的一个例子：

```
pro read_NC_Varnames, var_names
;读取FY4A AGRI地表温度产品中所有的变量名称
;参数var_names返回所有的变量名称

  fn=dialog_pickfile(title='FY4A AGRI地表温度数据')
  fid=ncdf_open(fn)    ;打开NetCDF文件
  nc_info=ncdf_inquire(fid)    ;文件查询

  var_names=strarr(nc_info.nvars)    ;变量名称数组
  for i=0, nc_info.nvars-1 do begin
  ;逐变量循环获取每个变量名称
    var_info=ncdf_varinq(fid, i)
    var_names[i]=var_info.name
  endfor
  ncdf_close, fid

end
```

下面给出了读取 FY4A AGRI 地表温度产品中地表温度数据并将其写入新的 NetCDF 文件的一个例子：

```
pro read_write_NC
;读取FY4A AGRI地表温度数据并写入新的nc文件

;**************    读取地表温度数据    **************

  fn=dialog_pickfile(title='FY4A AGRI地表温度数据')
  fid=ncdf_open(fn)
  v_id=ncdf_varid(fid, 'LST')   ;获取变量索引号
  ncdf_varget, fid, v_id, data   ;读取变量的数据
  ncdf_close, fid

;**************    写入NetCDF文件    **************

  o_fn=dialog_pickfile(title='数据保存为')
  fid=ncdf_create(o_fn)

  ;设置维度
  sz=size(data)
  dim=lonarr(2)
  dim[0]=ncdf_dimdef(fid, 'X', sz[1])
  dim[1]=ncdf_dimdef(fid, 'Y', sz[2])

  ;定义变量写入属性
  v_id=ncdf_vardef(fid, 'LST', dim)
  ncdf_attput, fid, v_id, 'name', 'FY4A land surface temperature'
  ncdf_attput, fid, v_id, 'units', 'K'
  ncdf_attput, fid, v_id, 'valid_range', [0.0, 900.0]

  ;写入变量，关闭文件
  ncdf_control, fid, /endef
  ncdf_varput, fid, v_id, data
  ncdf_close, fid

end
```

# 第 5 章　图 形 绘 制

## 5.1　曲　线　图

### 5.1.1　基本曲线图

函数 plot 用于绘制曲线图，结果返回一个图形对象并打开一个包含简单工具栏的图形窗口。

语法：**graphic=plot([x, ] y [, /buffer] [, /current] [, dimensions=array] [, /device] [, axis_style={0|1|2|3}] [, margin=array] [, name=string] [, title=string] [, position=array] [, /overplot] [, /nodata] [, window_title=string])**

该函数的关键字很多，此处只列出一些常用关键字。

- 参数 x 为图形横坐标的数据，如果该参数未设置则默认参数 y 的下标为图形横坐标的数据；
- 参数 y 为图形纵坐标的数据；
- 关键字 buffer 设置将图形保存在缓存中而不是新打开图形窗口；
- 关键字 current 设置在当前窗口中创建图形（重新绘制坐标轴）；
- 关键字 dimensions 设置窗口的宽度与高度，是一个 2 元素数组[width, height]，单位为像素；
- 关键字 device 设置关键字 margin 和 position 为设备坐标，如果该关键字未设置则默认为归一化坐标；
- 关键字 axis_style 设置坐标轴的性质；
- 关键字 margin 设置图形四周空白区域宽度，可以为单个值或者 4 元素的数组，如果为单个值四周空白区域宽度相等，4 元素的数组[left, bottom, right, top]分别设置四边空白区域的宽度；
- 关键字 name 设置图形的名称；
- 关键字 title 设置图形的标题；
- 关键字 position 设置图形在窗口中的位置，为一个 4 元素的数组；
- 关键字 overplot 设置将当前图形叠加到现有图形上面（采用现有坐标轴）；
- 关键字 nodata 设置在窗口中只绘制坐标轴，不绘制曲线；
- 关键字 window_title 设置图形窗口的标题。

```
IDL> x=[0:15]
IDL> p1=plot(x, sqrt(x))
IDL> p2=plot(x, sqrt(x)/2, /overplot)
```

程序运行结果见图 5.1。

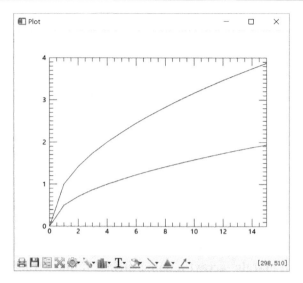

图 5.1  plot 函数绘制的多条曲线图

通过图形窗口工具栏的保存按钮可以将图形保存为 BMP、EMF、JPG、PNG、TIF 等常用的图像文件。

函数 plot 返回的结果为图形对象,具有 color、linestyle、symbol、sym_size、xrange、xtickinterval 等属性以及 close、print、save、getdata、setdata 等方法。有关图形对象的属性及方法操作在本章后面内容中阐述。

### 5.1.2  曲线设置

函数 plot 提供了一系列关键字设置曲线的性质(颜色、线型、宽度等)。

- 关键字 color 设置颜色,可以为[R、G、B]的 3 原色数组、颜色名称或简称(表 5.1)或者!color 颜色系统变量。

表 5.1  常用颜色的名称和简称

| 颜色名称 | 颜色简称 | 说明 |
| --- | --- | --- |
| blue | b | 蓝色 |
| green | g | 绿色 |
| red | r | 红色 |
| cyan | c | 青色 |
| magenta | m | 品红 |
| yellow | y | 黄色 |
| black | k | 黑色 |
| white | w | 白色 |

- 关键字 linestyle 用于设置曲线的线型,可以为线型关键字值、线型名称或者线型格式代码(表 5.2)。

表 5.2　线型的关键字值、名称和格式代码

| 关键字值 | 名称 | 格式代码 | 线型 |
| --- | --- | --- | --- |
| 0 | solid_line | - | 实线 |
| 1 | dot | : | 点线 |
| 2 | dash | -- | 虚线 |
| 3 | dash_dot | -. | 划点线 |
| 4 | dash_dot_dot_dot | -: | 划点点线 |
| 5 | long_dash | —— | 长虚线 |
| 6 | none |  | 无 |

- 关键字 thick 用于设置曲线的线宽，默认值为 1。

```
IDL> p1=plot(x, sqrt(x), color=[0, 0, 255], linestyle=1, thick=2)
```

程序运行结果见图 5.2。

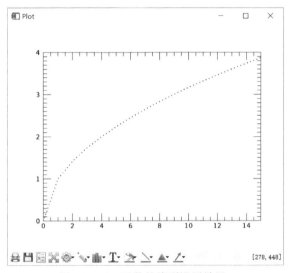

图 5.2　plot 函数的线型设置效果

函数 plot 返回的结果是一个图形对象，具有多种属性（很多关键字也为其属性），如 color、linestyle、symbol、xrange、yrange 等，可以通过设置图形对象的属性完成相关操作。

```
IDL> p1=plot(x, sqrt(x))
IDL> p1.symbol='X'
IDL> p1.color='b'
IDL> p1.linestyle=1
IDL> p1.thick=3
```

### 5.1.3　符号设置

函数 plot 提供了一系列关键字设置符号的性质（符号类型、大小、颜色、填充颜色、

透明度等)。
- 关键字 symbol 用于设置符号类型,可以为符号关键字值、名称或者简称(表 5.3);

表 5.3  symbol 值对应的部分绘图符号

| 关键字值 | 名称 | 简称 | 说明 |
| --- | --- | --- | --- |
| 0 | None | 无 | 无 |
| 1 | plus | + | 加号+ |
| 2 | asterisk | * | 星号★ |
| 3 | period or dot | . | 点. |
| 4 | diamond | D | 菱形◇ |
| 5 | triangle | tu | 三角形△ |
| 6 | square | s | 方形□ |
| 7 | X | X | 叉号× |
| 24 | circle | o | 圆形○ |

注:共 27 个,此处只列了常用的几个

- 关键字 sym_size 和 sym_thick 分别设置符号的大小和符号的线宽;
- 关键字 sym_color 设置符号的颜色,如果该关键字未设置则默认为 color 关键字定义的颜色;
- 关键字 sym_filled 设置符号为实心填充,如果该关键字未设置则默认为空心;
- 关键字 sym_fill_color 设置符号的填充颜色,如果该关键字未设置则默认为 sym_color 关键字定义的颜色;
- 关键字 sym_transparency 设置符号的透明度,取值为 0~100 之间的整数,如果该关键字未设置则默认透明度为 0。

```
IDL> p1=plot(x, sqrt(x), symbol=24, sym_size=2, sym_thick=3, $
> /sym_filled, sym_color=[0, 0, 150], sym_fill_color=[0, 150, 250])
```

程序运行结果见图 5.3。

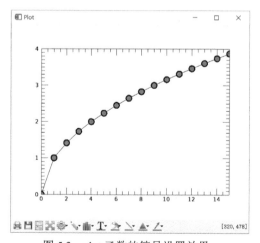

图 5.3  plot 函数的符号设置效果

通过修改图形对象的属性也可以得到相同的结果。

### 5.1.4 坐标轴设置

函数 plot 提供了一系列关键字设置坐标轴的性质（类型、标题、范围、字体大小等）。
- 关键字 axis_style 设置坐标轴的类型，取值范围为 0~4 之间的整数（表 5.4）；

表 5.4 axis_style 关键字值对应的坐标轴格式

| axis_style 值 | 坐标轴格式 |
| --- | --- |
| 0 | 无坐标轴，为针对图像的默认值 |
| 1 | 仅仅绘出 x 和 y 最小值处的坐标轴（即单边轴） |
| 2 | 盒状坐标轴，绘出 x 和 y 最小及最大值处的坐标轴，为针对二维图形的默认值 |
| 3 | 交叉坐标轴，绘出 x 和 y 中值处的坐标轴，为针对极坐标图形的默认值 |
| 4 | 无坐标轴，但是留出坐标轴的空白 |

- 关键字{x|y}title 设置图形（以及 x、y 轴）标题；
- 关键字 font_name 设置字体，默认为 DejaVuSans；
- 关键字 font_size 设置字体大小，图形标题默认值为 11，坐标轴标题默认值为 9；
- 关键字{x|y}range 设置图形坐标轴的范围，即坐标轴显示的最小和最大值；
- 关键字{x|y}ticklen、{x|y}tickvalues、{x|y}tickname、{x|y}tickformat 分别设置 x、y 轴刻度的长度、值、名称、格式等。

需要注意的是，IDL8.6 版本起默认的字体与字体大小有所变化，因此同样的代码在 8.6 之前版本 IDL 上运行结果会有差异。

```
IDL> p1=plot(x, sqrt(x), xtitle='x', ytitle='y', font_size=12, $
>    xrange=[0, 10], ytickformat='(f3.1)', xticklen=0.05)
```

程序运行结果见图 5.4。

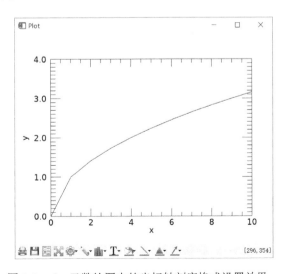

图 5.4 plot 函数绘图中的坐标轴刻度格式设置效果

通过修改图形对象的属性也可以得到相同的结果。

### 5.1.5 绘制多幅图形

通过 dimensions 关键字设置图形窗口的尺寸，然后通过 position 关键字设置图形的位置，这样可以在一个窗口中绘制多个图形。

```
IDL> x=[0:1.0:0.01]
IDL> p1=plot(x, sqrt(x), dimensions=[800, 300], $
> position=[0.05,0.1,0.45,0.9], color='b', title='y=sqrt(x)')
IDL> p2=plot(x, x^2, /current, position=[0.55,0.1,0.95,0.9], $
> color='r', title='y=sqrt(x)/2')
```

程序运行结果见图 5.5。

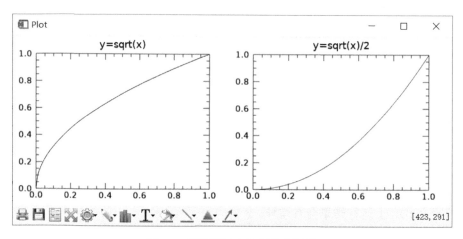

图 5.5　图形窗口中绘制多个图形

### 5.1.6 图形对象方法

函数 plot 返回的图形对象的常用方法有 close、delete、refresh、save、getdata 和 setdata 等。

（1）方法 close 用于关闭图形对象所在的图形窗口。

语法：**graphic.close**

- graphic 为图形对象。

（2）方法 delete 用于删除图形。

语法：**graphic.delete**

- graphic 为图形对象。

（3）方法 refresh 用于设置图形窗口的刷新功能。

语法：**graphic.refresh [, /disable]**

- graphic 为图形对象；
- 关键字 disable 设置关闭刷新功能，如果该关键字未设置则默认开启刷新功能。

（4）方法 save 用于将图形对象保存为图像文件。

语法：**garphic.save, fname [, /bitmap] [, border=integer] [, height=integer] [, width=integer] [, resolution=integer] [, /centimeters]**

- graphic 为图形对象；
- 参数 fname 设置图形输出的文件名，文件格式由文件的后缀名决定（表 5.5）；
- 关键字 bitmap 仅适用于 EMF、EPS 和 PDF 文件格式，设置输出为位图格式文件，如果该关键字未设置则默认输出为矢量格式；
- 关键字 border 设置图形周围的边框范围，如果该关键字未设置则默认保留图形对象中图形周围的所有空白边框区，如果输出文件为矢量格式那么该关键字无效；
- 关键字 height 设置输出文件的高度，对于图像文件其单位为像素，对于 PDF 文件其单位为英寸（如果设置了 centimeters 关键字则为厘米），如果该关键字设置的话则关键字 resolution 将被忽略，且输出文件的宽度将根据图形窗口长宽比自动计算；
- 关键字 width 设置输出文件的宽度，对于图像文件其单位为像素，对于 PDF 文件其单位为英寸（如果设置了 centimeters 关键字则为厘米），如果该关键字设置的话则关键字 resolution 将被忽略，且输出文件的高度将根据图形窗口长宽比自动计算；
- 关键字 resolution 设置输出图像文件的分辨率（单位为 DPI），默认值为 600 DPI；
- 关键字 centimeters 仅对 PDF 文件有效，设置关键字 height 或者 width 的单位为厘米而不是英寸。

表 5.5 save 方法支持的图形输出文件格式

| 后缀名 | 文件格式 |
| --- | --- |
| BMP | Windows 位图 |
| EMF | 增强型图元文件 |
| EPS、PS | PostScript 文件 |
| GIF | GIF 图像 |
| JPG、JPEG | JPEG 图像 |
| JP2、JPX、J2K | JPEG2000 图像 |
| KML | KML 格式文件，可用于 Google Earth/Maps |
| PDF | 便携文档格式，PDF 文件 |
| PICT | Macintosh PICT 文件 |
| PNG | PNG 图像 |
| TIF、TIFF | TIF 图像 |

```
IDL> p1=plot(x, sqrt(x), color='red')
IDL> p1.save, 'curve.emf', border=0
```

如果要输出的图形包括不同的图形对象，只需要针对其中某个图形对象调用 save 方法即可将所有对象写入同一个文件。

```
IDL> p1=plot(x, sqrt(x), color='red')
IDL> p2=plot(x, sqrt(x)/2, color='blue', /overplot)
IDL> p1.save, 'curve.png', border=40
```

如果不想显示绘图窗口而直接保存为图像文件，可以在 plot 函数中通过 buffer 关键字将图形先暂存在缓存中而不创建图形窗口，然后保存为文件。

```
IDL> p1=plot(x, sqrt(x), color='red', /buffer)
IDL> p2=plot(x, sqrt(x)/2, color='blue', /overplot, /buffer)
IDL> p1.save, 'curve.png', border=40
```

（5）方法 getdata 用于从图形对象中获取数据值。

**语法：graphic.getdata [, x], y**

- graphic 为图形对象；
- 参数 x 和 y 分别为从图形对象中获取的数据的横坐标和纵坐标值。

（6）方法 setdata 用于将图形对象中现有数据值替换为指定的数据值。

**语法：graphic.setdata [, x], y**

- graphic 为图形对象；
- 参数 x 和 y 分别为用于替换图形对象中数据值的新数据的横坐标和纵坐标值。

### 5.1.7 文本标注

函数 text 用于在图形窗口中添加文本标注信息，结果返回一个标注对象。

**语法：text=text(x, y, string [, color=value] [, font_name=string] [, font_size=value] [, alignment=value] [, vertical_alignment=value] [, /data , /device , /normal] [, target=variable])**

- 参数 x 和 y 分别设置标注的横坐标和纵坐标；
- 参数 string 为标注的文本；
- 关键字 color 设置标注的颜色；
- 关键字 font_name 设置标注的字体，默认为 DejaVuSans；
- 关键字 font_size 设置字体大小，默认值为 9；
- 关键字 alignment 设置标注的水平对齐方式，默认值 0 为左对齐，0.5 为居中对齐，1 为右对齐；
- 关键字 vertical_alignment 设置标注的垂直对齐方式，默认值 0 为底端对齐，0.5 为居中对齐，1 为顶端对齐；
- 关键字 data、device 和 normal 分别设置参数 x 和 y 的坐标值为数据坐标、设备坐标和归一化坐标，如果这三个关键字都未设置则默认为归一化坐标；
- 关键字 target 设置在数据坐标系下采用哪个图形对象的数据。

```
IDL> x=[0:15]
IDL> p1=plot(x, sqrt(x), color='red')
IDL> p2=plot(x, sqrt(x)/2, color='blue', /overplot)
IDL> t1=text(0.5, 0.7, 'y=$\sqrt{x}$', color='red', font_size=12)
IDL> t2=text(0.7, 0.5, 'y=$\sqrt{x}$/2', color='blue', font_size=12)
```

程序运行结果见图 5.6。

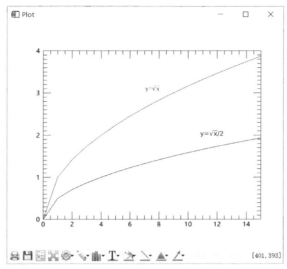

图 5.6  text 函数添加标注

有关在 IDL 绘图文本中输入上标、下标、平方根、希腊字母、数学符号等内容，本书不作过多介绍，详情可参考 IDL 的帮助。

通过设置标注对象的属性也可以得到相同的结果。除了 color、font_size 等属性之外，标注对象还具有 close、refresh、select、delete、save 等方法。

### 5.1.8 图例

函数 legend 用于在图形窗口中添加图例信息，结果返回一个图例对象。

语 法： **graphic=legend([target=variable] [, label=string] [, position=array] [, sample_width=value] [, /auto_text_color] [, text_color=value] [, font_name=string] [, font_size=value] [, color=value] [, thick=value] [, /orientation] [, horizontal_alignment=value] [, vertical_alignment=value] [, horizontal_spacing=value] [, vertical_spacing=value] [, /data , /device , /normal])**

- 关键字 target 设置添加哪些图形对象的图例，为字符串数组，如果该关键字未设置则默认添加当前图形对象的图例；
- 关键字 label 设置图例要素的显示名称；
- 关键字 position 设置图例左上角的位置，为一个 2 元素的数组[x, y]；
- 关键字 sample_width 设置图例中曲线的线宽，默认值为 0.15，如果是针对符号的图例，关键字值设为 0，使得图例中只画出符号，不画线；
- 关键字 auto_text_color 设置将图例字体颜色修改为所关联的曲线颜色，如果该关键字已设置则关键字 text_color 将被忽略；
- 关键字 text_color 设置图例字体的颜色；
- 关键字 font_name 设置标注的字体，默认为 DejaVuSans；
- 关键字 font_size 设置图例字体的大小，默认值为 9；
- 关键字 color 设置图例边框的颜色；

- 关键字 thick 设置图例边框的线宽；
- 关键字 orientation 设置将图例改为水平放置；
- 关键字 horizontal_alignment 设置图例的水平对齐方式，默认值 0 为左对齐，0.5 为居中对齐，1 为右对齐；
- 关键字 vertical_alignment 设置图例的垂直对齐方式，默认值 0 为底端对齐，0.5 为居中对齐，1 为顶端对齐；
- 关键字 horizontal_spacing 和 vertical_spacing 设置图例要素之间的水平间隔和垂直间隔（单位为归一化坐标）；
- 关键字 data、device 和 normal 分别设置参数 x 和 y 的坐标值为数据坐标、设备坐标和归一化坐标，如果这三个关键字都未设置则默认为归一化坐标。

```
IDL> p1=plot(x, sqrt(x), color='r', symbol=2)
IDL> p2=plot(x, sqrt(x)/2, color='b', symbol=4, /overplot)
IDL> l1=legend(target=[p1,p2], position=[0.2, 0.7], $
> label=['y=$\sqrt{x}$', 'y=$\sqrt{x}$/2'], sample_width=0.2, $
> horizontal_alignment=0, vertical_alignment=0, $
> horizontal_spacing=0.05, vertical_spacing=0.02)
```

程序运行结果见图 5.7。

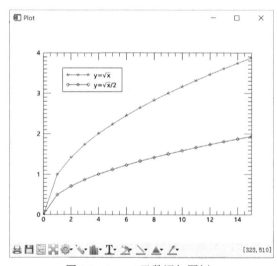

图 5.7　legend 函数添加图例

通过设置图例对象属性也可以得到相同的结果。除了 color、font_size 等属性之外，图例对象还具有 close、refresh、select、delete、save 等方法。

下面给出了 plot 函数绘制曲线图的一个例子：

打开 CSV 格式的光谱文件，读取植被和土壤反射率数据绘制光谱曲线。光谱文件有 3 列数据，第 1 列为波长（单位 μm），第 2 列和第 3 列分别为植被和土壤的反射率。

```
pro plot_curve
;打开光谱文件，绘制光谱曲线图
```

```
;读取光谱数据
fn=dialog_pickfile(title='选择光谱数据文件')
data=read_csv(fn, header=header)
wv=data.(0)     ;波长
ref_v=data.(1)  ;植被反射率
ref_s=data.(2)  ;土壤反射率

;绘制曲线
p1=plot(wv, ref_v, xrange=[min(wv), max(wv)], color=[0, 200, 0], $
  thick=2, xtitle='Wavelength (µm)', ytitle='Reflectance', $
  name='Vegetation', /buffer)
p2=plot(wv, ref_s, /buffer, color=[150, 100, 0], thick=2, $
  name='Soil', /overplot)

;绘制图例
l1=legend(target=[p1, p2], position=[0.65, 0.75], thick=0, $
  horizontal_alignment=0, vertical_alignment=0, $
  horizontal_spacing=0.02, vertical_spacing=0.01)

;保存文件
o_fn=dialog_pickfile(title='图形保存为', filter='*.png')+'.png'
p1.save, o_fn, border=0

end
```

程序运行结果见图 5.8。

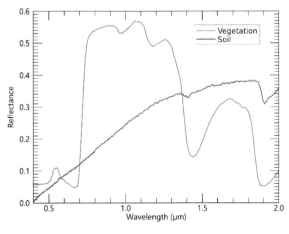

图 5.8 光谱曲线图

## 5.2 散点图

函数 scatterplot 用于绘制散点图，结果返回一个图形对象。plot 函数的大部分参数和关键字都可以用于 scatterplot 函数，除了线型相关的关键字。此外，关键字 RGB_table 虽然也能用于 plot 函数，但是通常用于 scatterplot 函数，而关键字 magnitude 等关键字只能用于 scatterplot 函数。

语法：**graphic=scatterplot(x, y [, magnitude=array] [, RGB_table=value])**
- 参数 x 和 y 分别为绘图数据的横坐标和纵坐标值；
- 关键字 magnitude 设置颜色表的数值来源；
- 关键字 RGB_table 为颜色表，设定散点根据关键字 magnitude 设置的数值以不同颜色显示，其值为系统预定义的 75 个颜色表索引值（表 5.6）或者为 3×N、N×3 的字节型数组。

表 5.6　IDL 预定义的颜色表（部分）

| 参数值 | 颜色表名称 | 示例 |
|---|---|---|
| 0 | Black-White Linear | |
| 3 | Red Temperature | |
| 8 | Green-White Linear | |
| 20 | Hue Sat Lightness 2 | |
| 33 | Blue-Red | |
| 34 | Rainbow | |
| 49 | CB-Blues | |
| 53 | CB-Greens | |
| 62 | CB-Reds | |
| 70 | CB-RdBu | |
| 74 | CB-Spectral | |

```
IDL> x=[0:15]
IDL> p1=scatterplot(x, sqrt(x), symbol=24, sym_size=2, $
> sym_thick=3, /sym_filled, sym_color=[0, 0, 150], $
> sym_fill_color=[0, 150, 250])
```

程序运行结果见图 5.9。

函数 plot 也可以用来绘制散点图，只需要把 linestyle 关键字设为 6 即可。

```
IDL> p1=plot(x, sqrt(x), linestyle=6, symbol=24, sym_size=2, $
> sym_thick=3, /sym_filled, sym_color=[0, 0, 150], $
> sym_fill_color=[0, 150, 250])
```

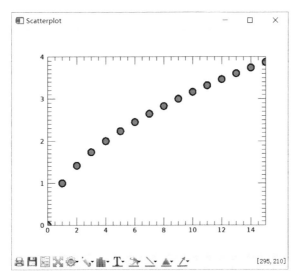

图 5.9  scatterplot 函数绘制的散点图

下面给出了绘制散点图的一个例子：

打开 CSV 格式的数据文件，绘制散点图。数据文件中有 2 列数据，第 1 列为观测数值，第 2 列为估算数值。

```
pro plot_scatter
;读取数据，利用plot函数绘制散点图并保存为文件

  ;读取数据
  fn=dialog_pickfile(title='选择散点图数据文件')
  data=read_csv(fn, header=header)
  y=data.(0)
  y1=data.(1)

  ;绘制散点图
  range=[0, 50]
  p1=scatterplot(y, y1, symbol=24, /sym_filled, $
    sym_color=[0, 0, 150], sym_fill_color=[50, 150, 250], $
    xtitle=header[0], ytitle=header[1], font_size=12, $
    xrange=range, yrange=range, /buffer, $
    margin=[0.15, 0.1, 0.05, 0.05])
  p2=plot(range, range, /overplot, /buffer)

  ;计算MAE和RMSE作为标注添加到图形中
  MAE=mean(abs(y-y1))
```

```
RMSE=sqrt(mean((y-y1)^2))
MAE_label='MAE='+string(MAE,format='(f5.2)')
RMSE_label='RMSE='+string(RMSE,format='(f5.2)')
t1=text(0.2, 0.85, MAE_label, font_size=12)
t2=text(0.2, 0.8, RMSE_label, font_size=12)

;保存文件
o_fn=dialog_pickfile(title='图形保存为')+'.png'
p1.save, o_fn

end
```

程序运行结果见图 5.10。

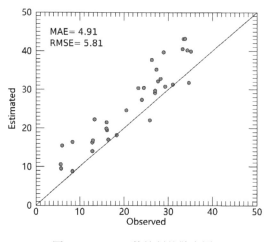

图 5.10　plot 函数绘制的散点图

## 5.3　柱　状　图

函数 barplot 用于绘制柱状图，结果返回一个图形对象。

语法：**graphic=barplot([locations, ] values, [, /buffer] [, /current] [, /device] [, dimensions=array] [, width=value] [, bottom_values=value] [, bottom_color=value] [, fill_color=value] [, color=value] [, outline=value] [, axis_style={0|1|2|3}] [, xrange=[min, max]] [, yrange=[min, max]] [, margin=array] [, name=string] [, {x|y}tickname=array] [, {x|y}ticklen=value] [, title=string] [, xtitle=string] [, ytitle=string] [, font_name=string] [, font_size=value] [, position=array] [, /overplot] [, /nodata] [, window_title=string] [, /horizontal])**

- 参数 locations 设置各个柱体的位置，即横坐标，如果该参数未设置则默认为参数 values 各元素的下标值；
- 参数 values 为绘图的数据；
- 关键字 buffer 设置将图形保存在缓存中；
- 关键字 current 设置在当前窗口中创建图形（重新绘制坐标轴）；
- 关键字 device 设置关键字 margin 和 position 的值为设备坐标，如果该关键字未设置则默认为归一化坐标；
- 关键字 dimensions 设置窗口的宽度与高度，是一个 2 元素数组[width, height]，单位为像素；
- 关键字 width 设置柱体的宽度，值为 0~1 之间，默认值为 0.8；
- 关键字 bottom_values 设置柱体的纵坐标起始值；
- 关键字 bottom_color 设置柱体底部的颜色，如果该关键字已设置则柱体颜色从 bottom_color 到 fill_color 渐变；
- 关键字 fill_color 设置柱体颜色；
- 关键字 color 设置柱体边框的颜色；
- 关键字 outline 设置是否将柱体加上边框，默认值 0 为不加边框，1 为加边框；
- 关键字 axis_style 设置坐标轴的性质；
- 关键字 xrange 和 yrange 分别设置 x 和 y 轴的范围；
- 关键字 margin 设置图形四周空白的宽度，可以为单个值或者 4 元素的数组，如果为单个值四周空白区域宽度相等，4 元素的数组[left, bottom, right, top]分别设置四边空白区域的宽度；
- 关键字 name 设置图形的名称；
- 关键字{x|y}tickname 设置 x、y 轴的刻度标注；
- 关键字{x|y}ticklen 设置 x、y 轴的刻度长度；
- 关键字 title 设置图形的标题；
- 关键字 xtitle 和 ytitle 分别设置图形横坐标和纵坐标的标题；
- 关键字 font_name 设置标注的字体，默认为 DejaVuSans；
- 关键字 font_size 设置字体大小，图形标题默认值为 11，坐标轴标题默认值为 9；
- 关键字 position 设置图形在窗口中的位置，为一个 4 元素的数组；
- 关键字 overplot 设置将当前图形叠加到现有图形上面（采用现有坐标轴）；
- 关键字 nodata 设置在窗口中只绘制坐标轴，不绘制图形；
- 关键字 window_title 设置图形窗口的标题；
- 关键字 horizontal 设置将图形横过来，即绘制条形图。

```
IDL> Ts=[26.4, 37.2, 33.3, 31.8, 30.2]
IDL> landcover=['water', 'urban', 'barren', 'cropland', 'forest']
IDL> baseline=intarr(5)+20
IDL> b1=barplot(Ts, bottom_values=baseline, $
> bottom_color=[250, 220, 200], fill_color=[240, 160, 80], $
> xrange=[20, 38], yrange=[-0.5, 4.5], width=0.5, $
```

```
> yticklen=0, ytickname=landcover, xtitle='LST ($^o$C)', $
> font_size=12, margin=[0.18, 0.12, 0.02, 0.02], /horizontal)
```
程序运行结果见图 5.11。

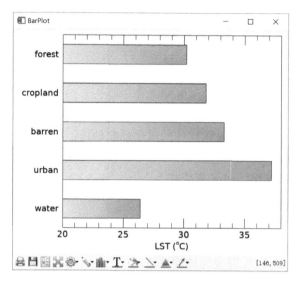

图 5.11 barplot 函数绘制的条形图

在柱状图的基础上，可以利用 errorplot 函数添加误差线。

语 法：**graphic=errorplot([x, ] y, yerror, [, /overplot], [, linestyle=value] [, errorbar_capsize=value] [, errorbar_color=value] [, thick=value])**

- 参数 x 为图形横坐标的数据，如果该关键字未设置则默认为参数 y 的元素下标；
- 参数 y 为图形纵坐标的数据；
- 参数 yerror 为误差线的数据；
- 关键字 overplot 设置将当前图形叠加到现有图形上面；
- 关键字 linestyle 设置线型；
- 关键字 errorbar_capsize 设置误差线端点横线的宽度，在 0~1 之间取值；
- 关键字 errorbar_color 设置误差线的颜色；
- 关键字 thick 设置误差线的宽度。

```
IDL> b1=barplot(Ts, bottom_values=baseline, $
> fill_color=[250,200, 150], xrange=[-0.5, 4.5], yrange=[20, 40], $
> width=0.5, xticklen=0, xtickname=landcover, $
> ytitle='LST ($^o$C)', font_size=12, margin=[0.15, 0.1, 0.02, 0.02])
IDL> Ts_stdev=[0.8, 2.2, 2.5, 2.4, 1.2]
IDL> e1=errorplot(Ts, Ts_stdev, linestyle=6, errorbar_capsize=0.4, $
> errorbar_color=[200, 0, 0], /overplot)
```
程序运行结果见图 5.12。

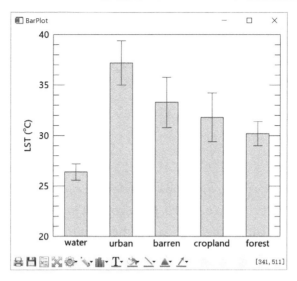

图 5.12 添加误差线的柱状图

下面给出了绘制堆叠条形图的一个例子：

打开 CSV 格式的数据文件，绘制堆叠条形图。数据文件中有 5 列数据，第 1 列为区域，第 2~5 列为 4 个污染等级的百分比。

```
pro Plot_stacked_bar
  ;读取数据，利用barplot函数绘制堆叠条形图并保存为文件

  ;读取数据
  fn=dialog_pickfile(title='选择堆叠图数据文件')
  data=read_csv(fn, header=header, count=ng)
  region=data.(0)
  ns=n_elements(header)-1
  percs=fltarr(ns, ng)
  for i=0, ns-1 do percs[i, *]=data.(i+1)

  percs_cum=total(percs, 1, /cumulative)   ;计算所有等级百分比累计值

  ;绘制堆叠条形图
  cls=['dodger blue', 'forest green', 'orange', 'salmon']
  bars=barplot(percs_cum[0, *], dimension=[1000, 600], $
    font_size=14, fill_color=cls[0], width=0.5, yticklen=0, $
    xrange=[0, 100], yrange=[-0.5, ng-0.5], $
    ytickname=region, xtitle='Percentage (%)', $
    margin=[0.12, 0.12, 0.18, 0.01], /horizontal, /buffer)
```

```
for i=1, ns-1 do begin
  t_b=barplot(percs_cum[i, *], fill_color=cls[i], width=0.5, $
    bottom_value=transpose(percs_cum[i-1, *]), /horizontal, $
    /overplot, /buffer)
  bars=[bars, t_b]
endfor

;绘制图例
l1=legend(target=bars, label=header[1:*], position=[0.83, 0.4], $
  color='w', font_size=14, horizontal_alignment=0, $
  vertical_alignment=0, horizontal_spacing=0.04, $
  vertical_spacing=0.05)

;保存文件
o_fn=dialog_pickfile(title='图形保存为')+'.png'
l1.save, o_fn

end
```

程序运行结果见图 5.13。

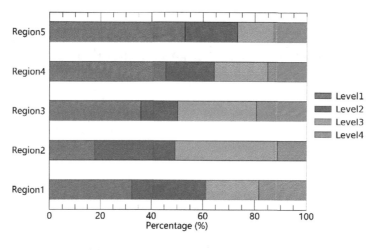

图 5.13　barplot 函数绘制的堆叠条形图

## 5.4　箱　线　图

函数 boxplot 用于绘制箱线图，结果返回一个图形对象。

**语法**：**graphic=boxplot(values, [, /buffer] [, /current] [, /device] [, dimensions=array]**

[, width=value] [, fill_color=value] [, color=value] [, axis_style={0|1|2|3}] [, xrange=[min, max]] [, yrange=[min, max]] [, margin=array] [, name=string] [, {x|y}tickname=array] [, {x|y}ticklen=value] [, title=string] [, xtitle=string] [, ytitle=string] [, font_name=string] [, font_size=value] [, position=array] [, /overplot] [, /nodata] [, window_title=string] [, /horizontal])

- 参数 values 为绘图的数据，是一个 5 行的 2 维数组，5 行数据分别为最小值、下四分位数、中值、上四分位数、最大值；
- 关键字 buffer 设置将图形保存在缓存中；
- 关键字 current 设置在当前窗口中创建图形（重新绘制坐标轴）；
- 关键字 device 设置关键字 margin 和 position 的值为设备坐标，如果该关键字未设置则默认为归一化坐标；
- 关键字 dimensions 设置窗口的宽度与高度，是一个 2 元素数组[width, height]，单位为像素；
- 关键字 width 设置箱体的宽度，默认值为 0.4；
- 关键字 fill_color 设置箱体填充颜色；
- 关键字 color 设置箱线的颜色；
- 关键字 axis_style 设置坐标轴的性质；
- 关键字 xrange 和 yrange 分别设置 x 和 y 轴的范围；
- 关键字 margin 设置图形四周空白的宽度，可以为单个值或者 4 元素的数组，如果为单个值四周空白区域宽度相等，4 元素的数组[left, bottom, right, top]分别设置四边空白区域的宽度；
- 关键字 name 设置图形的名称；
- 关键字{x|y}tickname 设置 x、y 轴的刻度标注；
- 关键字{x|y}ticklen 设置 x、y 轴的刻度长度；
- 关键字 title 设置图形的标题；
- 关键字 xtitle 和 ytitle 分别设置图形横坐标和纵坐标的标题；
- 关键字 font_name 设置标注的字体，默认为 DejaVuSans；
- 关键字 font_size 设置字体大小，图形标题默认值为 11，坐标轴标题默认值为 9；
- 关键字 position 设置图形在窗口中的位置，为一个 4 元素的数组；
- 关键字 overplot 设置将当前图形叠加到现有图形上面（采用现有坐标轴）；
- 关键字 nodata 设置在窗口中只绘制坐标轴，不绘制图形；
- 关键字 window_title 设置图形窗口的标题；
- 关键字 horizontal 设置将图形横过来。

下面给出了绘制箱线图的一个例子：

打开 CSV 格式的数据文件，绘制箱线图。数据文件中有 6 行数据，第 1 行为名称，后 5 行分别为最小值、下四分位数、中值、上四分位数、最大值。

```
pro Plot_boxplot
  ;读取数据，利用boxplot函数绘制箱线图并保存为文件
```

```
;读取数据
fn=dialog_pickfile(title='选择箱线图数据文件')
data=read_csv(fn, header=header, count=ng)
ns=n_elements(header)
Ts=fltarr(ns, ng)
for i=0, ns-1 do Ts[i, *]=data.(i)

;绘制箱线图
b1=boxplot(Ts, xrange=[-0.5, ns-0.5], ytitle='LST ($^o$C)',$
  xtickname=header, fill_color=[250, 220, 180], thick=1.5, $
  font_size=8, width=0.3, margin=[0.15, 0.12, 0.02, 0.02], $
/buffer)

;保存文件
o_fn=dialog_pickfile(title='图形保存为')+'.png'
b1.save, o_fn

end
```

程序运行结果见图 5.14。

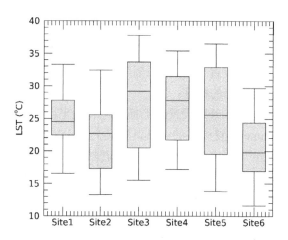

图 5.14 boxplot 函数绘制的箱线图

# 第6章 图像处理

## 6.1 图像显示

函数 image 用于显示图像，结果返回一个图形对象。

语法：**graphic=image(data [, /buffer] [, /current] [, dimensions=array] [, /device] [, /order] [, RGB_table=value] [, margin=array] [, name=string] [, title=string] [, font_size=value] [, position=array] [, /overplot] [, window_title=string])**

该函数的关键字很多，此处只列出了一些常用关键字。

- 参数 data 为图像变量，为 2 维或 3 维数组，如果是 3 维数组其中 1 维的维度必须为 3，函数会自动将这 1 维作为颜色维（RGB）；
- 关键字 buffer 设置将图形保存在缓存中；
- 关键字 current 设置在当前窗口中显示图像，如果该关键字未设置则会打开一个新的窗口；
- 关键字 dimensions 设置窗口的宽度与高度，是一个 2 元素数组[width, height]，单位为像素；
- 关键字 device 设置关键字 margin 和 position 为设备坐标，如果该关键字未设置则默认为归一化坐标；
- 关键字 order 设置图像坐标原点为左上角，如果该关键字未设置则默认坐标原点为左下角；
- 关键字 RGB_table 设置伪彩色模式显示灰度图像时的颜色表，其值为系统预定义的颜色表索引值（表 5.6）或者为 3×N 或 N×3 的字节型数组；
- 关键字 margin 设置图形四周空白区域宽度，可以为单个值或者 4 元素的数组，如果为单个值四周空白区域宽度相等，4 元素的数组[left, bottom, right, top]分别设置四边空白区域的宽度；
- 关键字 name 设置图形的名称；
- 关键字 title 设置图形的标题；
- 关键字 font_size 设置字体大小，图形标题默认值为 11，坐标轴标题默认值为 9；
- 关键字 position 设置图形的位置，为一个由 4 个元素组成的数组[$x_0$, $y_0$, $x_1$, $y_1$]，$x_0$、$y_0$ 为左下角坐标值，$x_1$、$y_1$ 为右上角坐标值；
- 关键字 overplot 设置将当前图形叠加到现有图形上面；
- 关键字 window_title 设置图形窗口的标题。

```
IDL> fn=dialog_pickfile(title='选择图像文件')
IDL> img=read_image(fn)
IDL> sz=size(img)
```

```
IDL> ns=sz[2]  &  nl=sz[3]
IDL> i1=image(img, dimension=[ns, nl], window_title='Image')
```
程序运行结果见图 6.1。

图 6.1  image 函数显示的彩色图像

函数 image 返回的图形对象具有 background_color、RGB_table、transparency、map_projection 等属性以及 close、print、save、getvalueatlocation 等方法。

## 6.2  图 像 统 计

### 6.2.1  常规统计

图像的本质是数组，可以利用数组操作函数 mean、variance、stddev、max、min、median、skewness 和 kurtosis 统计图像的平均值、方差、标准差、最大值、最小值、中值、偏度系数和峰度系数。

```
IDL> fn=dialog_pickfile(title='选择要进行统计的灰度图像文件')
IDL> img=read_image(fn)
IDL> print, mean(img), variance(img), stddev(img)
      129.181      3194.41      56.5191
IDL> print, max(img), min(img), median(img)
 255    0     134.000
IDL> print, skewness(img), kurtosis(img)
    -0.443855    -0.101505
```

## 6.2.2 直方图统计

函数 histogram 用于计算数组的直方图，返回的结果为各个值域区间的元素数目。

语法：**result=histogram(array [, nbins=value] [, binsize=value] [, locations=variable] [, min=value] [, max=value] [, omin=variable] [, omax=variable]**

- 参数 array 为数组变量；
- 关键字 nbins 设置直方图统计区间的数目，如果关键字 max 也设置则统计间距宽度为 min 到 max 之间等分，如果关键字 max 未设置则统计间距由关键字 binsize 决定，从 min 开始统计直到 min+(nbins−1)×binsize，nbins、max 和 binsize 3 个关键字不能同时设置；
- 关键字 binsize 设置直方图统计区间宽度，如果该关键字和关键字 nbins 都未设置则默认间距为 1,如果该关键字未设置而关键字 nbins 已设置则宽度为(max−min)/(nbins−1)；
- 关键字 locations 返回每一个统计区间的起始值；
- 关键字 min 设置直方图统计的最小值，如果该关键字未设置且参数 array 为字节型则默认值为 0，如果该关键字未设置且参数 array 为非字节型则默认值为参数 array 的最小值；
- 关键字 max 设置直方图统计的最大值，如果该关键字未设置且参数 array 为字节型则默认值为 255，如果该关键字未设置且参数 array 为非字节型则默认值为 array 的最大值；
- 关键字 omin 和 omax 分别返回参与直方图统计的最小值和最大值。

```
IDL> data=sqrt([1:100])
IDL> ht=histogram(data, nbins=5, locations=locations, omin=omin, omax=omax)
IDL> print, ht
       10          20          30          39           1
IDL> print, locations
    1.00000     3.25000     5.50000     7.75000     10.0000
IDL> print, omin, omax
    1.00000     10.0000
```

在 ENVI 中计算归一化植被指数 NDVI 导入 IDL，统计[−0.1, 0.4]值域区间内的直方图。

```
ENVI> ht=histogram(ndvi, binsize=0.01, locations=locations, $
> min=-0.1, max=0.4, omin=omin, omax=omax)
ENVI> print, omin, omax
ENVI> p1=barplot(locations, ht, fill_color=[150, 255, 200], $
> margin=[0.15, 0.1, 0.02, 0.05])
```

程序运行结果见图 6.2。

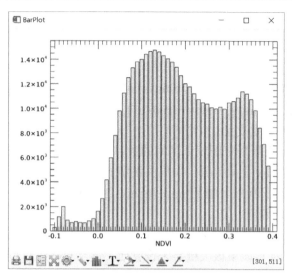

图 6.2 NDVI 直方图

## 6.3 图 像 增 强

### 6.3.1 线性增强

函数 bytscl 用于对图像进行直方图拉伸（即线性增强），返回增强后的字节型图像。

**语法**：**result=bytscl(array [, min=value] [, max=value] [, top=value])**

- 参数 array 为数组变量；
- 关键字 min 为待拉伸的最小值，小于该值的像素被直接拉伸为 0 值；
- 关键字 max 为待拉伸的最大值，大于该值的像素被直接拉伸为关键字 top 的值；
- 关键字 top 为拉伸后的最大值，拉伸后图像的值域为[0, top]，如果该关键字未设置则默认值为 255。

以 6.2.2 节中的 NDVI 数据为例进行线性增强处理：

```
ENVI> print, min(ndvi), max(ndvi)
-0.249933    0.595261
ENVI> NDVI_scaled=bytscl(NDVI)
ENVI> print, min(ndvi_scaled), max(ndvi_scaled)
   0  255
```

通过设定关键字 min 和 max 可以进行特定的增强操作，如 2%线性拉伸。计算累计直方图得到 2%和 98%对应的像元值，将关键字 min 设为 2%像元值，关键字 max 设为 98%像元值进行拉伸即可。

下面给出了一个对图像进行 2%线性增强处理的应用实例：

将 ENVI 中的一景 Landsat 8 OLI 数据导入 IDL，进行 654 假彩色合成并进行 2%线性拉伸，然后保存为 PNG 图像。

```
pro OLI_enhance, data
;对OLI数据进行654合成，2%线性拉伸后保存为PNG图像
;参数data为包含7个多光谱波段的OLI数据

  img=data[*, *, 3:5]   ;提取第4~6波段

  ;创建与原数据相同行列数的结果数组
  sz=size(img)
  ns=sz[1]  &  nl=sz[2]   ;列数和行数
  result=bytarr(3, ns, nl)

  ;逐波段进行2%线性增强，因为是654合成，所以倒序对数据进行增强
  for i=0, 2 do begin
    result[i, *, *]=stretch_2PCT(img[*, *, 2-i])
  endfor

  ;保存结果
  o_fn=dialog_pickfile(title='结果图像保存为')+'.png'
  write_image, o_fn, 'png', result, /order

end


;##########################################################

function stretch_2PCT, img
;对图像进行2%线性拉伸
;参数img为单波段灰度图像

  ;计算img的累计直方图
  ht=histogram(img, nbins=255, locations=locations)
  ht_acc=total(ht, /cumulative)/n_elements(img)

  ;找出最小2%和最大2%的对应像元值
  w1=where(ht_acc gt 0.02)
  minV_enhance=locations[w1[0]-1]
  w2=where(ht_acc ge 0.98)
  maxV_enhance=locations[w2[0]]
```

```
;进行线性拉伸
return, bytscl(img, min=minV_enhance, max=maxV_enhance)
```
```
end
```
程序运行结果见图6.3。

图6.3 进行2%线性增强后的OLI 654合成图像

### 6.3.2 直方图均衡

IDL提供了标准直方图均衡和自适应直方图均衡两种直方图均衡方法。

（1）函数 hist_equal 用于对图像进行标准直方图均衡，返回直方图均衡处理后的字节型图像。

语法：**result=hist_equal(array [, binsize=value] [, minv=value] [, maxv=value] [, top=value])**

- 参数 array 为数组变量；
- 关键字 binsize 设置直方图统计区间宽度，如果该关键字未设置且参数 array 为字节型则默认间距为 1，如果该关键字未设置而参数 array 为非字节型则默认间距为 (maxv−minv)/5000；
- 关键字 minv 为待拉伸的最小值，小于该关键字值的像素被直接拉伸为 0 值；
- 关键字 maxv 为待拉伸的最大值，大于该关键字值的像素被直接拉伸为关键字 top 的值；
- 关键字 top 为拉伸后的最大值，默认值为 255。

（2）函数 adapt_hist_equal 用于对图像进行自适应直方图均衡，返回直方图均衡处理后的字节型图像。

语法：**result=adapt_hist_equal(array [, top=value])**
- 参数 array 为二维数组变量；
- 关键字 top 为拉伸后的最大值，默认值为 255。

```
IDL> fn=dialog_pickfile(title='选择要读取的灰度图像文件')
IDL> img=read_image(fn)
IDL> img_ht_equal=hist_equal(img)
IDL> img_ad_ht_equal=adapt_hist_equal(img)
IDL> ns=sz[1] & nl=sz[2]
IDL> i1=image(img, dimension=[3*ns, nl], position=[0, 0, 1.0/3, 1])
IDL> i2=image(img_ht_equal, position=[1.0/3, 0, 2.0/3, 1], /current)
IDL> i3=image(img_ad_ht_equal, position=[2.0/3, 0, 1, 1], /current)
```

程序运行结果见图 6.4。

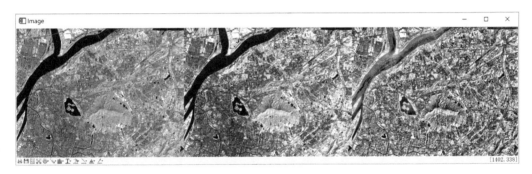

图 6.4　灰度图像与直方图均衡后的图像的对比

### 6.3.3　掩模运算

IDL 可以通过 where 函数或者数组运算来实现掩模。

通过 where 函数找出所有符合条件的像元的下标，然后将这些像元设为零值或者特定值即可实现掩模运算。

下面的例子将 NDVI 数据所有小于 0 的值掩模为 0 值。

```
ENVI> print, min(NDVI)
    -0.249933
ENVI> w=where(NDVI lt 0, count)
ENVI> NDVI[w]=0
ENVI> print, min(NDVI)
    0.000000
```

也可以先通过数组运算创建一个只有 0 和 1 的二值数组（相当于 ENVI 通过 Build Mask 建立的掩模文件），然后将此数组与原数据数组相乘，得到相同的结果。

```
ENVI> mask=NDVI ge 0
ENVI> help, mask
MASK            BYTE      = Array[800, 600]
ENVI> NDVI_masked=NDVI*mask
```

### 6.3.4 密度分割

IDL 没有提供直接的函数或者过程来实现密度分割，需要用户自己写程序实现。

```
function Density_slice, data, dst
;进行密度分割，返回为与原数据具有相同行列数的RGB图像
;data为待进行密度分割的二维数组
;dst为密度分割的设置参数，为5*n的二维数据，n表示有多少颜色区间
;5列分别为每一个颜色区间的起始值、终止值以及RGB值

  ;统计有多少颜色区间
  sz=size(dst)
  n_ds=sz[2]


  ;生成与原数据具有相同行列数的RGB分量波段
  sz=size(data)
  ns=sz[1]  &  nl=sz[2]
  result_r=bytarr(ns, nl)
  result_g=bytarr(ns, nl)
  result_b=bytarr(ns, nl)


  ;进行密度分割
  for i=0, n_ds-1 do begin
    w=where(data ge dst[0, i] and data le dst[1, i], count)
    if count gt 0 then begin
     result_r[w]=dst[2, i]
     result_g[w]=dst[3, i]
     result_b[w]=dst[4, i]
    endif
  endfor


  ;返回结果
  result=bytarr(3, ns, nl)
  result[0, *, *]=result_r
  result[1, *, *]=result_g
```

```
result[2, *, *]=result_b
return, result
```

end

可以手工输入一个 5×n 的密度分割参数数组，或者写程序读取 ENVI 的密度分割设置文件（dsr 文件）。ENVI 的密度分割 dsr 文件为 ASCII 码文件，第一行为"ENVI Density Slice Range File"，用于标识该文件为 ENVI 的密度分割文件；第二行起各行为每一个颜色区间的起始和终止值及对应的 RGB 颜色分量值。下面给出了 ENVI 的 dsr 文件内容：

| ENVI Density Slice Range File | | | | |
|---|---|---|---|---|
| -1.0000000 | -0.10000000 | 55 | 50 | 175 |
| -0.10000000 | 0.00000000 | 150 | 125 | 75 |
| 0.00000000 | 0.10000000 | 175 | 175 | 50 |
| 0.10000000 | 0.20000000 | 150 | 200 | 50 |
| 0.20000000 | 0.30000000 | 125 | 225 | 25 |
| 0.30000000 | 0.40000000 | 75 | 200 | 25 |
| 0.40000000 | 1.0000000 | 0 | 175 | 0 |

函数 colorbar 用于生成颜色条图例，结果返回一个图形对象。

**语法**：**graphic=colorbar([RGB_table=value] [, target=variable] [, /orientation] [, range=array] [, position=array] [, /border] [, /tickdir], [, tickname=string_array] [, textpos=value] [, taper=value] [, title=string] [, name=string] [, font_size=value] [, /data , /device , /normal])**

- 关键字 RGB_table 设置伪彩色模式显示灰度图像时的颜色表，其值为系统预定义的颜色表索引值（表 5.6）或者为 3×N 或 N×3 的字节型数组；
- 关键字 target 设置在哪一个图形对象中添加颜色条，默认为当前图形对象；
- 关键字 orientation 设置颜色条的方向，默认值 0 为水平放置，1 为垂直放置；
- 关键字 range 设置颜色条的起始和终止值，为 2 个元素的数组，该参数仅仅在用户自定义颜色条时有效，如果 target 关键字已设置则 range 关键字无效；
- 关键字 position 设置图形的位置，为一个 4 元素的数组；
- 关键字 border 设置给颜色条添加边框；
- 关键字 tickdir 设置颜色条刻度方向，默认值 0 设置刻度朝内，1 设置刻度朝外；
- 关键字 tickname 设置颜色条刻度的名称；
- 关键字 textpos 设置刻度标注的位置，默认值 0 设置在颜色条下方，1 设置在上方；
- 关键字 taper 设置颜色条两端的形状，默认值 0 设置两端为正常矩形，1 设置两端为尖端，2 设置左端为尖端、右端正常，3 设置右端为尖端、左端正常；
- 关键字 title 设置颜色条的标题；
- 关键字 name 设置图形的名称；

- 关键字 font_size 设置字体大小，默认值为 8；
- 关键字 data、device 和 normal 分别设置参数 x 和 y 的坐标值为数据坐标、设备坐标和归一化坐标，如果这三个关键字都未设置则默认为归一化坐标。

下面的例子读取 ENVI 的密度分割 dsr 文件，对 NDVI 进行密度分割并添加颜色条：

```
pro NDVI_density_slice, NDVI

  ;读取ENVI的密度分割dsr文件
  fn=dialog_pickfile(title='选择dsr文件', filter='*.dsr')
  nl=file_lines(fn)-1
  header=''
  dst=fltarr(5, nl)
  openr, lun, fn, /get_lun
  readf, lun, header
  readf, lun, dst
  free_lun, lun

  ;对NDVI进行密度分割
  NDVI_ds=density_slice(ndvi, dst)
  sz=size(ndvi_ds)
  ns=sz[2]  &  nl=sz[3]
  i1=image(ndvi_ds, /current, dimension=[ns, nl*1.25], $
    position=[0, 0.2, 1, 1], /order)

  ;添加颜色条
  tickname=[dst[0, 0], transpose(dst[1, *])]
  tickname=string(tickname, format='(f6.2)')
  tab_dsr=dst[2:4, *]
  c1=colorbar(position=[0.05, 0.1, 0.95, 0.15] , title='NDVI', $
    rgb_table=tab_dsr, tickname=tickname, font_size=15, /taper, /border)

end
```

程序运行结果见图 6.5。

也可以在一个空白窗口中绘制颜色条。首先通过 window 函数打开一个窗口，然后利用 colorbar 函数绘制颜色条。

### 6.3.5 颜色空间变换

函数 color_convert 用于实现 RGB 颜色空间与其他颜色空间（HLS、HSV 等）之间

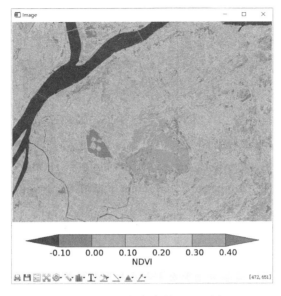

图 6.5 添加颜色条的 NDVI 图

的转换。HLS（又称 IHS）和 HSV 是比较常见的颜色空间，两者均以亮度、色调和饱和度这 3 个分量来表示颜色，区别在于 HLS 为双圆锥颜色空间，而 HSV 为单圆锥颜色空间。

语法：**color_convert, I0, I1, I2, O0, O1, O2 [, /HLS_RGB | , /HSV_RGB | , /RGB_HLS | , /RGB_HSV]**

或者 **color_convert, I0, O0, [, /HLS_RGB | , /HSV_RGB | , /RGB_HLS | , /RGB_HSV] [, interleave=value]**

- 参数 I0、I1、I2 分别为输入的 3 个颜色分量图像（一维或者二维数组）；
- 参数 O0、O1、O2 分别为输出的 3 个颜色分量（一维或者二维数组）；另一种情况下，参数 I0 为输入图像（三维数组：3×m×n、m×3×n 或者 m×n×3），参数 O0 为输出图像，与参数 I0 具有相同结构；
- 关键字 HLS_RGB、HSV_RGB、RGB_HLS、RGB_HSV 分别设置 HLS 空间转换为 RGB 空间、HSV 空间转换为 RGB 空间、RGB 空间转换为 HLS 空间、RGB 空间转换为 HSV 空间；
- 关键字 interleave 设置图像的像元存放顺序，默认值 0 为 BIP 顺序，1 为 BIL 顺序，2 为 BSQ 顺序，该关键字仅仅在图像参数为 2 个 3 波段图像时有效，在 6 个单波段图像时无效。

```
IDL> fn=dialog_pickfile(title='选择彩色图像文件')
IDL> img=read_image(fn)
IDL> color_convert, img, img_HLS, /RGB_HLS
IDL> print, '色调:', min(img_HLS[0, *, *]), max(img_HLS[0, *, *])
色调:       0.000000      359.545
```

```
IDL> print, '亮度:', min(img_HLS[1, *, *]), max(img_HLS[1, *, *])
亮度:    0.0176471      1.00000
IDL> print, '饱和度:', min(img_HLS[2, *, *]), max(img_HLS[2, *, *])
饱和度:    0.000000      1.00000
```

#### 6.3.6 图像二值化

函数 image_threshold 对图像进行二值化处理，返回二值化图像。

语法：**result=image_threshold(image [, threshold=variable] [, /isodata | , /otsu | , /maxentropy | , /mean | , /minerror | , /moments] [, histmin=value] [, histmax=value] [, /interleave])**

- 参数 image 为单波段或者多波段图像变量，如果为多波段图像，针对每个波段分别进行二值化；
- 关键字 threshold 返回二值化的阈值，如果参数 image 为单波段图像，返回单个阈值，如果为多波段图像，返回阈值数组；
- 关键字 isodata、otsu、maxentropy、mean、minerror、moments 分别设置二值化方法为 ISODATA 法、大津法、最大熵值法、均值法、最小误差法和几何矩阈值法，默认为 ISODATA 法；
- 关键字 histmin 和 histmax 分别设置计算二值化阈值时考虑的最小值和最大值；
- 关键字 interleave 设置图像的像元存放顺序，默认值 0 为 BIP 顺序，1 为 BIL 顺序，2 为 BSQ 顺序，该关键字仅仅在参数 image 为多波段图像时有效。

以 6.2.2 节中的 NDVI 数据为例进行二值化处理：

```
ENVI> veg=image_threshold(NDVI, /OTSU, threshold=threshold)
ENVI> print, threshold
    0.16600861
```

## 6.4 图像滤波

### 6.4.1 平滑滤波

常用的平滑滤波方法有均值滤波和中值滤波两种。

（1）函数 smooth 用于实现均值滤波，返回滤波后的结果图像。

语法：**result=smooth(array, width [, /edge_truncate | , /edge_zero])**

- 参数 array 为数组变量；
- 参数 width 为滤波器模板尺寸，可以是标量或者数组，如果是标量则滤波器模板各维尺寸均为该值，如果为数组则各元素值即滤波器模板对应各维的尺寸；
- 关键字 edge_truncate 和 edge_zero 设置对边缘像元的卷积方式，当滤波器模板部分超出图像范围时，如果关键字 edge_truncate 已设置则将图像边缘像元复制一份补充在图像之外进行卷积运算，如果关键字 edge_zero 已设置则将超出图像范围的部分设置为0值进行卷积运算。

下面给出了对灰度图像进行5×5均值滤波处理的一个例子：

```
IDL> fn=dialog_pickfile(title='选择灰度图像文件')
IDL> img=read_image(fn)
IDL> sz=size(img)
IDL> ns=sz[1]  &  nl=sz[2]
IDL> img_smooth=smooth(img, 5)   ;5*5均值滤波
IDL> i1=image(img, dimension=[2*ns+10, nl], $
> position=[0, 0, ns-1, nl-1], /device)
IDL> i2=image(img_smooth, position=[ns+10, 0, 2*ns+9, nl-1], $
> /device, /current)
```

程序运行结果见图6.6。

图6.6　原始灰度图像与均值滤波结果图像

（2）函数median用于实现中值滤波，返回滤波结果图像。

**语法：result=median(array, width)**

- 参数array为数组变量；
- 参数width为滤波器模板尺寸。

下面给出了对灰度图像分别进行3×3和7×7中值滤波处理并比较滤波结果的一个例子：

```
IDL> img_median3=median(img, 3)
IDL> img_median7=median(img, 7)
IDL> i1=image(img_median3, dimension=[2*ns+10, nl], $
> position=[0, 0, ns-1, nl-1], /device)
IDL> i2=image(img_median7, position=[ns+10, 0, 2*ns+9, nl-1], $
> /device, /current)
```

程序运行结果见图6.7。

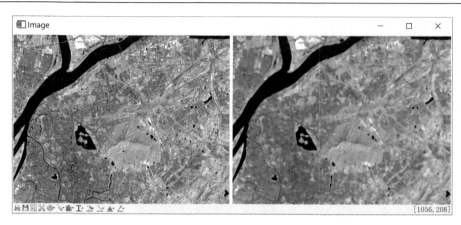

图 6.7 3×3 与 7×7 中值滤波结果图像

### 6.4.2 锐化滤波

IDL 提供的常用的锐化滤波方法有 Roberts、Sobel、Prewitt 和 Laplacian 滤波等。

（1）函数 roberts 用于实现基于 Roberts 算子的锐化滤波，返回滤波结果图像。

语法：**result=roberts(image)**

- 参数 image 为二维图像变量。

（2）函数 sobel 用于实现基于 Sobel 算子的锐化滤波，返回滤波结果图像。

语法：**result=sobel(image)**

- 参数 image 为二维图像变量。

（3）函数 prewitt 用于实现基于 Prewitt 算子的锐化滤波，返回滤波结果图像。

语法：**result=prewitt(image)**

- 参数 image 为二维图像变量。

（4）函数 laplacian 用于实现基于 Laplacian 算子的锐化滤波，返回滤波结果图像。

语法：**result=laplacian(image)**

- 参数 image 为二维图像变量。

下面给出了对 6.4.1 节中的灰度图像分别进行 Sobel 和 Laplacian 滤波处理的一个例子：

```
IDL> img_sobel=sobel(img)
IDL> img_laplacian=laplacian(img)
IDL> i1=image(img_sobel, dimension=[2*ns+10, nl], $
> position=[0, 0, ns-1, nl-1], /device)
IDL> i2=image(img_laplacian, position=[ns+10, 0, 2*ns+9, nl-1], $
> /device, /current)
```

程序运行结果见图 6.8。

图 6.8 Sobel 和 Laplacian 滤波结果图像

### 6.4.3 卷积运算

函数 convol 用于对图像进行卷积运算，用户可以自定义滤波模板进行低通或者高通滤波处理。

语法：**result=convol(array, kernel [, scale_factor] [, /normalize] [, /edge_truncate | , /edge_zero])**

- 参数 array 为数组变量；
- 参数 kernel 为卷积核；
- 参数 scale_factor 为比例系数，用于对结果数组的每一个元素进行调整；
- 关键字 normalize 用于对结果进行标准化处理，如果该关键字已设置则参数 scale_factor 无效；
- 关键字 edge_truncate 和 edge_zero 设置对边缘像元的卷积方式，当滤波器模板部分超出图像范围时，如果关键字 edge_truncate 已设置则将图像边缘像元复制一份补充在图像之外进行卷积运算，如果关键字 edge_zero 已设置则将超出图像范围的部分设置为 0 值进行卷积运算。

自定义卷积核对 6.4.1 节中的灰度图像进行均值滤波，滤波器模板为

$$\begin{bmatrix} 0 & 1 & 0 \\ 1 & 1 & 1 \\ 0 & 1 & 0 \end{bmatrix}$$

```
IDL> kernel=[[0, 1, 0], [1, 1, 1], [0, 1, 0]]/5.0   ;卷积核
IDL> img_convol=convol(float(img), kernel, /edge_truncate)
```

上面的卷积运算过程也可以用下面两种方式来实现：

```
IDL> kernel=[[0, 1, 0], [1, 1, 1], [0, 1, 0]]
IDL> img_convol=convol(img, kernel, 5, /edge_truncate)
```

或者

```
IDL> kernel=[[0, 1, 0], [1, 1, 1], [0, 1, 0]]
IDL> img_convol=convol(img, kernel, /normalize, /edge_truncate)
```

## 6.5 图像几何变换

### 6.5.1 图像裁切

图像的本质是二维或者三维数组，对其裁切实际上是数组的取子集操作。

```
IDL> fn=dialog_pickfile(title='选择要进行裁切的彩色图像文件')
IDL> img=read_image(fn)
IDL> sz=size(img)
IDL> ns=sz[2]  &  nl=sz[3]
IDL> img_clip=img[*, 0:ns/2-1, 0:nl/2-1]   ;裁切出img左下角1/4的图像
```

### 6.5.2 图像重采样

函数 rebin 和 congrid 用于对图像进行重采样处理。两者的区别在于，rebin 函数只能按整数比例进行重采样，而 congrid 函数可以进行任意重采样。

（1）函数 rebin 用于按照整数比例对图像进行重采样，返回重采样后的图像。

语法：**result=rebin(array, $d_1$[, $\cdots$, $d_8$] [, /sample] )**

- 参数 array 为数组变量；
- 参数 $d_1$, $\cdots$, $d_8$ 设置函数返回结果数组的尺寸，即数组的各个维度；
- 关键字 sample 设置重采样方法为最邻近法，如果该关键字未设置则默认为双线性插值。

```
IDL> help, img
IMG             BYTE      = Array[3, 800, 600]
IDL> img_resized=rebin(img, 3, 400, 100)   ;整数倍重采样
IDL> help, img_resized
IMG_RESIZED     BYTE      = Array[3, 400, 100]
IDL> img_resized=rebin(img, 3, 500, 100)   ;非整数倍重采样
% REBIN: Result dimensions must be integer factor of original
dimensions
% Execution halted at: $MAIN$
```

（2）函数 congrid 用于按任意比例对图像进行重采样，返回重采样后的图像。

语法：**result=congrid(array, $d_1$[, $d_2$, $d_3$] [, /interp])**

- 参数 array 为数组变量（一维、二维或者三维数组）；
- 参数 $d_1$, $d_2$, $d_3$ 设置函数返回结果数组的尺寸，即数组的各个维度；
- 关键字 interp 设置重采样方法为双线性插值，如果该关键字未设置则默认为最邻近法。

```
IDL> img_resized=congrid(img, 3, 500, 160, /interp)
IDL> help, img_resized
IMG_RESIZED     BYTE      = Array[3, 500, 160]
```

### 6.5.3 图像转置

函数 transpose 用于对图像进行转置。

语法：**result=transpose(array [, P])**
- 参数 array 为数组变量；
- 参数 P 设置转置后数组各维的排列顺序，如果该参数未设置则默认进行完全转置。

二维图像转置之后行列互换：
```
IDL> arr=indgen(2, 3)
IDL> print, arr
       0       1
       2       3
       4       5
IDL> print, transpose(arr)
       0       2       4
       1       3       5
```

三维图像转置结果取决于参数 P 的定义：
```
IDL> arr=indgen(3, 4, 5)
IDL> help, transpose(arr)
<Expression>    INT     = Array[5, 4, 3]
IDL> help, transpose(arr, [1, 2, 0])
<Expression>    INT     = Array[4, 5, 3]
IDL> help, transpose(arr, [2, 0, 1])
<Expression>    INT     = Array[5, 3, 4]
```

对于遥感图像，其数据通常有三种存放顺序：BSQ、BIL 和 BIP。BSQ 的存放顺序为波段顺序，BIL 的存放顺序为行顺序，BIP 的存放顺序为像元顺序。以一个 m 列 n 行 3 个波段的图像为例，BSQ、BIL 和 BIP 表达方式分别为[m, n, 3]、[m, 3, n]和[3, m, n]。

下面给出了将 BSQ 顺序的多波段遥感图像分别转换为 BIL 和 BIP 顺序的一个例子：

```
ENVI> help, data
DATA            UINT    = Array[800, 600, 7]
ENVI> data_BIL=transpose(data, [0, 2, 1])
ENVI> help, data_BIL
DATA_BIL        UINT    = Array[800, 7, 600]
ENVI> data_BIP=transpose(data, [2, 0, 1])
ENVI> help, data_BIP
DATA_BIP        UINT    = Array[7, 800, 600]
```

下面给出了分别将 BIL 和 BIP 顺序的多波段遥感图像转换为 BSQ 顺序的一个例子：

```
ENVI> data_BSQ=transpose(data_BIL, [0, 2, 1])
ENVI> help, data_BSQ
DATA_BSQ         UINT      = Array[800, 600, 7]
ENVI> data_BSQ=transpose(data_BIP, [1, 2, 0])
ENVI> help, data_BSQ
DATA_BSQ         UINT      = Array[800, 600, 7]
```

#### 6.5.4 图像旋转与翻转

函数 rotate 和 rot 用于对图像进行旋转，两者的区别在于 rotate 函数只能进行 90°整数倍的旋转，而 rot 函数可以进行任意角度的旋转并同时调整图像大小。

（1）函数 rotate 用于对图像进行 90°整数倍的旋转，返回旋转后的结果图像。

语法：**result=rotate(array, direction)**

- 参数 array 为一维或者二维数组变量；
- 参数 direction 设置旋转的方向，参数值对应的旋转方向见表 6.1。

表 6.1  direction 值对应的旋转方向

| 参数值 | 是否转置 | 旋转角度（逆时针方向） |
| --- | --- | --- |
| 0 | 否 | 0° |
| 1 | 否 | 90° |
| 2 | 否 | 180° |
| 3 | 否 | 270° |
| 4 | 是 | 0° |
| 5 | 是 | 90° |
| 6 | 是 | 180° |
| 7 | 是 | 270° |

下面给出了打开一幅灰度图像，对其进行旋转操作的一个例子：

```
IDL> fn=dialog_pickfile(title='选择灰度图像文件')
IDL> img=read_image(fn)
IDL> img_rot=rotate(img, 1)
IDL> i1=image(img_rot)
```

程序运行结果见图 6.9。

（2）函数 rot 用于对图像进行任意角度的旋转，返回旋转后的结果图像。

语法：**result=rot(array, angle [, mag] [, /interp] [, missing=value])**

- 参数 array 为二维数组变量；
- 参数 angle 设置旋转的角度（顺时针方向）；

图 6.9 图像 rotate 旋转结果

- 参数 mag 设置缩放的比例；
- 关键字 interp 设置重采样方法为双线性插值，如果该关键字未设置则默认为最邻近法；
- 关键字 missing 设置旋转后图像空白边的填充值。

```
IDL> img_rot=rot(img, -30, missing=0)
IDL> i1=image(img_rot)
```

程序运行结果见图 6.10。

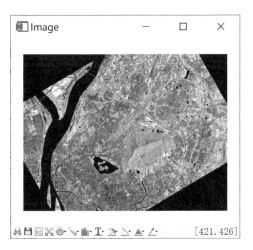

图 6.10 图像 rot 旋转结果

函数 reverse 用于对图像进行垂直和水平翻转操作，返回翻转后的结果图像。

语法：**result=reverse(array [, subscript_index])**

- 参数 array 为数组变量；
- 参数 subscript_index 设置对哪一维进行翻转，对于二维数组 1 为水平翻转，2 为垂直翻转。
```
IDL> img_reverse=reverse(img, 2)
IDL> i1=image(img_reverse)
```
程序运行结果见图 6.11。

图 6.11　图像翻转结果

# 第 7 章 随机数、统计与插值

## 7.1 随 机 数

### 7.1.1 生成随机数

计算机无法生成绝对随机的随机数,只能生成"伪随机数"。伪随机数是计算机通过一定的算法计算出来的随机数,既是随机的又是有规律的。不管用哪种随机数生成算法,都需要提供"种子"初始值。应尽量给种子赋不同的值,保证每次生成的随机数不同。

函数 randomu 和 randomn 用于生成随机数,两者的区别在于 randomu 函数生成均匀分布的随机数,而 randomn 函数生成正态分布的随机数。

(1) 函数 randomu 用于生成 0~1 之间均匀分布的随机数组。

语法:**result=randomu(seed [, $d_1$[,…, $d_8$]])**

- 参数 seed 为种子,默认根据系统时间来创建种子;
- 参数 $d_1$,…, $d_8$ 设置随机数组尺寸,即数组的各个维度。

```
IDL> random_nums=randomu(seed, 5)
IDL> help, random_nums, seed
RANDOM_NUMS     FLOAT     =Array[5]
SEED            ULONG     =Array[628]
IDL> print, random_nums
    0.560171    0.903076    0.305251    0.0702845    0.857422
```

(2) 函数 randomn 用于生成均值为 0、标准差为 1 的正态分布的随机数组。

语法:**result=randomn(seed [, $d_1$[,…, $d_8$]] [, /double | , /long])**

- 参数 seed 为种子,默认根据系统时间来创建种子;
- 参数 $d_1$,…, $d_8$ 设置随机数组尺寸,即数组的各个维度。

下面一个例子分别用 randomu 和 randomn 函数生成随机数组,并比较两者生成的随机数组的差异。

```
IDL> randomu_nums=randomu(seed, 10000)
IDL> randomn_nums=randomn(seed, 10000)
IDL> ht1=histogram(randomu_nums, nbins=100, locations=locations1)
IDL> ht2=histogram(randomn_nums, nbins=100, locations=locations2)
IDL> w1=window(window_title='Histograms', dimension=[1200, 450])
IDL> p1=plot(locations1, ht1, /current, title='randomu', $
> xtitle='Value', ytitle='Nums', position=[0.1, 0.15, 0.48, 0.9])
IDL> p2=plot(locations2, ht2, /current, title='randomn', $
```

```
> xtitle='Value', ytitle='Nums', position=[0.6, 0.15, 0.98, 0.9])
```
程序运行结果见图 7.1。

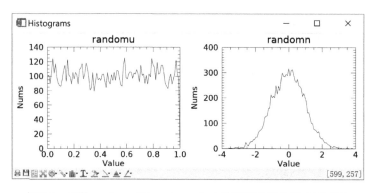

图 7.1　函数 randomu 和 randomn 生成的随机数组的直方图对比

### 7.1.2　随机数的应用

在遥感相关的工作中，随机数主要用于随机分割数据集、添加图像噪声等。

下面一个例子将 1~10 的整数随机分割为两部分：7 个数字和 3 个数字。函数 randomu 和 randomn 无法直接生成 1~10 的整型随机数，首先生成一个 10 个元素的随机数组，然后对其排序，随机数组其顺序是随机的，因而 sort 函数返回的排序结果也是随机的，对应于 10 个元素的数组下标，从中取出前 70%和后 30%即为随机分割的结果。程序每次运行，都能给出不同的随机分割结果。

```
pro split_nums
;将1~10的整数随机分割为两部分：7个数字和3个数字

  nums=[1:10]
  random_nums=randomu(seed, 10)
  s=sort(random_nums)
  nums1=nums[s[0:6]]
  nums2=nums[s[7:9]]
  print, 'Part1: ', nums1, format='(a7, 7i3)'
  print, 'Part2: ', nums2, format='(a7, 3i3)'

end
```

程序运行结果：
```
IDL> split_nums    ;第1次运行
Part1:   5  2  4  7  3  6  1
Part2:   9  8 10
IDL> split_nums    ;第2次运行
```

```
Part1:   10  3  5  1  4  9  2
Part2:    6  7  8
IDL> split_nums     ;第3次运行
Part1:    9  3  4  1  7  2  5
Part2:    6 10  8
```

下面给出了对图像随机添加噪声的一个应用实例：
读入一幅灰度图像，添加10%的椒盐噪声后分别进行均值滤波和中值滤波：

```
pro Add_noise
;给图像随机添加10%的椒盐噪声并进行滤波，最后对比显示

  ;读取数据
  fn=dialog_pickfile(title='选择灰度图像文件')
  img=read_image(fn)
  img_noise=salt_pepper_noise(img, 0.1)   ;添加10%椒盐噪声
  img_smooth=smooth(img_noise, 5)    ;5*5均值滤波
  img_median=median(img_noise, 5)    ;5*5中值滤波

  ;显示图像
  sz=size(img)
  ns=sz[1]  &  nl=sz[2]    ;列数和行数
  w1=window(dimension=[ns*2+10, nl*2+200])
  i1=image(img, position=[0, nl+100, ns-1, nl*2+100-1], $
    /device, /current, title='Original Image')
  i2=image(img_noise, position=[ns+10, nl+100, ns*2+10-1, $
    nl*2+100-1], /device, /current, title='Add noise')
  i3=image(img_noise, position=[0, 0, ns-1, nl+50-1], $
    /device, /current, title='Mean filtering')
  i4=image(img_noise, position=[ns+10, 0, ns*2+10-1, nl+50-1], $
    /device, /current, title='Median filtering')

end

;##########################################################

function salt_pepper_noise, img, ratio
;给图像随机添加椒盐噪声
;参数img为输入图像，参数ratio为椒盐噪声的比例
```

```
;生成与图像像元数相同的随机数组，并排序
nums=n_elements(img)
random_nums=randomu(seed, nums)
s=sort(random_nums)

;将ratio/2的像元赋值0，将ratio/2的像元赋值255
result=img
result[s[0:nums*ratio/2-1]]=0
result[s[nums*ratio/2:nums*ratio-1]]=255
return, result

end
```

程序运行结果见图 7.2。

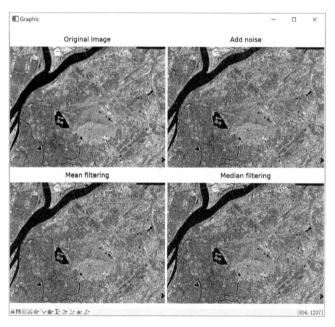

图 7.2　原始灰度图像与添加噪声后的图像

## 7.2　数 理 统 计

### 7.2.1　相关分析

（1）函数 correlate 用于计算普通的皮尔逊相关系数。

语法：**result=correlate(x [, y])**

- 参数 x 为一维或二维数组，如果 x 为一维数组则计算 x 与 y 之间的相关系数，如果 x 为二维数组（m 列×n 行）则参数 y 被忽略，将每一列看作一个变量计算各列之间的相关系数，返回相关系数矩阵（m 列×m 行）；
- 参数 y 为一维数组，与参数 x 具有相同的元素数目。

```
IDL> x=[12, 8, 9, 13, 5, 7]
IDL> y=[14, 10, 14, 15, 6, 10]
IDL> print, correlate(x, y)
    0.917495
IDL> data=[transpose(x), transpose(y)]
IDL> help, data
DATA            INT     =Array[2, 6]
IDL> print, correlate(data)
    1.00000      0.917495
    0.917495     1.00000
```

（2）函数 m_correlate 用于计算复相关系数。

语法：**result=m_correlate(x, y)**

- 参数 x 为作为自变量的二维数组（m 列×n 行）；
- 参数 y 为作为因变量的一维数组（元素数目为 n）。

（3）函数 p_correlate 用于计算偏相关系数。

语法：**result=p_correlate(x, y, c)**

- 参数 x 为作为自变量的一维数组；
- 参数 y 为作为因变量的一维数组；
- 参数 c 设置移除哪些自变量的影响。

```
IDL> x1=[12, 8, 9, 13, 5, 7]
IDL> x2=[4, 7, 12, 5, 13, 14]
IDL> y=[14, 10, 14, 15, 6, 10]
IDL> print, 'y与x1的相关系数：', correlate(x1, y)
y与x1的相关系数：      0.917495
IDL> print, 'y与x2的相关系数：', correlate(x2, y)
y与x2的相关系数：     -0.605721
IDL> print, 'y与x1的偏相关系数：', p_correlate(x1, y, x2)
y与x1的偏相关系数：    0.937674
IDL> print, 'y与x2的偏相关系数：', p_correlate(x2, y, x1)
y与x2的偏相关系数：    0.718826
IDL> x=[transpose(x1), transpose(x2)]
IDL> print, 'y与x1、x2的复相关系数：', m_correlate(x, y)
y与x1、x2的复相关系数：     0.961011
```

### 7.2.2 回归分析

函数 regress 用于一元和多元线性回归分析，返回自变量对应的回归系数。一元线性回归的方程为：y=a·x+b，其中 x 和 y 均为一维数组，a 为自变量 x 对应的回归系数，b 为常数项；多元线性回归的方程为：y=a·x+b，其中 y 为一维数组，x 为二维数组（m 列×n 行），每一列对应一个自变量，a 为每一个自变量对应的回归系数（1 列×m 行），b 为常数项。

语法：**result=regress(x, y, [, const=variable] [, correlation=variable] [, mcorrelation=variable] [, ftest=variable] [, yfit=variable])**

- 参数 x 为自变量，x 为一维数组则进行一元线性回归，x 为二维数组则进行多元线性回归；
- 参数 y 为因变量，为一维数组；
- 关键字 const 返回回归方程的常数项；
- 关键字 correlation 返回自变量与因变量之间的相关系数；
- 关键字 mcorrelation 返回自变量与因变量之间的复相关系数；
- 关键字 ftest 为 F 检验值；
- 关键字 yfit 返回基于回归方程得到的因变量估算值。

下面给出了一元线性回归的一个例子：

```
IDL> x=[12, 8, 9, 13, 5, 7]
IDL> y=[14, 10, 14, 15, 6, 10]
IDL> a=regress(x, y, const=b, correlation=r, ftest=ftest, $
> yfit=y_estimated)
IDL> help, a, b, r, ftest, y_estimated
A               FLOAT     = Array[1]
B               FLOAT     =       2.10870
R               FLOAT     = Array[1]
FTEST           FLOAT     =       21.2841
Y_ESTIMATED     FLOAT     = Array[1, 6]
IDL> print, 'a', a
a       1.04348
IDL> print, 'r', r
r       0.917495
IDL> print, y_estimated    ;函数直接给出的y预测值
     14.6304
     10.4565
     11.5000
     15.6739
     7.32609
```

9.41304

下面给出了多元线性回归的一个例子:
```
IDL> x1=[12, 8, 9, 13, 5, 7]
IDL> x2=[4, 7, 12, 5, 13, 14]
IDL> y=[14, 10, 14, 15, 6, 10]
IDL> x=[transpose(x1), transpose(x2)]
IDL> a=regress(x, y, const=b, correlation=r, mcorrelation=m_r, $
> ftest=ftest, yfit=y_estimated)   ;多元回归
IDL> help, a, b
A               FLOAT     =Array[1, 2]
B               FLOAT     =    -6.04213
IDL> print, a
    1.53253
    0.409023
IDL> help, r, m_r   ;相关系数和复相关系数
R               FLOAT     =Array[2]
M_R             FLOAT     =    0.961011
IDL> print, r
    0.917495    -0.605721
IDL> print, ftest   ;F检验值
    18.1187
IDL> print, y_estimated
    13.9843
    9.08125
    12.6589
    15.9258
    6.93781
    10.4119
IDL> print, x##a+b   ;根据回归公式计算出的y预测值
    13.9843
    9.08125
    12.6589
    15.9258
    6.93781
    10.4119
```
下面给出了回归分析的一个例子:
读入一个 CSV 文件,绘制 x 与 y 的散点图,然后进行回归分析,并绘图。
```
pro regress_analysis
```

```
;读取数据，进行回归分析，并绘制散点图

  ;读取数据
  fn=dialog_pickfile(title='选择数据文件', get_path=work_dir)
  cd, work_dir
  data=read_csv(fn, count=nl)

  ;回归分析
  x=data.(0)    ;自变量
  y=data.(1)    ;因变量
  a=regress(x, y, const=b, correlation=r, yfit=y_estimated)

  ;绘制x与y之间散点图
  p1=scatterplot(x, y, symbol=24, /sym_filled, $
    sym_color=[0, 0, 150], sym_fill_color=[50, 150, 250], $
    xtitle='x', ytitle='y', xrange=[0, 40], yrange=[0, 50], $
    font_size=8, margin=[0.12, 0.12, 0.02, 0.02], /buffer)

  ;添加拟合直线
  line_x=[min(x), max(x)]   ;拟合直线x范围
  line_y=a[0]*line_x+b   ;拟合直线y范围
  p2=plot(line_x, line_y, /overplot)

  ;添加标注
  str_equation='y='+string(a[0], format='(f5.2)')+'*x+'+ $
    string(b, format='(f5.2)')
  str_correlation='r='+string(r, format='(f6.4)')
  t1=text(0.2, 0.85, str_equation, font_size=8)
  t2=text(0.2, 0.78, str_correlation, font_size=8)

  ;保存图像
  o_fn=dialog_pickfile(title='散点图保存为')+'.png'
  p1.save, o_fn

end
```

程序运行结果见图 7.3。

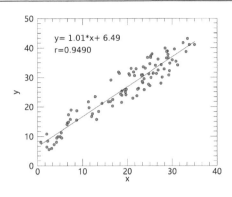

图 7.3 回归分析散点图

IDL 提供了若干功能函数对回归方程进行显著水平检验，常用的有 F 检验和 T 检验等。

（1）函数 f_pdf 用于进行 F 检验，返回的结果为置信度（即 1–显著水平）。

**语法：result=f_pdf(v, dfn, dfd)**

- 参数 v 设置临界值，可以为标量或者数组；
- 参数 dfn 设置分子自由度（自变量数目）；
- 参数 dfd 设置分母自由度（样本数目–自变量数目–1）。

```
IDL> print, f_pdf(3.71, 3, 10)
    0.950058
```

（2）函数 f_cvf 用于计算给定显著水平及自由度所对应的 F 临界值。

**语法：result=f_cvf(p, dfn, dfd)**

- 参数 p 设置显著水平；
- 参数 dfn 设置分子自由度；
- 参数 dfd 设置分母自由度。

```
IDL> print, f_cvf(0.05, 3, 10)
    3.70827
```

（3）函数 t_pdf 用于进行 T 检验，返回的结果为单侧置信度。双侧置信度需要用户自己计算：双侧置信度=1–2×(1–单侧置信度)。

**语法：result=t_pdf(v, df)**

- 参数 v 设置临界值，可以为标量或者数组；
- 参数 df 设置自由度（样本数目–1）。

```
IDL> print, t_pdf(2.756, 29)    ;单侧临界值
    0.994995
IDL> print, 1-2*(1-t_pdf(2.756, 29))   ;双侧临界值
    0.989991
```

（4）函数 t_cvf 用于计算给定显著水平及自由度所对应的 T 单侧临界值（双侧临界值= t_cvf(p/2, df)）。

语法：**result=t_cvf(p, df)**
- 参数 p 设置显著水平；
- 参数 df 设置自由度。

```
IDL> print, t_cvf(0.005, 29)    ;单侧临界值，α=0.005
    2.75639
IDL> print, t_cvf(0.005/2, 29)  ;双侧临界值，α=0.0025
    3.03805
```

下面给出了多元线性回归方程显著水平 F 检验一个例子：

```
IDL> x1=[12, 8, 9, 13, 5, 7]
IDL> x2=[4, 7, 12, 5, 13, 14]
IDL> y=[14, 10, 14, 15, 6, 10]
IDL> x=[transpose(x1), transpose(x2)]
IDL> a=regress(x, y, const=b, correlation=r, mcorrelation=m_r, $
IDL> ftest=ftest, yfit=y_estimated)
IDL> print, '显著水平为：', 1-f_pdf(ftest, 2, 6-2-1)
显著水平为：    0.0211413
```

IDL 提供了 Python Bride 接口，借助该接口可以在 IDL 代码中调用 Python 相应模块实现更复杂的数理统计、机器学习等功能。

## 7.3 插　　值

### 7.3.1 普通插值

（1）函数 interpol 用于对一维数组进行线性插值、二次和样条插值等，返回插值结果。

语法：**result=interpol(v, x, xout [, /lsquadratic |, /quadratic |, /spline] [, /NaN])**
- 参数 v 为插值的输入数组；
- 参数 x 为参数 v 中各个元素对应的横坐标值，与参数 v 具有相同的元素数目；
- 参数 xout 为插值结果数组中各元素对应的横坐标值；
- 关键字 lsquadratic、quadratic、spline 分别设置插值方法为二次插值方法、quadratic 方法和 spline 方法，如果这 3 个关键字均未设置则默认采用线性插值方法；
- 关键字 NaN 设置插值时忽略无效值 NaN。

```
IDL> x=[1, 2, 3, 5]
IDL> y=[0.5, 0.9, 2.5, 10]
IDL> index=[1.5, 3.7]
IDL> y_interpol=interpol(y, x, index)
IDL> print, y_interpol
    0.700000    5.12500
```

（2）函数 interpolate 用于对数组进行单线性、双线性或者三线性插值（取决于数组维数），返回插值结果。

语法：**result=interpolate(p, x [, y [, z]] [, /grid] [, missing=value])**

- 参数 p 为插值的输入数组（一维、二维或者三维数组）；
- 参数 x、y、z 分别为插值结果数组中各元素对应于参数 p 各维的数组下标值；
- 关键字 grid 设置参数 x、y、z 可以有不同元素数目，如果参数 x、y、z 的元素数目分别为 nx、ny、nz 则函数返回结果为 nx 列 ny 行 nz 个波段的三维数组，如果该关键字未设置则参数 x、y、z 的元素数目必须相同，返回结果为一维数组（[x[i], y[i], z[i]]下标位置对应的插值结果）；
- 关键字 missing 设置超出数组 p 下标范围处的插值结果值，如果该关键字未设置则默认以最接近该下标的下标来进行插值，这与 interpol 函数不同，interpol 函数根据最邻近元素建立的方程外推进行插值。

```
IDL> data=[[5.0, 10, 15], [1, 2, 3]]
IDL> print, data
     5.00000      10.0000      15.0000
     1.00000      2.00000      3.00000
IDL> x=[0.2, 1.8]
IDL> y=0.5
IDL> data_interpol=interpolate(data, x, y, /grid)
IDL> print, data_interpol
     3.60000      8.40000
IDL> y=[0.5, 0.8]
IDL> data_interpol=interpolate(data, x, y)
IDL> print, data_interpol
     3.60000      5.04000
```

使用 interpolate 有时比较麻烦，因为其参数 x、y、z 必须表达为参数 v 的下标形式，而很多时候并不能直接得到下标形式的位置，还需要编写程序计算。

```
function find_index, data, value
;计算数值value在data中的下标位置
;data必须单调递增或者单调递减

;***************  判断data是否为递增或者递减函数  ***************

  s=sort(data)
  if total(abs(data-data[s])) eq 0 then begin
    mt_inc=1  ;单调递增
  endif else if total(data-data[reverse(s)]) eq 0 then begin
    mt_inc=0  ;单调递减
```

```
    endif else begin
      return, -1  ;非单调数据
    endelse

  ;**********  循环计算每一value值在data数组中对应的下标  **********
    nums=n_elements(value)
    nums_data=n_elements(data)
    result=fltarr(nums)  ;value值在data中的下标位置

    for i=0, nums-1 do begin

      pt=fltarr(2) ;data中距离value最近的两个数值的下标

      if mt_inc eq 1 then begin
      ;单调递增的情况

        w=where(data ge value[i], count)
        if count eq 0 then begin
        ;当前value值大于data中的所有值
          pt=[nums_data-2, nums_data-1]
        endif else if count eq nums_data then begin
        ;当前value值小于data中的所有值
          pt=[0, 1]
        endif else begin
          pt=[w[0]-1, w[0]]
        endelse

      endif else begin
      ;单调递减的情况

        w=where(data le value[i], count)
        if count eq 0 then begin
        ;当前value值小于data中的所有值
          pt=[0, 1]
        endif else if count eq nums_data then begin
        ;当前value值大于data中的所有值
          pt=[nums_data-2, nums_data-1]
        endif else begin
```

```
          pt=[w[0]-1, w[0]]
        endelse

      endelse

    ;计算当前value值在data数组中的下标

result[i]=(value[i]-data[pt[0]])/(data[pt[1]]-data[pt[0]])+pt[0]

  endfor

  return, result

end
```
程序运行结果：
```
IDL> a= [0.0:40.0:10]
IDL> print, a
      0.000000      10.0000      20.0000      30.0000      40.0000
IDL> b=[-1, 7, 38, 65]
IDL> index=find_index(a, b)
IDL> print, index
     -0.100000     0.700000      3.80000      6.50000
```

### 7.3.2 三角网插值

（1）函数 trigrid 用于根据若干数据点及构建的三角网进行插值，返回插值结果。

**语法：result=trigrid(x, y, z, triangles [, extrapolate=array] [, nx=value] [, ny=value] [, xgrid=variable] [, ygrid=variable] [, min_value=value] [, max_value=value] [, missing=value] [, /quintic])**

- 参数 x 和 y 分别为数据点的横坐标和纵坐标；
- 参数 z 为数据点的属性值；
- 参数 triangles 为 triangulate 过程创建的三角网；
- 关键字 extrapolate 设置边界节点索引数组（由 triangulate 过程创建）以对三角网范围外的格点数据值进行外推；
- 关键字 nx 和 ny 分别设置输出格网的列数和行数，默认值为 51；
- 关键字 xgrid 和 ygrid 返回插值结果格网的横坐标和纵坐标值；
- 关键字 min_value 设置进行插值的最小属性值；
- 关键字 max_value 设置进行插值的最大属性值；
- 关键字 missing 设置超出三角网范围的格点属性值，该关键字同样应用于小于

min_value 或者大于 max_value 值的数据点；
- 关键字 quintic 设置采用 Akima 五次多项式法进行平滑插值。

（2）过程 triangulate 用于创建 Delaunay 三角网。

语法：**triangulate, x, y, triangles [, b]**

- 参数 x 和 y 分别为数据点的横坐标和纵坐标；
- 参数 triangles 为创建的三角网（实质为 3 列的二维数组，3 列分别对应于各三角形 3 个节点的索引）；
- 参数 b 为边界节点索引数组。

下面给出了三角网插值的一个例子：

```
pro Tri_interpolate
;三角网插值

  ;读取数据（3列分别为横坐标、纵坐标和观测值）
  fn=dialog_pickfile(filter='*.csv', title='选择数据文件')
  data=read_csv(fn, count=n1)
  x=data.(0)     ;横坐标
  y=data.(1)     ;纵坐标
  value=data.(2) ;观测值

  ;构建三角网并绘图
  triangulate, x, y, tri, b
  ;进行三角网插值
  nx=ceil(max(x)-min(x))
  ny=ceil(max(y)-min(y))
  result=trigrid(x, y, value, tri, nx=nx, ny=ny, xgrid=x1, $
    ygrid=y1, missing=!values.f_nan)

  ;绘制三角网
  p1=scatterplot(x, y, symbol=24, sym_size=0.7, $
    title='Sample points and triangulation', $
    dimensions=[1800, 1000], position=[0.06, 0.1, 0.5, 0.9], $
    xrange=[min(x), max(x)], yrange=[min(y), max(y)], $
    magnitude=value, rgb_table=33, /sym_filled, $
    axis_style=1, font_size=14, xtickdir=1, ytickdir=1)
  sz=size(tri)
  ntri=sz[2]  ;三角网数目
  for i=0, ntri-1 do begin
    p1=plot([x[tri[*,i]], x[tri[0,i]]], $
```

```
      [y[tri[*,i]], y[tri[0,i]]], color=[180, 180, 180], /overplot)
    endfor

    ;绘制插值结果
    g1=image(result, x1, y1, title='Interpolated result', /current, $
      position=[0.56, 0.1, 1, 0.9], rgb_table=33, $
      xrange=[min(x), max(x)], yrange=[min(y), max(y)], $
      axis_style=1, font_size=14, xtickdir=1, ytickdir=1)

end
```

程序运行结果见图 7.4。

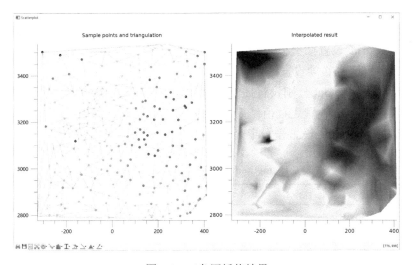

图 7.4　三角网插值结果

### 7.3.3　反距离权重插值

函数 griddata 用于根据数据点进行插值（插值方法包括反距离权重插值、克里金插值、线性插值、最小曲率插值、改进谢别德插值、自然邻点插值、最近邻点插值、多元回归插值、五次多项式插值和径向基函数插值），返回插值结果。

针对不同的插值方法，griddata 函数的语法略有差异，其针对二维空间反距离权重插值的语法如下：

语法：**result=griddata(x, y, z [, method='inverseDistance'] [, /inverse_distance] [, dimension=vector] [, start=array] [, power=value] [, min_points=value] [, search_ellipse=value] [, triangles=array] [, /grid, xout=array, yout=array] [, missing=value] [, smoothing=value])**

- 参数 x 和 y 分别为数据点的横坐标和纵坐标；
- 参数 z 为数据点的属性值；

- 关键字 method 为插值方法，详见表 7.1，默认值为反距离权重插值；
- 关键字 inverse_distance 设置插值方法为反距离权重法，该关键字与 method 关键字设一个即可；
- 关键字 dimension 设置输出格网的列数和行数，为 2 元素的数组，若关键字 grid、xout 和 yout 已设置，则该关键字无效；
- 关键字 start 设置输出格网 x 和 y 方向的起始坐标值，为 2 元素的数组，若关键字 grid、xout 和 yout 已设置，则该关键字无效；
- 关键字 power 为幂值，取值范围为 1~3，默认值为 2，幂值越高远距离数据点对当前格点的插值结果影响越小；
- 关键字 min_points 设置对格点进行插值所需的最少数据点数目；
- 关键字 search_ellipse 设置搜索范围；
- 关键字 triangles 为 triangulate 过程创建的三角网，若关键字 min_points 或 search_ellipse 已设置，则该关键字也必须设置；
- 关键字 grid 设置插值按照特定的格点坐标开展，若该关键字已设置，则关键字 xout 和 yout 也必须设置；
- 关键字 xout 和 yout 分别设置插值格点在 x 和 y 方向上的规则或者不规则坐标值；
- 关键字 missing 设置无插值结果的格点值；
- 关键字 smoothing 设置平滑半径，默认值为 0，即不进行平滑。

表 7.1　method 关键字值对应的插值方法

| 参数值 | 插值方法 |
| --- | --- |
| InverseDistance | 反距离权重插值 |
| Kriging | 克里金插值 |
| Linear | 线性插值 |
| MinimumCurvature | 最小曲率插值 |
| ModifiedShepards | 改进谢别德插值 |
| NaturalNeighbor | 自然邻点插值 |
| NearestNeighbor | 最近邻点插值 |
| PolynomialRegression | 多元回归插值 |
| Quintic | 五次多项式插值 |
| RadialBasisFunction | 径向基函数插值 |

下面给出了反距离权重插值的一个例子：

```
pro IDW_interpolate
;反距离权重插值


  ;读取数据（3列分别为横坐标、纵坐标和观测值）
  fn=dialog_pickfile(filter='*.csv', title='选择数据文件')
  data=read_csv(fn, count=nl)
```

# 第 7 章　随机数、统计与插值

```
x=data.(0)    ;横坐标
y=data.(1)    ;纵坐标
value=data.(2) ;观测值

;进行反距离插值
triangulate, x, y, tri
result=griddata(x, y, value, /grid, xout=[min(x):max(x)], $
  yout=[min(y):max(y)], power=2, min_points=12, triangles=tri)

;绘制散点
p1=scatterplot(x, y, title='Sample points', $
  dimensions=[1800, 1000], position=[0.06, 0.1, 0.5, 0.9], $
  xrange=[min(x), max(x)], yrange=[min(y), max(y)], $
  symbol=24, sym_size=0.7, magnitude=value, rgb_table=33, $
  /sym_filled, axis_style=1, font_size=14, xtickdir=1, ytickdir=1)

;绘制插值结果
g1=image(result, [min(x):max(x)], [min(y):max(y)], $
  title='Interpolated result', position=[0.56, 0.1, 1, 0.9], $
  xrange=[min(x), max(x)], yrange=[min(y), max(y)], $
  rgb_table=33, axis_style=1, font_size=14, xtickdir=1, $
  ytickdir=1, /current)

end
```

程序运行结果见图 7.5。

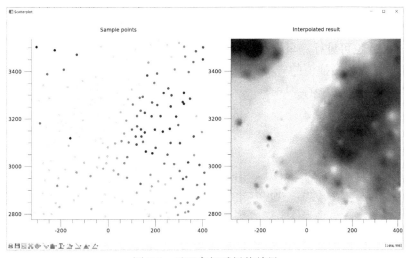

图 7.5　反距离权重插值结果

### 7.3.4 克里金插值

函数 griddata 能够进行克里金插值，语法如下：

语法：**result=griddata(x, y, z [, method='kriging'] [, /kriging] [, dimension=vector] [, start=array] [, variogram=array] [, min_points=value] [, search_ellipse=value] [, triangles=array] [, /grid, xout=array, yout=array] [, missing=value])**

- 参数 x 和 y 分别为数据点的横坐标和纵坐标；
- 参数 z 为数据点的属性值；
- 关键字 method 设置插值方法，详见表 7.1；
- 关键字 kriging 设置插值方法为克里金插值，该关键字与 method 关键字设置一个即可；
- 关键字 dimension 设置输出格网的列数和行数，为 2 元素的数组，若关键字 grid、xout 和 yout 已设置，则该关键字无效；
- 关键字 start 设置输出格网 x 和 y 方向的起始坐标值，为 2 元素的数组，若关键字 grid、xout 和 yout 已设置，则该关键字无效；
- 关键字 variogram 设置半变异函数，为 4 个元素的数组[半变异函数类型, 变程, 块金, 偏基台]，半变异函数类型值 1~4 分别为线性模型、指数模型、高斯模型和球面模型，默认值为 2（指数模型），变程默认值为均匀分布假设下数据点平均间距的 8 倍，块金默认值为 0，偏基台默认值为 1；
- 关键字 min_points 设置对格点进行插值所需的最少数据点数目；
- 关键字 search_ellipse 设置搜索范围；
- 关键字 triangles 为 triangulate 过程创建的三角网变量，若关键字 min_points 或 search_ellipse 已设置，则该关键字也必须设置；
- 关键字 grid 设置插值按照特定的格点坐标开展，若该关键字已设置，则关键字 xout 和 yout 也必须设置；
- 关键字 xout 和 yout 分别设置插值格点在 x 和 y 方向上的规则或者不规则坐标值；
- 关键字 missing 设置无插值结果的格点属性值。

函数 krig2D 也可进行克里金插值。限于篇幅，对其不再赘述。

下面给出了克里金插值的一个例子：

```
pro Kriging_interpolate
;克里金插值


  ;读取数据（3列分别为横坐标、纵坐标和观测值）
  fn=dialog_pickfile(filter='*.csv', title='选择数据文件')
  data=read_csv(fn, count=n1)
  x=data.(0)    ;横坐标
  y=data.(1)    ;纵坐标
  value=data.(2)   ;观测值
```

## 第 7 章 随机数、统计与插值

```
;进行克里金插值
nx=ceil(max(x)-min(x))
ny=ceil(max(y)-min(y))
triangulate, x, y, tri
result=griddata(x, y, value, /grid, method='Kriging', $
  xout=[min(x):max(x)], yout=[min(y):max(y)], $
  min_points=12, triangles=tri)

;绘制散点
p1=scatterplot(x, y, title='Sample points', $
  dimensions=[1800, 1000], position=[0.06, 0.1, 0.5, 0.9], $
  xrange=[min(x), max(x)], yrange=[min(y), max(y)], $
  symbol=24, sym_size=0.7, magnitude=value, rgb_table=33, $
  /sym_filled, axis_style=1, font_size=14, xtickdir=1, ytickdir=1)

;绘制插值结果
g1=image(result, [min(x):max(x)], [min(y):max(y)], $
  title='Interpolated result', position=[0.56, 0.1, 1, 0.9], $
  xrange=[min(x), max(x)], yrange=[min(y), max(y)], $
  rgb_table=33, axis_style=1, font_size=14, xtickdir=1, $
  ytickdir=1, /current)

end
```

程序运行结果见图 7.6。

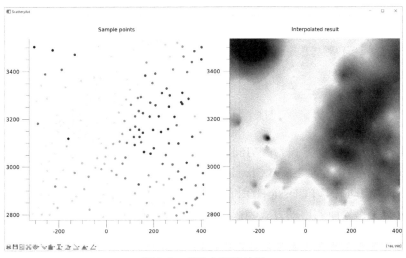

图 7.6　克里金插值结果

# 第 8 章  IDL 与 ENVI 交互

## 8.1  IDL 与 ENVI 交互模式

ENVI 基于 IDL 语言开发，两者之间关系密切，能够实现数据和功能上的交互。ENVI 现有功能模块在很大程度上增强了 IDL 语言的遥感图像处理和专题信息提取能力。

IDL 与 ENVI 交互模式有下面几种：

（1）将 IDL 数据导入 ENVI 进行处理，或者将 ENVI 数据导入 IDL 进行处理；

（2）在 ENVI 波段运算和波谱运算工具中调用 IDL 函数进行处理；

（3）在 IDL 中调用 ENVI 功能进行处理。

ENVI 目前有两种工作界面：三窗口经典工作界面（图 8.1）和集成窗口工作界面（图 8.2）。在这两种工作界面下，IDL 与 ENVI 的交互方式存在差异。经典工作界面下支持的是 ENVI Classic 二次开发方式；而在集成窗口工作界面下支持的是 ENVI 面向对象二次开发方式和 ENVI Classic 二次开发方式。

图 8.1  ENVI 经典工作界面

经典工作界面的启动方式为：**Windows 开始菜单→ENVI 5.6→Tools→ENVI Classic 5.6 + IDL 8.8 (64-bit)**，启动 ENVI Classic+IDL 的工作模式。也可以在 IDL 工作台中输入 ENVI 后回车，启动 ENVI Classic+IDL 的工作模式。

集成窗口工作界面的启动方式为：**Windows 开始菜单→ENVI 5.6→64-bit→ENVI 5.6 + IDL 8.8 (64-bit)**，启动 ENVI +IDL 的工作模式。也可以在 IDL 工作台中输入 e=ENVI()后回车，启动 ENVI +IDL 的工作模式。

# 第 8 章 IDL 与 ENVI 交互

图 8.2　ENVI 集成窗口工作界面

在 ENVI Classic+ IDL 模式下可以通过控制台命令启动 ENVI 集成界面，在 ENVI + IDL 模式下也可以通过控制台命令启动 ENVI 经典界面，实现 ENVI+ENVI Classic+IDL 工作模式。

需要注意的是，不能分别打开 IDL 和 ENVI 进程，那样两者之间无法实现交互编程。

## 8.2　IDL 与 ENVI 的数据交互

在经典工作界面下，**ENVI 主菜单→File→Export to IDL Variable**，在 Export Variable Name 对话框中设置该数据在 IDL 中的变量名称，将 ENVI 数据导入 IDL。**ENVI 主菜单→File→Import from IDL Variable**，打开 Import IDL Variables 对话框，选中 IDL 变量导出到 ENVI。Import IDL Variables 对话框的选项"save copy before importing"如果设为 Yes，则该变量导入 ENVI 后在 IDL 内存中仍然保留；如果设为 No，则不保留。

在集成窗口工作界面下，**Toolbox→Raster Management→IDL→Export to IDL Variable**，将 ENVI 数据导入 IDL。**Toolbox→Raster Management→IDL→Import from IDL Variable**，将 IDL 变量导出到 ENVI。

需要注意的是，ENVI 数据导入 IDL 后将只剩下数据内容，波段名称、投影信息等头文件信息将丢失，处理完的数据再导入 ENVI 后也不再具有这些信息，需要编辑 ENVI 头文件添加这些信息。有两种方式添加头文件信息：

（1）在 Header Info 对话框点击 Input Header Info From 按钮，导入原数据的头文件信息。如果波段数或者数据类型等发生变化，需要在 Headedr Info 对话框中修改 Bands 和 Data type 等内容。

（2）将导入的 IDL 变量保存为 ENVI 标准格式文件，利用文本编辑器打开该文件的头文件和原文件的头文件，将原数据头文件的对应信息（map info、coordinate system string 和 band names 等）复制到结果文件头文件对应处即可。

下面给出了 IDL 与 ENVI 之间数据交互应用的一个例子：

用 ENVI 打开 Landsat 8 OLI 数据,将数据传到 IDL 工作空间,计算改进归一化水体指数 MNDWI,并将结果返回 ENVI。

MNDWI 计算公式如下:

$$\text{MNDWI} = \frac{G - \text{SWIR}}{G + \text{SWIR}} \tag{8.1}$$

式中,G 和 SWIR 分别为绿波段和短波红外波段的 DN 值或反射率。

完成上述任务主要包括三个步骤:

(1) 在 ENVI 中打开 Landsat 8 OLI 数据,并将数据传到 IDL;
(2) 编写 IDL 程序计算 MNDWI;
(3) 将 MNDWI 数据传回 ENVI,保存,并编辑头文件。

```
function cal_MNDWI, data
;对内存中的OLI数据计算MNDWI

  G=data[*, *, 2]
  SWIR=data[*, *, 5]
  MNDWI=(float(G)-SWIR)/(float(G)+SWIR)

  return, MNDWI

end
```

## 8.3 ENVI 调用 IDL 函数

ENVI 的 Band Math 和 Spectral Math 工具能够调用 IDL 程序分别进行波段运算和波谱运算。

### 8.3.1 波段运算函数

在经典工作界面下,**ENVI 主菜单→Basic Tools→Band Math**,打开 Band Math 对话框进行波段运算(图 8.3)。在集成窗口工作界面下,**Toolbox→Band Algebra→Band Math**,打开 Band Math 对话框进行波段运算。

ENVI 的波段运算功能将波段作为变量直接进行计算,输入变量必须以字符 b 或 B 加上数字的方式命名,如"b1""B13"等。在 Band Math 对话框的 Enter an expression 文本框内输入波段运算公式,如:b1-b2,点击 OK 按钮打开 Variables to Bands Pairings 对话框将 b1、b2 这两个变量与具体波段关联起来(图 8.4),执行波段运算得到结果。

# 第 8 章 IDL 与 ENVI 交互

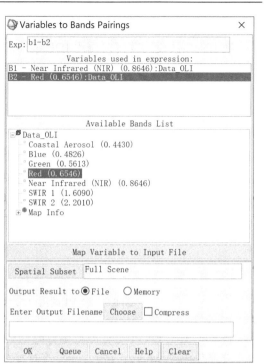

图 8.3 Band Math 对话框   图 8.4 Variables to Bands Pairings 对话框

利用 IDL 编写波段运算函数并编译后，可在 ENVI 的 Band math 功能中直接调用该函数。如果经常使用该函数，可以将该 pro 文件保存到 ENVI 路径的 extensions 目录（…\Harris\ENVI56\extensions）或者 ENVI Classic 路径的 save_add 目录（…\ Harris\ENVI56\classic\save_add）下，每次启动 ENVI 或者 ENVI Classic 时会自动编译该函数，使用时直接调用即可。

下面给出了在 ENVI 中利用波段运算调用植被指数计算函数的一个例子：

```
function cal_VI, r, nir, key=key
;计算NDVI或者RVI
;参数r和nir分别为红波段和近红外波
;关键字key用于设置计算NDVI还是RVI

 if key eq 0 then begin
 ;计算NDVI
   return, (float(nir)-r)/(float(nir)+r)
 endif else begin
 ;计算RVI
   return, float(nir)/r
 endelse
```

```
end
```

在 ENVI 波段运算窗口调用 IDL 编写的植被指数计算函数，计算 RVI（图 8.5）。

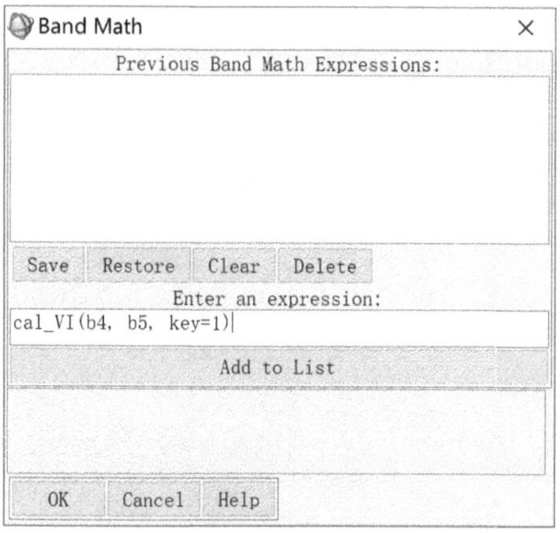

图 8.5 ENVI 调用 IDL 计算 RVI 函数进行波段运算

注意，由于 ENVI 进行波段运算时默认进行分块处理，因此 IDL 编写的波段运算函数中要避免出现 where、sort、max 等对整个数组进行运算的函数。

### 8.3.2 波谱运算函数

在经典工作界面下，**ENVI 主菜单→Basic Tools→Spectral Math**，打开 Spectral Math 对话框进行波谱运算。在集成窗口工作界面下，**Toolbox→Spectral→Spectral Math**，打开 Spectral Math 对话框进行波谱运算。

ENVI 的波谱运算功能将波谱作为变量直接进行计算，输入变量以字符 s 或 S 加上数字的方式命名，如"s1""S13"等。在 Spectral Math 对话框的 Enter an expression 文本框内输入波谱运算公式，在 Variables to Spectra Pairings 对话框中将波谱变量名关联到具体的波谱，然后执行波谱运算得到结果。

下面给出了在 ENVI 中利用波段运算调用光谱处理函数的一个例子：

```
function spectra_deriv, spectra
;对波谱曲线平滑后求导

  spectra_smoothed=smooth(spectra, 3)   ;平滑滤波
  return, deriv(spectra_smoothed)   ;一阶求导

end
```

在 ENVI 的波谱运算窗口调用 IDL 编写的波谱运算函数，对波谱曲线进行处理（图 8.6）。

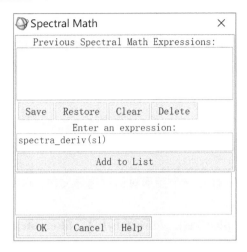

图 8.6　ENVI 调用 IDL 平滑求导函数进行波谱运算

## 8.4　ENVI Classic 二次开发

　　ENVI Classic 二次开发可能会逐渐被 ENVI 面向对象二次开发模式取代，但是在现阶段仍然比较常用。这种开发模式以数组等数据类型而非对象来存储数据，方便对数据进行直观而深入的分析和处理。该模式也可以和 ENVI 面向对象二次开发方式结合起来使用。

　　调用 ENVI Classic 的功能函数要在 ENVI+IDL 或者 ENVI Classic+IDL 模式下运行，也可以通过 envi 过程或者 envi 函数启动没有图形界面的 ENVI 进程。

　　通过 envi 过程启动 ENVI 进程分为两个步骤：首先利用过程 envi 载入 ENVI 的核心 sav 文件，然后通过 envi_batch_init 过程初始化批处理模式。在程序中启动批处理模式时，第一行最好写上 compile_opt idl2，避免编译时 envi 函数找不到的情况。

　　过程 envi 用于载入 ENVI 核心 sav 文件或者启动完整的 ENVI 进程。

　　语法：**envi, /restore_base_save_files**

- 关键字 restore_base_save_files 用于载入 ENVI 的核心 sav 文件，如果该关键字未设置则启动完整的 ENVI 进程。

　　过程 envi_batch_init 用于初始化批处理模式。

　　语法：**envi_batch_init**

　　过程 envi_batch_exit 用于终止批处理模式。

　　语法：**envi_batch_exit**

　　下面给出了初始化和终止批处理模式的一个例子：

```
IDL> envi, /restore_base_save_files
IDL> envi_batch_init
IDL> envi_batch_exit
```

　　过程 envi_batch_exit 会终止 ENVI Classic+IDL 模式并关闭 IDL，**ENVI** 主菜单

→**File**→**Preferences** 打开 System Preferences 对话框,在 Miscellaneous 选项卡中将 Exit IDL on Exit from ENVI 选项设置为 No 可在关闭 ENVI 时不关闭 IDL。

如无特殊说明,本节及以后的 ENVI 二次开发代码,均在 ENVI Classic+IDL 或者 ENVI +IDL 模式下运行。

### 8.4.1 常用的 ENVI 函数

1. 打开文件

(1) 函数 envi_pickfile 打开一个图形对话框选择文件,返回包含路径的绝对文件名,与 dialog_pickfile 函数类似。

语法: **result=envi_pickfile([, /directory] [, filter=string] [, /multiple_files] [, title=string])**

- 关键字 directory 设置对话框用于选择目录而不是文件,返回结果也是目录;
- 关键字 filter 设置文件名过滤条件;
- 关键字 multiple_files 设置利用 Ctrl 或者 Shift 键同时选择多个文件;
- 关键字 title 设置对话框的标题。

```
ENVI> fn=envi_pickfile(/multiple_file, title='选择遥感图像')
ENVI> help, fn
FN              STRING    = Array[2]
ENVI> print, fn
E:\Tempwork\Data_OLI E:\Tempwork\Data_OLI.hdr
```

(2) 函数 envi_select 用于从 ENVI 已打开的文件列表中选择一个文件。该函数打开 ENVI 文件选择对话框,包括了空间子集/波段子集按钮、掩模数据选择按钮等。

语法: **envi_select [, fid=variable] [, dims=variable] [, pos=variable] [, /mask] [, m_fid=variable] [, m_pos=variable] [, title=string]**

- 关键字 fid 返回所选文件的 id 号,文件 id(fid)号是 ENVI 指向数据文件的指针,为长整型的标量,ENVI 给每个打开的文件分配一个 fid 号,用户通过该 fid 号指定操作的文件;
- 关键字 dims 返回数据的空间范围,为一个包含 5 个元素的长整型数组,5 个元素分别为指向 ROI 的指针(不指定 ROI 时为–1)、起始列号、终止列号、起始行号和终止行号,行列号下标从 0 开始(ENVI 行列号从 1 开始,注意区别);
- 关键字 pos 返回数据的波段位置,是一个变长的长整型数组,从 0 开始,如第 2 和第 3 波段其对应的 pos 关键字为[1, 2];
- 关键字 mask 允许设置掩模数据;
- 关键字 m_fid 返回掩模数据的 fid 号;
- 关键字 m_pos 返回掩模数据的波段位置;
- 关键字 title 设置选择对话框标题。

```
ENVI> envi_select, fid=fid, dims=dims, pos=pos
```

```
ENVI> help, fid, dims, pos
FID             LONG      =         2
DIMS            LONG      = Array[5]
POS             LONG      = Array[4]
ENVI> dims
       -1          0         799          0         599
ENVI> pos
        1          2           3          4
```

程序运行结果见图 8.7。

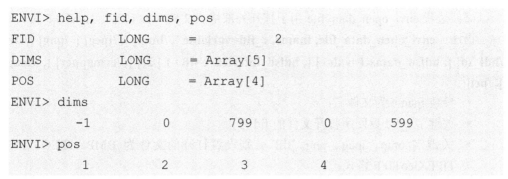

图 8.7 选择 ENVI 文件对话框

（3）函数 envi_get_file_ids 返回 ENVI 中打开的所有文件的 fid 号。

语法：**result=envi_get_file_ids()**

```
ENVI> fids=envi_get_file_ids()
ENVI> help, fids
FIDS            LONG      =Array[2]
ENVI> print, fids
       3          2
```

（4）过程 envi_open_file 用于打开 ENVI 格式文件。

语法：**envi_open_file, fname, r_fid=variable**

- 参数 fname 为 ENVI 文件名；
- 关键字 r_fid 返回所打开文件的 fid 号。

```
ENVI> fn=envi_pickfile(title='选择ENVI格式文件')
ENVI> envi_open_file, fn, r_fid=fid
ENVI> help, fid
FID             LONG      =         4
```

（5）过程 envi_open_data_file 用于打开外部格式文件（如 HDF、GeoTIFF 等）。

语法：**envi_open_data_file, fname, r_fid=variable [, /bmp] [, /jpeg] [, /png] [, /tiff] [, /hdf_sd] [, hdfsd_dataset=value] [, hdfsd_interleave={0 | 1 | 2}] [, /ermapper] [, /imagine] [, /pci]**

- 参数 fname 为文件名；
- 关键字 r_fid 返回所打开文件的 fid 号；
- 关键字 bmp、jpeg、png、tiff 分别设置打开的文件为 BMP、JPEG、PNG、TIFF/GeoTIFF 格式；
- 关键字 hdf_sd 设置打开的文件为 HDF 科学数据集；
- 关键字 hdfsd_dataset 设置当文件为 HDF 格式时指定要打开的数据集名称，如果该关键字未设置则弹出 HDF Dataset Selection 对话框让用户选择要打开的数据集；
- 关键字 hdfsd_interleave 设置当文件为 HDF 格式时指定以哪种顺序存储，默认值 0 为 BSQ 顺序，1 为 BIL 顺序，2 为 BIP 顺序；
- 关键字 ermapper、imagine、pci 分别设置打开的文件为 ER Mapper、ERDAS IMAGINE 8.x 以上（.img 和.ige）、PCI Geomatics（.pix）格式。

下面给出了打开 GeoTIFF 格式文件的一个例子：

```
ENVI> fn=envi_pickfile(title='选择GeoTIFF文件')
ENVI> envi_open_data_file, fn, r_fid=fid1
ENVI> help, fid1
FID             LONG       =            5
```

2. 查询文件信息

（1）过程 envi_file_query 用于查询 ENVI 文件的列数、行数、波段数、头文件偏移字节数、数据类型、数据存放顺序、定标系数等信息。

语法：**envi_file_query, fid [, ns=variable] [, nl=variable] [, nb=variable] [, dims=variable] [, data_type=variable] [, interleave=variable] [, bnames=variable] [, offset=variable] [, file_type=variable] [, descrip=variable] [, data_gains=variable] [, data_offsets=variable] [, wl=variable] [, wavelength_units=value] [, num_classes=variable] [, class_names=variable] [, lookup=variable]**

- 参数 fid 为文件 fid 号；
- 关键字 ns、nl、nb 分别返回 ENVI 文件的列数、行数和波段数；
- 关键字 dims 返回空间范围；
- 关键字 data_type 返回数据类型（表 2.7）；
- 关键字 interleave 返回数据存储顺序，默认值 0 为 BSQ 顺序，1 为 BIL 顺序，2 为 BIP 顺序；
- 关键字 bnames 返回各波段的名称；
- 关键字 offset 返回头文件偏移字节数；

- 关键字 file_type 返回文件类型，如 ENVI Standard、ENVI Classification、ENVI Meta File 等；
- 关键字 descrip 返回描述字符串信息；
- 关键字 data_gains 和 data_offsets 分别返回各个波段定标系数中的增益值和偏移值；
- 关键字 wl 返回各个波段的波长；
- 关键字 wavelength_units 返回波长的单位（表 8.1）；
- 关键字 num_classes 返回分类文件的类别数目；
- 关键字 class_names 返回分类文件的类别名称；
- 关键字 lookup 返回分类文件各个类别的颜色值，为一个二维数组[3, num_classes]。

表 8.1　wavelength_units 关键字值对应的波长单位

| 关键字值 | 单位 |
| --- | --- |
| 0 | μm |
| 1 | nm |
| 2 | $cm^{-1}$ |
| 3 | GHz |
| 4 | MHz |
| 5 | index |
| 6 | 未知 |

```
ENVI> envi_file_query, fid, ns=ns, nl=nl, nb=nb, dims=dims, $
> data_type=data_type, interleave=interleave, bnames=bnames
ENVI> print, ns, nl, nb
     800         600           7
ENVI> dims
       -1         0       799         0       599
ENVI> help, data_type, interleave
DATA_TYPE       INT       =       12
INTERLEAVE      INT       =        0
ENVI> print, bnames
Coastal Aerosol Blue Green Red Near Infrared (NIR) SWIR 1 SWIR 2
```

（2）函数 envi_get_map_info 用于查询 ENVI 文件的 mapinfo 信息，返回的 mapinfo 为结构体变量。

语法：**result=envi_get_map_info(fid=file id)**

- 关键字 fid 为文件 fid 号。

```
ENVI> map_info=envi_get_map_info(fid=fid)
ENVI> help, map_info
```

```
** Structure ENVI_MAP_INFO_STRUCT, 12 tags, length=360, data length=326:
   PROJ            STRUCT      -> ENVI_PROJ_STRUCT Array[1]
   MC              DOUBLE         Array[4]
   PS              DOUBLE         Array[2]
   ROTATION        DOUBLE         0.00000000
   PSEUDO          INT            0
   KX              DOUBLE         Array[2, 2]
   KY              DOUBLE         Array[2, 2]
   BEST_ROOT       INT            0
   O_RPC           OBJREF         <NullObject>
   OMAP            OBJREF         <NullObject>
   NS              LONG           0
   NL              LONG           0
```

ENVI/IDL 投影坐标的内容在本节后面会详细说明。

3. 读取数据

（1）函数 envi_get_data 用于从 ENVI 文件读取一个波段的数据。

语法：**result=envi_get_data(fid=file id, dims=array, pos=long integer)**

- 关键字 fid 为文件 fid 号；
- 关键字 dims 设置读取数据的空间范围；
- 关键字 pos 设置读取数据所在的波段位置，只能为单个整数值。

（2）函数 envi_get_slice 用于从 ENVI 文件读取一行的数据。

语法：**result=envi_get_slice(fid=file id, line=integer, pos=array, xs=value, xe=value, [/bil] [, /bip])**

- 关键字 fid 为文件 fid 号；
- 关键字 line 设置读取数据所在行的行号；
- 关键字 pos 设置读取数据所在行的波段位置，可以为单个整数或者整数数组，如果该关键字未设置则默认读取该行所有波段数据；
- 关键字 xs 和 xe 分别设置读取数据起始和终止列号；
- 关键字 bil 和 bip 分别设置返回结果为 BIL 和 BIP 格式，如果这两个关键字均未设置则默认为 BIL 格式。

```
ENVI> envi_file_query, fid, ns=ns, nl=nl, nb=nb, dims=dims, $
> data_type=data_type
ENVI> ;按波段读取数据
ENVI> dims1=[-1, 101, 200, 51, 300]
ENVI> data_band=envi_get_data(fid=fid, dims=dims1, pos=1)
ENVI> help, data_band
```

```
DATA_BAND         UINT       = Array[100, 250]
ENVI> data=make_array(ns, nl, nb, type=data_type)
ENVI> for i=0, nb-1 do data[*,*,i]=envi_get_data(fid=fid, $
> dims=dims, pos=i)
ENVI> ;按行读取数据
ENVI> data_line=envi_get_slice(fid=fid, line=10)
ENVI> help, data_line
DATA_LINE         UINT       = Array[800, 7]
ENVI> data_line=envi_get_slice(fid=fid, line=5, pos=[0:3], $
ENVI> xs=20, xe=80)
ENVI> help, data_line
DATA_LINE         UINT       = Array[61, 4]
```

4. 保存文件

过程 envi_write_envi_file 用于将内存中的 IDL 变量保存为 ENVI 格式文件。

语法：**envi_write_envi_file, data, out_name=variable, /in_memory [, /no_copy] [, /no_write] [, r_fid=variable] [, /no_open], ns=variable, nl=variable, nb=variable, out_dt={1 | 2 | 3 | 4 | 5 | 6 | 9 | 12 | 13 | 14 | 15}, interleave={0 | 1 | 2} [, map_info=structure] [, bnames=string array] [, offset=value] [, file_type=variable] [, wl=variable] [, wavelength_units=value] [, num_classes=variable] [, class_names=variable] [, lookup=variable]**

- 关键字 data 为待写入 ENVI 文件的变量；
- 关键字 out_name 设置输出 ENVI 文件名称；
- 关键字 in_memory 设置将 ENVI 文件保存在内存中；
- 关键字 no_copy 设置保存后从 IDL 内存中删除 data 变量；
- 关键字 no_write 已设置，则不将 ENVI 头文件写入硬盘；如果该关键字未设置，则默认将头文件写入硬盘；
- 关键字 r_fid 返回写入文件的 fid 号；
- 关键字 no_open 已设置，则不打开保存的 ENVI 文件；如果该关键字未设置，则默认打开文件并加入 Available Bands List；
- 关键字 ns、nl 和 nb 分别设置 ENVI 文件的列数、行数和波段数；
- 关键字 out_dt 设置数据类型（表 2.7）；
- 关键字 interleave 设置数据存储顺序，默认值 0 为 BSQ 顺序，1 为 BIL 顺序，2 为 BIP 顺序；
- 关键字 map_info 设置文件的 mapinfo 信息，为结构体数据；
- 关键字 bnames 设置各波段的名称；
- 关键字 offset 设置头文件偏移字节数；
- 关键字 file_type 设置文件类型，常见的文件类型有 ENVI Standard、ENVI

Classification、ENVI Meta File、GeoTIFF 等；
- 关键字 wl 设置各个波段的波长；
- 关键字 wavelength_units 设置波长单位（表 8.1）；
- 关键字 num_classes 设置分类文件的类别数目；
- 关键字 class_names 设置分类文件的类别名称；
- 关键字 lookup 设置分类文件各个类别的颜色值，为一个二维数组[3, num_classes]。

```
ENVI> envi_write_envi_file, data, out_name='Data_ENVI', $
> map_info=map_info
```

过程 envi_write_envi_file 能够自动识别待写入变量的维数、数据类型等信息，并写入 ENVI 头文件，因此保存文件时 ns、nl、nb、out_dt 等关键字可不设置。

也可以分两个步骤来保存 ENVI 格式文件：保存数据文件和保存头文件。首先通过 writeu 过程写入 ENVI 数据文件；然后通过 envi_setup_head 过程写入 ENVI 头文件。

**语法**：**envi_setup_head, fname=variable [, /write] [, /open], ns=variable, nl=variable, nb=variable, data_type=variable, interleave={0 | 1 | 2} [, map_info=structure] [, bnames=string array] [, offset=value] [, file_type=variable] [, data_gains=variable] [, data_offsets=variable] [, wl=variable] [, wavelength_units=value] [, num_classes=variable] [, class_names=variable] [, lookup=variable]**

- 关键字 fname 设置头文件所对应的 ENVI 数据文件名称；
- 关键字 write 设置将头文件写入硬盘，如果该关键字未设置则默认写入内存；
- 关键字 open 设置将头文件关联的 ENVI 文件打开并显示在 ENVI 的 Available Bands List 中，如果该关键字未设置则默认不打开文件；
- 关键字 ns、nl 和 nb 分别设置列数、行数和波段数；
- 关键字 data_type 设置数据类型（表 2.7）；
- 关键字 interleave 设置数据存储顺序，默认值 0 为 BSQ 顺序，1 为 BIL 顺序，2 为 BIP 顺序；
- 关键字 map_info 设置 mapinfo 信息，为结构体数据；
- 关键字 bnames 设置各波段的名称；
- 关键字 offset 设置头文件偏移字节数；
- 关键字 file_type 设置文件类型；
- 关键字 data_gains 和 data_offsets 分别设置各个波段的增益值和偏移值；
- 关键字 wl 设置各个波段的波长；
- 关键字 wavelength_units 设置波长单位（表 8.1）；
- 关键字 num_classes 设置分类文件的类别数目；
- 关键字 class_names 设置分类文件的类别名称；
- 关键字 lookup 设置分类文件各个类别的颜色值，为一个二维数组[3, num_classes]。

```
ENVI> o_fn=dialog_pickfile(title='文件保存为')
ENVI> openw, lun, o_fn, /get_lun
ENVI> writeu, lun, data
```

```
ENVI> free_lun, lun
ENVI> envi_setup_head, fname=o_fn, /write, /open, ns=ns, nl=nl, $
> nb=nb, data_type=data_type, interleave=0, offset=0
```

envi_write_envi_file 过程只能一次性把 IDL 变量写入 ENVI 文件，而 writeu 过程可以向一个文件中多次写入数据。在数据量比较大的情况下，可以利用 envi_get_data 或者 envi_get_slice 的方法逐波段或逐行读入数据进行处理，然后利用 writeu 逐波段或逐行写入 ENVI 数据文件，最后使用 envi_setup_head 写入头文件。

过程 envi_enter_data 用于将数据保存为内存中的 ENVI 文件，并返回文件对应的 fid 号。

语法：**envi_enter_data, data, r_fid=variable, [, map_info=structure] [, bnames=string array] [, file_type=variable] [, data_gains=variable] [, data_offset=variable] [, wl=variable] [, wavelength_units=value] [, num_classes=variable] [, class_names=variable] [, lookup=variable]**

- 参数 data 为待写入 ENVI 文件的 IDL 变量，该数据必须为 BSQ 顺序的二维或三维数组；
- 关键字 r_fid 返回所保存文件的 fid 号；
- 关键字 map_info 设置文件的 mapinfo 信息；
- 关键字 bnames 设置文件各波段的名称；
- 关键字 file_type 设置文件类型；
- 关键字 data_gains 和 data_offset 分别设置文件各个波段的增益值和偏移值；
- 关键字 wl 设置各波段的波长；
- 关键字 wavelength_units 设置波长单位；
- 关键字 num_classes 设置分类文件的类别数目；
- 关键字 class_names 设置分类文件的类别名称；
- 关键字 lookup 设置分类文件各个类别的颜色值。

```
ENVI> envi_enter_data, data, map_info=map_info
```

下面一个例子读取 ENVI 格式 Landsat OLI 文件，计算改进归一化水体指数 MNDWI（MNDWI 计算公式见 8.1 节），并将结果保存为 ENVI 文件：

```
pro cal_MNDWI1
;读取OLI数据，计算MNDWI并保存


  ;打开OLI数据文件
  fn=dialog_pickfile(title='选择OLI数据')
  envi_open_file, fn, r_fid=fid
  envi_file_query, fid, ns=ns, nl=nl, nb=nb, dims=dims
  map_info=envi_get_map_info(fid=fid)


  ;计算MNDWI
```

```
    G=envi_get_data(fid=fid, dims=dims, pos=2)
    SWIR=envi_get_data(fid=fid, dims=dims, pos=5)
    MNDWI=(float(G)-SWIR)/(float(G)+SWIR)

    ;保存MNDWI
    o_fn=dialog_pickfile(title='MNDWI保存为')
    envi_write_envi_file, MNDWI, out_name=o_fn, bnames='MNDWI', $
      map_info=map_info

end
```

过程 envi_output_to_external_format 用于将内存中的 IDL 变量保存为外部格式文件。

语法：**envi_output_to_external_format, fid=file ID, out_name=variable, dims=array, pos=array [, bnames=string array] [, /ascii] [, /tiff] [, /ermapper] [, /erdas] [, /pci]**

- 关键字 fid 为文件 fid 号；
- 关键字 out_name 设置输出文件名称；
- 关键字 dims 设置空间范围；
- 关键字 pos 设置波段位置，可以为单个整数或者整数数组；
- 关键字 bnames 设置文件各波段的名称；
- 关键字 ascii 和 tiff 分别设置输出为 ASCII 和 TIFF/GeoTIFF 格式；
- 关键字 ermapper、erdas、pci 分别设置输出为 ER Mapper、ERDAS 和 PCI Geomatics 格式。

```
ENVI> pos=[0:nb-1]
ENVI> envi_output_to_external_format, fid=fid, out_name='Data.tif', $
> dims=dims, pos=pos, /tiff
```

5. 关闭文件

过程 envi_file_mng 用于管理 ENVI 打开的文件。

语法：**envi_file_mng, id=file id, /remove [, /delete]**

- 关键字 id 为文件 fid 号；
- 关键字 remove 设置从 ENVI 中关闭文件；
- 关键字 delete 设置从硬盘删除文件。

```
ENVI> envi_select, fid=fid
ENVI> envi_file_mng, id=fid, /remove, /delete
```

6. 投影坐标

ENVI mapinfo 为结构体数据，包含了 ENVI 文件的投影、某个像元位置与投影坐标的对应关系、像元分辨率等内容（表 8.2）。

表 8.2  mapinfo 结构体中的 3 个常用域

| 域名 | 说明 |
|---|---|
| proj | 投影信息，为结构体数据 |
| mc | 像元位置与投影坐标值的对应关系，为 4 个元素的数组，4 个元素分别为某像元的文件坐标横坐标、文件坐标纵坐标、地图坐标横坐标、地图坐标纵坐标，文件坐标等于 IDL 数组的下标，从 0 开始 |
| ps | 像元分辨率，为 2 个元素的数组，2 个元素分别为 x 和 y 方向的像元分辨率 |

（1）envi_map_info_create 函数用于创建 mapinfo。

语法： **result=envi_map_info_create(mc=array, ps=array [, name=string] [, /geographic] [, /utm] [, zone=integer] [, /south] [, type=integer] [, /arbitrary] [, proj=structure] [, params=array] [, datum=value] [, units=integer])**

- 关键字 mc 设置图像位置与投影坐标的对应关系，为 4 个元素的一维数组，4 个元素分别为某像元的文件坐标横坐标、文件坐标纵坐标、地图坐标横坐标、地图坐标纵坐标，文件坐标等于 IDL 数组的下标，从 0 开始；
- 关键字 ps 设置像元分辨率，为 2 个元素的一维数组，2 个元素分别为 x 和 y 方向的像元分辨率；
- 关键字 name 设置 mapinfo 投影的名称；
- 关键字 geographic 设置 mapinfo 采用地理坐标（即经纬度坐标系）；
- 关键字 utm 设置 mapinfo 采用 UTM 投影（通用横轴墨卡托投影）；
- 关键字 zone 设置 UTM 投影的分带带号；
- 关键字 south 设置 UTM 投影为南半球投影；
- 关键字 type 设置投影类型，为整型变量，具体值对应的投影类型可查阅 ENVI 帮助中的 Map Projections 主题（常用的 Transverse Mercator 投影 type 值为 3，Lambert 投影 type 值为 4，Albers 投影 type 值为 9）；
- 关键字 arbitrary 设置创建一个自定义的投影；
- 关键字 proj 设置投影，该关键字为结构体变量，由 envi_proj_create 或 envi_get_projection 函数获取；
- 关键字 params 设置投影参数，可查阅 ENVI 帮助中的 Map Projections 主题，Arbitrary、Geographic 和 UTM 投影不用设置 params 关键字（如果关键字 arbitrary、geographic 或者 UTM 已经设置，则不需要设置 proj 关键字，对于其他投影，通过 proj 关键字或者 datum、name、params、south、type、units 和 zone 关键字来定义投影）；
- 关键字 datum 设置基准面，为字符串变量，ENVI 支持的基准面名称可查阅 ENVI 安装路径下 map_proj 文件夹中的 datum.txt 文件，最常用的基准面为 WGS-84；
- 关键字 units 设置投影单位，为整型变量，可通过 envi_translate_projection_units 函数将字符串格式的单位转换为整型变量，对于地理坐标系，默认单位为度，对于其他投影，默认单位为米。

下面给出了定义基于地理坐标系的 mapinfo 信息（基准面为 WGS-84）的一个例子：

```
ENVI> mc=[0.0, 0.0, 73.42, 53.55]    ;左上角像元对应的经纬度
ENVI> ps=[0.01, 0.01]    ;分辨率0.01度
ENVI> map_info=envi_map_info_create(/geographic, mc=mc, ps=ps, $
> datum='WGS-84')
ENVI> help, map_info
** Structure ENVI_MAP_INFO_STRUCT, 12 tags, length=360, data
length=326:
   PROJ          STRUCT    -> ENVI_PROJ_STRUCT Array[1]
   MC            DOUBLE    Array[4]
   PS            DOUBLE    Array[2]
   ROTATION      DOUBLE     0.00000000
   PSEUDO        INT       0
   KX            DOUBLE    Array[2, 2]
   KY            DOUBLE    Array[2, 2]
   BEST_ROOT     INT       0
   O_RPC         OBJREF    <NullObject>
   OMAP          OBJREF    <NullObject>
   NS            LONG      0
   NL            LONG      0
```

下面给出了定义基于 UTM 投影的 mapinfo 信息（基准面为 WGS-84，北半球 50 分带）的一个例子：

```
ENVI> ps=[30, 30]
ENVI> mc=[0.0, 0.0, 661857, 3557313]
ENVI> map_info=envi_map_info_create(/utm, zone=50, mc=mc, ps=ps, $
> datum='WGS-84')
```

ENVI proj 为结构体数据，包含了投影名称、类型、参数、单位、基准面等内容（表 8.3）。

表 8.3    proj 结构体中的几个常用域

| 域名 | 说明 |
| --- | --- |
| name | 投影名称，字符串数据 |
| type | 投影类型，整型数据 |
| params | 投影参数，1~15 个元素组成的一维双精度浮点型数组 |
| units | 投影单位，整型数据 |
| datum | 基准面，字符串数据 |

（2）函数 envi_proj_create 用于创建投影。

语 法： **result=envi_proj_create([, name=string]    [, /geographic]    [, /utm]    [, zone=integer] [, /south] [, type=integer] [, /arbitrary] [, params=array] [, datum=value] [, units=integer])

- 关键字 name 设置投影的名称；
- 关键字 geographic 设置投影为地理坐标（即经纬度坐标系）；
- 关键字 utm 设置投影为 UTM 投影（通用横轴墨卡托投影）；
- 关键字 zone 设置 UTM 投影的分带带号；
- 关键字 south 设置 UTM 投影为南半球投影；
- 关键字 type 设置投影类型，为整型变量；
- 关键字 arbitrary 设置创建一个自定义的投影；
- 关键字 params 设置投影参数，包含了除 name 和 datum 之外的所有信息，如果关键字 arbitrary、geographic 或者 UTM 已经设置，则不需要设置 params 关键字；
- 关键字 datum 设置基准面，为字符串变量，ENVI 支持的基准面名称可查阅 ENVI 安装路径下 map_proj 文件夹中的 datum.txt 文件，最常用的基准面为 WGS-84；
- 关键字 units 设置投影的单位，对于地理坐标系，默认单位为度，对于其他投影，默认单位为米。

下面给出了定义基于经纬度坐标系的投影信息（基准面为 WGS-84）的一个例子：

```
ENVI> proj=envi_proj_create(/geographic, datum='WGS-84')
ENVI> help, proj
** Structure ENVI_PROJ_STRUCT, 9 tags, length=208, data length=186:
   NAME            STRING    'Geographic Lat/Lon'
   TYPE            INT       1
   PARAMS          DOUBLE    Array[15]
   UNITS           INT       6
   DATUM           STRING    'WGS-84'
   USER_DEFINED    INT       0
   PE_COORD_SYS_OBJ
                   ULONG64                1182616592
   PE_COORD_SYS_STR
                   STRING
'GEOGCS["GCS_WGS_1984",DATUM["D_WGS_1984",SPHEROID["WGS_1984",6
378137.0,298.257223563]],PRIMEM["Greenwich",0.0],UNIT["Degree",
0.0174532925199433]]'
   PE_COORD_SYS_CODE
                   ULONG                  4326
```

下面给出了定义基于 UTM 投影的投影信息（基准面为 WGS-84，北半球 50 分带）的一个例子：

```
ENVI> proj=envi_proj_create(/utm, zone=50, datum='WGS-84')
```

下面给出了定义基于横轴墨卡托投影的信息（椭球体为 Krassovsky，中央经线 117°E，比例系数为 1，东偏移 500 000 m，北偏移 0 m）的一个例子：

```
ENVI> params=[6378245, 6356863, 0, 117, 500000, 0, 1]
ENVI> name='TM_117'
ENVI> proj=envi_proj_create(type=3, name=name, params=params)
ENVI> print, proj.params
      6378245.0        6356863.0        0.00000000       117.00000
      500000.00        0.00000000       1.0000000        0.00000000
      0.00000000       0.00000000       0.00000000       0.00000000
      0.00000000       0.00000000       0.00000000
```

上面的代码中，关键字 type 值为 3（对应 Transverse Mercator 投影），params 的几个元素分别设置了投影的椭球体长轴、短轴、起始纬线、中央经线、东偏移、北偏移和比例系数。

下面给出了定义基于 Albers 投影的投影信息（椭球体为 Krassovsky，中央经线 105°E，双标准纬线 25°N 和 47°N）的一个例子：

```
ENVI> params=[6378245, 6356863, 0, 105, 0, 0, 25, 47]
ENVI> name='Albers_105'
ENVI> proj=envi_proj_create(type=9, name=name, params=params)
ENVI> print, proj.params
      6378245.0        6356863.0        0.00000000       105.00000
      0.00000000       0.00000000       25.000000        47.000000
      0.00000000       0.00000000       0.00000000       0.00000000
      0.00000000       0.00000000       0.00000000
```

上面的代码中，关键字 type 值为 9（对应 Albers 投影），params 的几个元素分别设置了投影的椭球体长轴、短轴、起始纬线、中央经线、东偏移、北偏移、标准纬线 1 和标准纬线 2。

（3）过程 envi_convert_file_map_projection 用于对 ENVI 文件进行投影转换。

**语法**：**envi_convert_file_map_projection, fid=file id, o_proj=structure, dims=array, pos=array, out_name=string [, r_fid=variable] [, background=integer] [, o_pixel_size=array] [, grid=array] [, warp_method={0 | 1 | 2 | 3}] [, degree=value] [, /zero_edge] [, resampling={0 | 1 | 2}] [, out_bname=string array]**

- 关键字 fid 为文件 fid 号；
- 关键字 o_proj 设置输出投影类型；
- 关键字 dims 设置待转换数据的空间范围；
- 关键字 pos 设置待转换数据的波段位置；
- 关键字 out_name 设置转换结果的输出文件名；
- 关键字 r_fid 返回转换后文件的 fid 号；
- 关键字 background 设置输出文件的背景值，默认值为 0；
- 关键字 o_pixel_size 设置 x 和 y 方向的像元分辨率，为 2 个元素的数组；

- 关键字 grid 设置 x 和 y 方向提取的控制点数目，为 2 个元素的数组，默认值为 x 和 y 方向每 10 个点取 1 个点；
- 关键字 warp_method 设置投影转换方法，默认值 0 为 RST 方法，1 为多项式方法，2 为三角网方法，3 为逐像元严格数学模型方法；
- 关键字 degree 设置多项式的阶数，该关键字仅在投影转换方法为多项式方法时生效，默认值为 1；
- 关键字 zero_edge 设置将所有三角网以外的像元值都设为背景值，该关键字仅仅在投影转换方法为三角网时才有效；
- 关键字 resampling 设置重采样方法，默认值 0 为最邻近法，1 为双线性插值，2 为立方卷积；
- 关键字 out_bname 设置输出文件各波段的名称。

下面的例子打开一个 ENVI 文件，将其转换为 Albers 投影，投影转换方法为三角网，重采样方法为双线性插值。

```
pro Covert_data_projection
;读取一个ENVI文件，并将其投影转换为Albers投影

  ;打开ENVI文件
  fn=dialog_pickfile(title='选择ENVI文件')
  envi_open_file, fn, r_fid=fid
  envi_file_query, fid, ns=ns, nl=nl, nb=nb, dims=dims

  ;定义Albers投影
  params=[6378245, 6356863, 0, 105, 0, 0, 25, 47]
  name='Albers_105'
  o_proj=envi_proj_create(type=9, name=name, params=params)

  ;投影转换
  pos=[0:nb-1]    ;波段列表
  o_ps=[30, 30]   ;输出文件的空间分辨率（30m）
  grid=[50, 50]   ;设置控制点数目
  o_fn=dialog_pickfile(title='投影转换结果保存为')
  envi_convert_file_map_projection, fid=fid, r_fid=fid_out, $
    o_proj=o_proj, dims=dims, pos=pos, out_name=o_fn, background=0, $
    o_pixel_size=o_ps, grid=grid, warp_method=2, /zero_edge, $
    resampling=1
end
```

（4）过程 envi_convert_file_coordinates 用于基于某文件将其文件坐标转换为地图坐

标，或者反过来将其地图坐标转换为文件坐标。

语法：**envi_convert_file_coordinates, fid, xf, yf, xmap, ymap [, /to_map]**

- 参数 fid 为文件的 fid 号；
- 参数 xf 和 yf 分别为文件坐标系下的横坐标和纵坐标；
- 参数 xmap 和 ymap 分别为地图坐标系下的横坐标和纵坐标；
- 关键字 to_map 设置将文件坐标转换为地图坐标。

```
ENVI> xf=[10, 100, 200]
ENVI> yf=[20, 200, 240]
ENVI> envi_convert_file_coordinates, fid, xf, yf, xmap, ymap, /to_map
ENVI> print, xmap, ymap
       661605.00         664305.00         667305.00
       3560595.0         3555195.0         3553995.0
ENVI> envi_convert_file_coordinates, fid, xf, yf, 662000, 3560000
ENVI> print, xf, yf
       23.166667         39.833333
```

（5）过程 envi_convert_projection_coordinates 用于将某投影系下的地图坐标转换为另一投影系下的地图坐标。

语法：**envi_convert_projection_coordinates, ixmap, iymap, iproj, oxmap, oymap, oproj**

- 参数 ixmap 和 iymap 分别为输入投影系下地图坐标的横坐标和纵坐标值；
- 参数 iproj 为输入投影；
- 参数 oxmap 和 oymap 分别为输出投影系下地图坐标的横坐标和纵坐标值；
- 参数 oproj 为输出投影。

```
ENVI> i_proj=envi_proj_create(/geographic, datum='WGS-84')
ENVI> params=[6378245, 6356863, 0, 105, 0, 0, 25, 47]
ENVI> o_proj=envi_proj_create(type=9, name='Albers_105', $
> params=params)
ENVI> ixmap=[109, 118]
ENVI> iymap=[40, 32]
ENVI> envi_convert_projection_coordinates, ixmap, iymap, i_proj, $
> oxmap, oymap, o_proj
ENVI> print, oxmap, oymap
       335791.08         1206459.9
       4306701.2         3475597.1
```

7. 矢量文件操作

（1）函数 envi_evf_open 用于打开 evf 矢量文件，并返回 evf fid 号。

语法：**result=envi_evf_open(fname)**

- 参数 fname 为 evf 文件名。

```
ENVI> fn=envi_pickfile(title='选择EVF文件')
ENVI> evf_id=envi_evf_open(fn)
ENVI> help, evf_id
EVF_ID            POINTER   = <PtrHeapVar385>
```

（2）过程 envi_evf_info 用于查询 evf 文件的矢量记录数目、投影信息、图层名称等信息。

语法：**envi_evf_info, evf_id [, num_recs=variable] [, projection=structure] [, layer_name=string] [, data_type=variable]**

- 参数 evf_id 为 evf 文件的 evf fid 号；
- 关键字 num_recs 返回 evf 文件的矢量记录数目；
- 关键字 projection 返回 evf 文件的投影信息；
- 关键字 layer_name 返回图层名称；
- 关键字 data_type 返回 evf 文件的数据类型（表 2.7）。

```
ENVI> envi_evf_info, evf_id, num_recs=nrecs, projection=proj, $
>  layer_name=layer_name
ENVI> help, nrecs
NRECS           LONG       =            1
ENVI> help, proj
** Structure ENVI_PROJ_STRUCT, 9 tags, length=208, data length=186:
   NAME            STRING    'Geographic Lat/Lon'
   TYPE            INT       1
   PARAMS          DOUBLE    Array[15]
   UNITS           INT       6
   DATUM           STRING    'D_2000'
   USER_DEFINED    INT       0
   PE_COORD_SYS_OBJ
                   ULONG64                      0
   PE_COORD_SYS_STR
                   STRING
'GEOGCS["CGCS_2000",DATUM["D_2000",SPHEROID["S_2000",6378137.0,
298.2572221010041]],PRIMEM["Greenwich",0.0],UNIT["Degree",0.017
453'...
   PE_COORD_SYS_CODE
                   ULONG                        0
ENVI> help, layer_name
LAYER_NAME       STRING     = 'Gulou'
```

（3）过程 envi_evf_to_shapefile 用于将 evf 文件转换为 Shapefile 格式文件。

语法：**envi_evf_to_shapefile, evf_id, output_shapefile_rootname**
- 参数 evf_id 为 evf 文件的 evf fid 号；
- 参数 output_shapefile_rootname 为输出 shapefile 文件的根名称（shapefile 数据由若干文件构成：rootname.shp、rootname.shx、rootname.dbf、rootname.prj 等）。

```
ENVI> o_fn='out_shp'
ENVI> envi_evf_to_shapefile, evf_id, o_fn
```

（4）envi_evf_read_record 用于提取 evf 文件中的记录，结果为二维数组[2, num_records]，两列分别为各个点的横坐标和纵坐标值，num_records 为该记录包含的点数。

语法：**result=envi_evf_read_record(evf_id, record_number, type=value)**
- 参数 evf_id 为 evf 文件的 evf fid 号；
- 参数 record_number 为记录编号（0~num_recs−1）；
- 关键字 type 返回该记录的类型，关键字值对应的数据类型见表 8.4。

表 8.4　type 关键字值对应的矢量类型

| 关键字 type 值 | 矢量类型 |
| --- | --- |
| 1 | 点 |
| 3 | 线 |
| 5 | 多边形 |
| 8 | 多点 |

```
ENVI> record=envi_evf_read_record(evf_id, 0, type=type)
ENVI> help, record
RECORD          DOUBLE    = Array[2, 70]
ENVI> print, record[*,0:5]
      118.79460       32.097192
      118.79119       32.093970
      118.77887       32.094237
      118.77874       32.093860
      118.77866       32.093560
      118.77866       32.093310
ENVI> help, type
TYPE            LONG      =              5
```

（5）过程 envi_evf_close 用于关闭打开的 evf 文件。

语法：**envi_evf_close, evf_id**
- 参数 evf_id 为 evf 文件的 evf fid 号。

```
ENVI> envi_evf_close, evf_id
ENVI> help, evf_id
```

```
EVF_ID              UNDEFINED = <Undefined>
```
（6）函数 envi_evf_define_init 用于定义新的 evf 文件，并返回指向 evf 文件的指针。

语法：**result=envi_evf_define_init(fname [, projection=structure] [, layer_name= string] [, data_type=variable])**

- 参数 fname 为 evf 文件名；
- 关键字 projection 设置投影信息；
- 关键字 layer_name 设置图层名称；
- 关键字 data_type 设置 evf 文件的数据类型（表 2.7）。

```
ENVI> proj=envi_proj_create(/geographic, datum='WGS-84')
ENVI> o_fn='Line'
ENVI> evf_ptr=envi_evf_define_init(o_fn+'.evf', projection=proj, $
> data_type=4, layer_name='line')
```

（7）过程 envi_evf_define_add_record 用于增加一条记录到新的 evf 文件中。

语法：**envi_evf_define_add_record, evf_ptr, points [, type=value]**

- 参数 evf_ptr 为指向 evf 文件的指针；
- 参数 points 为新增记录所包含的点，为 2 维数组[2, npts]，两列分别为横坐标和纵坐标值，点数据类型为单个点对，线数据类型由若干个点对构成，多边形数据由若干个点对构成，而且第一个和最后一个点对相同；
- 关键字 type 设置该条记录的类型（表 8.4）。

```
ENVI> pts_line=[[118, 32], [119, 32], [120, 29], [118, 29]]
ENVI> envi_evf_define_add_record, evf_ptr, pts_line
```

（8）函数 envi_evf_define_close 用于结束 evf 文件的定义。

语法：**result=envi_evf_define_close(evf_ptr [, /return_id])**

- 参数 evf_ptr 为指向 evf 文件的指针；
- 关键字 return_id 设置返回 evf 文件的 evf fid 号。

```
ENVI> evf_id=envi_evf_define_close(evf_ptr, /return_id)
ENVI> envi_evf_close, evf_id
```

（9）过程 envi_write_dbf_file 用于写入 evf 文件的属性文件（dbf 文件）。

语法：**envi_write_dbf_file, fname, attributes**

- 参数 fname 为 evf 文件名；
- 参数 attributes 为写入 dbf 文件的属性信息，为结构体变量，域名即为属性字段名。

```
ENVI> attributes={ID: 1, name: 'L1'}
ENVI> envi_write_dbf_file, o_fn+'.dbf', attributes
```

下面给出了一个新建点 evf 文件的例子：

```
ENVI> proj=envi_proj_create(/geographic, datum='WGS-84')
ENVI> o_fn='Points'
ENVI> o_fn='Points'
ENVI> evf_ptr=envi_evf_define_init(o_fn+'.evf', projection=proj, $
```

```
> data_type=4, layer_name='points')
ENVI> pts_point=[[118, 32], [119, 32], [120, 29], [118, 29]]
ENVI> for i=0,3 do envi_evf_define_add_record, evf_ptr, $
> pts_point[*, i]
ENVI> evf_id=envi_evf_define_close(evf_ptr, /return_id)
ENVI> envi_evf_close, evf_id
ENVI> atts=replicate({ID: 1}, 4)
ENVI> atts.ID=[1:4]
ENVI> envi_write_dbf_file, o_fn+'.dbf', atts
```

下面给出了一个新建多边形 evf 文件的例子：

```
ENVI> o_fn='Polygon'
ENVI> evf_ptr=envi_evf_define_init(o_fn+'.evf', projection=proj, $
> data_type=4, layer_name='polygon')
ENVI> pts_polygon=[[118,32], [119,32], [120,29], [118,29], [118,32]]
ENVI> envi_evf_define_add_record, evf_ptr, pts_polygon
ENVI> evf_id=envi_evf_define_close(evf_ptr, /return_id)
ENVI> envi_evf_close, evf_id
ENVI> atts={ID: 1}
ENVI> envi_write_dbf_file, o_fn+'.dbf', atts
```

8. ROI 操作

（1）过程 envi_restore_rois 用于载入 ROI 文件。

**语法：envi_restore_rois, fname**

- 参数 fname 为 ROI 文件名。

```
ENVI> fn=envi_pickfile(title='选择ROI文件')
ENVI> envi_restore_rois, fn
```

（2）函数 envi_get_roi_ids 用于获取与文件关联的 ROI id 号，返回结果为 ROI id 号数组。

**语法：result=envi_get_roi_ids(fid=file id, roi_names=variable [, /long_name] [, /short_name] [, roi_colors=variable])**

- 关键字 fid 为 ROI 关联文件的 id 号；
- 关键字 roi_names 返回各个 ROI 的名称；
- 关键字 long_name 和 short_name 分别设置返回的 ROI 名称为长名称和短名称，长名称包含 ROI 名称、颜色、像元数以及关联的图像尺寸，短名称仅包含 ROI 名称；
- 关键字 roi_colors 返回各个 ROI 的颜色，为二维数组[3, num_rois]，num_rois 为 ROI 数目。

```
ENVI> fn=envi_pickfile(title='选择ENVI文件')
```

```
ENVI> envi_open_file, fn, r_fid=fid
ENVI> roi_ids=envi_get_roi_ids(fid=fid, roi_names=rnames, $
> roi_colors=rcolors)
ENVI> help, roi_ids
ROI_IDS         LONG      = Array[5]
ENVI> print, roi_ids
           2           3           4           5           6
ENVI> help, rnames
RNAMES          STRING    = Array[5]
ENVI> print, rnames
Impervious [Red] 550 points Barren [Orange3] 209 points Cropland
[Yellow] 517 points Forest [Green2] 505 points Water [Blue] 458 points
ENVI> help, rcolors
RCOLORS         BYTE      = Array[3, 5]
ENVI> print, rcolors
 255   0   0
 205 133   0
 255 255   0
   0 205   0
   0   0 255
```

（3）过程 envi_get_roi_information 用于获取 ROI 的相关信息。

**语法**：**envi_get_roi_information, roi_ids, roi_names=variable [, /long_name] [, /short_name] , npts=variable, roi_colors=variable)**

- 关键字 roi_ids 为 ROI id 号数组；
- 关键字 roi_names 返回各个 ROI 的名称；
- 关键字 long_name 和 short_name 分别设置返回的 ROI 名称为长名称和短名称；
- 关键字 npts 返回各个 ROI 包含的像元数；
- 关键字 roi_colors 返回各个 ROI 的颜色。

```
ENVI> envi_get_roi_information, roi_ids, roi_names=rnames, $
> npts=npts, roi_colors=rcolors
ENVI> help, npts
NPTS            LONG64    = Array[5]
ENVI> print, npts
                 550                 209                 517
         505                 458
ENVI> help, rnames, rcolors
RNAMES          STRING    = Array[5]
RCOLORS         BYTE      = Array[3, 5]
```

（4）函数 envi_get_roi 用于获取 ROI 中所有像元的位置，结果以一维数组下标的方式表达。

**语法：result=envi_get_roi(roi_id, roi_name=variable, roi_color=variable)**

- 参数 roi_id 为 ROI id 号；
- 关键字 roi_name 返回 ROI 的名称；
- 关键字 roi_color 返回 ROI 的颜色。

```
ENVI> roi_loc=envi_get_roi(roi_ids[0], roi_name=rname)
ENVI> help, rname
ROI_NAME          STRING    = 'Impervious [Red] 550 points'
ENVI> help, roi_loc
ROI_LOC           LONG      = Array[550]
ENVI> print, roi_loc[0:5]
    445786      445787      445788      446585      446586      446587
```

（5）函数 envi_get_roi_dims_ptr 用于将 ROI id 号转换为 DIMS ROI 指针值，即 DIMS 数组的第一个元素值。

**语法：result=envi_get_roi_dims_ptr(roi_id)**

- 参数 roi_id 为 ROI id 号。

```
ENVI> roi_pointer=envi_get_roi_dims_ptr(roi_ids[0])
ENVI> help, roi_pointer
ROI_POINTER       LONG      =                 2
```

（6）函数 envi_create_roi 用于创建一个新的 ROI 并返回 ROI id 号。

**语法：result=envi_create_roi(ns=value, nl=value, name=string, color=integer)**

- 关键字 ns 和 nl 分别设置 ROI 对应图像的列数和行数；
- 关键字 name 设置 ROI 名称；
- 关键字 color 设置 ROI 颜色（索引值，默认值为2）。

```
ENVI> envi_file_query, fid, ns=ns, nl=nl
ENVI> roi_id_new=envi_create_roi(ns=ns, nl=nl, name='new roi', $
> color=1)
```

（7）过程 envi_define_roi 用于在 ROI 中定义点、线和多边形对象（每个 ROI 均可以包含不同类型的对象）。

**语法：envi_define_roi, roi_id, /point | , /polygon, | /polyline, xpts=array, ypts=array**

- 参数 roi_id 为 ROI id 号；
- 关键字 point、polygon、polyline 分别设置对象类型为点、线或者多边形；
- 关键字 xpts 和 ypts 分别设置定义的对象中各个像元的横坐标和纵坐标（均为文件坐标）。

```
ENVI> xpts=[100, 105, 120, 105]
ENVI> ypts=[200, 200, 240, 240]
ENVI> envi_define_roi, roi_id_new, /polygon, xpts=xpts, ypts=ypts
```

（8）过程 envi_save_rois 用于保存 ROI 文件。

语法：**envi_save_rois, fname, roi_id**

- 参数 fname 为 ROI 文件名；
- 参数 roi_id 为 ROI id 号数组。

```
ENVI> fn=envi_pickfile(title='ROI保存为')+'.roi'
ENVI> envi_save_rois, fn, roi_ids
```

（9）函数 envi_get_roi_data 用于获取 ROI 关联的文件数据。

语法：**result=envi_get_roi_data(roi_id, fid=file id, pos=value)**

- 参数 roi_id 为 ROI id 号；
- 关键字 fid 为 ROI 关联文件的 fid 号；
- 关键字 pos 设置数据的波段位置。

```
ENVI> data_roi=envi_get_roi_data(roi_ids[0], fid=fid, pos=[2, 3, 4])
ENVI> help, data_roi
DATA_ROI        UINT      = Array[3, 550]
ENVI> print,data_roi[*, 0:5]
    8922     8877    10243
    8596     8643     9338
    8785     8708    10010
   12779    11623    18443
   13074    11824    19090
   12907    11599    18616
```

（10）过程 envi_delete_rois 用于从 ENVI 中删除 ROI。

语法：**envi_delete_rois [, roi_ids] [, /all]**

- 参数 roi_ids 为 ROI id 号数组；
- 关键字 all 设置删除所有 ROI。

```
ENVI> print, roi_ids
       16          17          18          19          20
ENVI> envi_delete_rois, roi_ids[0:2]
ENVI> roi_ids=envi_get_roi_ids(fid=fid)
ENVI> print, roi_ids
       19          20
```

### 8.4.2 envi_doit

过程 envi_doit 提供了大量的 ENVI 处理功能，包括定标、增强、镶嵌、融合、统计、主成分变换、分类等。

语法：**envi_doit, 'routine_name' [, /invisible]**

- 参数 routine_name 为 ENVI 例程的名称；
- 关键字 invisible 设置例程输出结果不可见，如果该关键字未设置则默认在 ENVI

的 Available Bands List 窗口中显示并自动打开例程输出结果。

下面介绍一些常用的 ENVI 例程。

1. 文件统计

例程 envi_stats_doit 用于统计文件的最小值、最大值、平均值、标准差、协方差、特征值、特征向量和直方图等。

语法：envi_doit, 'envi_stats_doit', fid=file id, dims=array, pos=array, m_fid=file id, m_pos=long integer, comp_flag=value [, dmin=variable] [, dmax=variable] [, mean=variable] [, stdv=variable] [, hist=variable] [, cov=variable] [, eval=variable] [, evec=variable] [, sta_name=string]

- 关键字 fid 为文件 fid 号；
- 关键字 dims 设置空间范围；
- 关键字 pos 设置波段位置；
- 关键字 m_fid 设置掩模文件的 fid 号；
- 关键字 m_pos 设置掩模数据的波段位置；
- 关键字 comp_flag 设置统计哪些信息，该关键字以位来存储相关设置，Bit 0（com_flag=1）设置统计最小值、最大值、均值和标准差，Bit 1（com_flag=2）设置统计直方图，Bit 2（com_flag=4）设置统计协方差、特征值和特征向量，如果统计最小值、最大值、均值、标准差和直方图，关键字值设为 3（1+2），如果统计最小值、最大值、均值、标准差、直方图、协方差、特征值和特征向量，关键字值设为 7（1+2+4）；
- 关键字 dmin、dmax、mean 和 stdv 分别返回各波段最小值、最大值、均值和标准差；
- 关键字 hist 返回直方图；
- 关键字 cov、eval 和 evec 分别返回协方差矩阵、特征值和特征向量；
- 关键字 sta_name 设置统计结果的输出文件名。

下面给出了对 ENVI 文件进行统计的一个例子：

```
ENVI> fn=dialog_pickfile(title='选择要进行统计的ENVI文件')
ENVI> envi_open_file, fn, r_fid=fid
ENVI> envi_file_query, fid, ns=ns, nl=nl, nb=nb, dims=dims
ENVI> pos=[2:5]
ENVI> envi_doit,'envi_stats_doit', fid=fid, dims=dims, pos=pos, $
> comp_flag=3, dmin=dmin, dmax=dmax, mean=avg, stdv=stdv, hist=hist
ENVI> print, dmin, dmax, avg, stdv
      7211.0000      6395.0000      5738.0000      4908.0000
      33452.000      38453.000      46527.000      65189.000
      9051.6647      8574.3766      12557.199      10358.559
      981.16850      1314.5463      2808.9746      2319.5304
```

```
ENVI> help, hist
HIST            ULONG    = Array[256, 4]
```

2. 文件储存顺序转换

例程 convert_doit 用于转换文件的数据存储顺序（BSQ、BIL 和 BIP）。

语法：**envi_doit, 'convert_doit', fid= file ID, dims=array, pos=array, r_fid=variable, out_name=string, o_interleave={0 | 1 | 2}**

- 关键字 fid 为文件 fid 号数组，各元素为待转换文件的 fid 号；
- 关键字 dims 设置空间范围；
- 关键字 pos 设置波段位置；
- 关键字 r_fid 返回转换结果文件的 fid 号；
- 关键字 out_name 设置转换结果的输出文件名；
- 关键字 o_interleave 设置转换结果的数据存储顺序，默认值 0 为 BSQ 顺序，1 为 BIL 顺序，2 为 BIP 顺序。

下面给出了转换文件储存顺序的一个例子：

```
ENVI> fn=dialog_pickfile(title='选择ENVI文件')
ENVI> envi_open_file, fn, r_fid=fid
ENVI> envi_file_query, fid, nb=nb, dims=dims, interleave= interleave
ENVI> print,interleave    ;原数据存储顺序
      0
ENVI> pos=[0:nb-1]
ENVI> envi_doit, 'convert_doit', fid=fid, dims=dims, pos=pos, $
>     r_fid=fid_BIP, out_name='Data_BIP', o_interleave=2
ENVI> envi_file_query, fid_BIP, interleave=interleave
ENVI> print,interleave    ;转换后数据存储顺序
      2
```

3. 影像裁切与重采样

例程 resize_doit 用于进行影像裁切与重采样。

语法：**envi_doit, 'resize_doit', fid=file id, dims=array, pos=array, r_fid=variable, out_name=string, /in_memory, interp={0 | 1 | 2 | 3}, rfact=array, out_bname=string array**

- 关键字 fid 为文件 fid 号；
- 关键字 dims 设置空间范围；
- 关键字 pos 设置波段位置；
- 关键字 r_fid 返回重采样结果文件的 fid 号；
- 关键字 out_name 设置结果的输出文件名；
- 关键字 in_memory 设置将重采样结果保存在内存中；
- 关键字 interp 设置重采样方法，默认值 0 为最邻近法，1 为双线性插值法，2 为

立方卷积法，3 为像元聚合法，当进行缩减像素采样时只能采用最邻近法或者像元聚合法；
- 关键字 rfact 设置 x 和 y 方向的缩放系数，是一个 2 元素数组，值小于 1 为放大，大于 1 为缩小；
- 关键字 out_bname 设置重采样结果各波段的名称。

下面给出了影像裁切和重采样的一个例子：

```
ENVI> fn=dialog_pickfile(title='选择ENVI文件')
ENVI> envi_open_file, fn, r_fid=fid
ENVI> envi_file_query, fid, nb=nb, dims=dims
ENVI> pos=[0:nb-1]
ENVI> dims=[-1, 100, 499, 200, 499]
ENVI> envi_doit, 'resize_doit', fid=fid, dims=dims, pos=pos, $
> r_fid=fid_resized, /in_memory, interp=3, rfact=[2,2]
```

**4. 影像配准**

例程 envi_register_doit 用于进行影像配准。

**语法**：envi_doit, 'envi_register_doit', w_fid= file id, w_dims=array, w_pos=array, r_fid= variable, out_name=string, /in_memory, pts=array, b_fid=file id, proj=structure, method={0 | 1 | 2 | 3 | 4 | 5 | 6 | 7 | 8}, degree=value, /zero_edge, background=integer, pixel_size=array, xsize=value, ysize=value, x0=value, y0=value, out_bname=string array

- 关键字 w_fid 为文件 fid 号；
- 关键字 w_dims 设置空间范围；
- 关键字 w_pos 设置波段位置；
- 关键字 r_fid 返回配准结果文件的 fid 号；
- 关键字 out_name 设置结果的输出文件名；
- 关键字 in_memory 设置将配准结果保存在内存中；
- 关键字 pts 为控制点数组，为 4 列数组，针对影像到影像的配准 4 列分别为基准图像的横坐标和纵坐标（文件坐标）、待配准图像的横坐标和纵坐标（文件坐标），针对影像到地图的配准 4 列分别为地图横坐标和纵坐标、图像横坐标和纵坐标（文件坐标）；
- 关键字 b_fid 为基准图像文件的 fid 号，该关键字仅在影像到影像的配准时生效；
- 关键字 proj 为 pts 控制点地图坐标采用的投影，该关键字仅在影像到地图的配准时生效；
- 关键字 method 设置配准方法（关键字值对应的方法见表 8.5），默认值为 3；
- 关键字 degree 设置多项式的阶数，该关键字仅在配准方法为多项式方法时生效，默认值为 1；
- 关键字 zero_edge 设置将所有三角网以外的像元值都设为背景值，该关键字仅在配准方法为三角网时生效；

- 关键字 background 设置背景值，默认值为 0；
- 关键字 pixel_size 设置配准结果文件的像元分辨率，为 2 个元素的数组，2 个元素值分别为 x 和 y 方向的像元分辨率，该关键字仅在影像到地图的配准时生效；
- 关键字 xsize 和 ysize 分别设置配准结果文件 x 和 y 方向的尺寸，对于影像到影像的配准采用像元单位，对于影像到地图的配准采用地图单位；
- 关键字 x0 和 y0 设置配准结果图像左上角的坐标值，对于影像到影像的配准采用文件坐标值，对于影像到地图的配准采用地图坐标值；
- 关键字 out_bname 设置配准结果各波段的名称。

表 8.5　method 关键字值对应的配准方法

| method 关键字值 | 配准方法 |
| --- | --- |
| 0 | RST 法，最邻近法重采样 |
| 1 | RST 法，双线性插值法重采样 |
| 2 | RST 法，三次立方卷积法重采样 |
| 3 | 多项式法，最邻近法重采样 |
| 4 | 多项式法，双线性插值法重采样 |
| 5 | 多项式法，三次立方卷积法重采样 |
| 6 | 三角网法，最邻近法重采样 |
| 7 | 三角网法，双线性插值法重采样 |
| 8 | 三角网法，三次立方卷积法重采样 |

下面给出了一个影像到地图配准的例子，控制点信息存储在一个 CSV 文件中（4 列，分别为控制点的经度、纬度、图像横坐标和图像纵坐标）：

```
pro Reg_image
;基于ENVI_doit对遥感图像进行基于地理坐标的配准

 ;读入图像文件
 fn=dialog_pickfile(title='选择待配准文件')
 envi_open_file, fn, r_fid=fid_warp
 envi_file_query, fid_warp, ns=ns, nl=nl, nb=nb, dims=dims_warp
 pos_warp=[0:nb-1]

 ;读入配准控制点信息
 fn=dialog_pickfile(title='选择控制点文件')
 data=read_csv(fn, count=npts)
 pts=fltarr(4, npts)
 for i=0, 3 do pts[i, *]=data.(i)

 ;将控制点的经纬度转换为UTM投影下坐标
```

```
i_proj=envi_proj_create(/geographic, datum='WGS-84')
proj=envi_proj_create(/utm, zone=50, datum='WGS-84')
envi_convert_projection_coordinates, pts[0, *], pts[1, *], $
  i_proj, oxmap, oymap, proj
pts[0, *]=oxmap
pts[1, *]=oymap

;进行配准
pixel_size=[30, 30]   ;像元分辨率
o_fn=dialog_pickfile(title='配准结果保存为')
envi_doit, 'envi_register_doit', w_fid=fid_warp, $
  w_dims=dims_warp, w_pos=pos_warp, r_fid=fid_reg, $
  out_name=o_fn, pts=pts, proj=proj, method=4, $
  pixel_size=pixel_size

end
```

5. 影像镶嵌

例程 mosaic_doit 用于影像镶嵌。

语法：**envi_doit, 'mosaic_doit', fid=array, dims=array, pos=array, r_fid=variable, out_name=string, /in_memory, /georef, map_info=structure, see_through_val=array, use_see_through=array, background=integer, pixel_size=array, xsize=value, ysize=value, x0=value, y0=value, out_dt={1 | 2 | 3 | 4 | 5 | 6 | 9 | 12 | 13 | 14 | 15}, out_bname=string array**

- 关键字 fid 为文件 fid 号数组，数组中的元素为待镶嵌文件的 fid 号；
- 关键字 dims 设置空间范围，需要注意的是，此处的 dims 关键字为 5×n 的二维数组，每一行对应一个待镶嵌数据的 dims 数值；
- 关键字 pos 为波段位置，同样为二维数组，每一行对应一个待镶嵌数据的 pos 数值；
- 关键字 r_fid 返回镶嵌结果文件的 fid 号；
- 关键字 out_name 设置结果的输出文件名；
- 关键字 in_memory 设置将镶嵌结果保存在内存中；
- 关键字 georef 设置进行基于地理坐标的镶嵌，如果该关键字已设置则必须同时设置 map_info 关键字；
- 关键字 map_info 设置镶嵌结果文件的 mapinfo 信息；
- 关键字 see_through_val 设置镶嵌中忽略的背景值，为一维数组，各元素分别为各个待镶嵌数据忽略的背景值；
- 关键字 use_see_through 设置是否忽略 see_through_val 背景值，默认值 1 为忽略，

0 为不忽略，同样为一维数组，各元素分别设定各个待镶嵌数据是否忽略背景值；
- 关键字 background 设置镶嵌结果文件的背景值，默认值为 0；
- 关键字 pixel_size 设置镶嵌结果文件的像元分辨率，为包含 2 个元素的双精度浮点型数组，2 个元素值分别为 x 和 y 方向的像元分辨率；
- 关键字 xsize 和 ysize 分别设置镶嵌结果文件 x 和 y 方向的尺寸，基于像元的镶嵌采用像元单位，基于地理坐标的镶嵌采用地图单位；
- 关键字 x0 和 y0 分别设置每个待镶嵌数据左上角像元在镶嵌结果文件中的横坐标和纵坐标（均为文件坐标）；
- 关键字 out_dt 设置镶嵌结果的数据类型（表 2.7）；
- 关键字 out_bname 设置配准结果各波段的名称。

利用 mosaic_doit 例程进行镶嵌时，关键字 xsize、ysize、x0、y0 必须提供，但它们的计算比较麻烦，可以从官网下载 georef_mosaic_setup 程序来计算这几个关键字的值。

语法：**georef_mosaic_setup, fids=fids, dims=dims, out_ps=out_ps, xsize=xsize, ysize=ysize, x0=x0, y0=y0, map_info=map_info**

- 关键字 fids 为文件 fid 号数组；
- 关键字 dims 设置空间范围（5×n 的二维数组）；
- 关键字 out_ps 设置镶嵌结果的像元分辨率；
- 关键字 xsize 和 ysize 分别返回配准结果文件 x 和 y 方向的尺寸，基于像元的镶嵌采用像元单位，基于地理坐标的镶嵌采用地图单位；
- 关键字 x0 和 y0 分别返回每个待镶嵌数据左上角像元在镶嵌结果文件中的横坐标和纵坐标（均为文件坐标）；
- 关键字 map_info 设置镶嵌结果文件的 mapinfo 信息。

下面给出了基于地理坐标影像镶嵌的一个例子：

```
pro Mosaic_data
;基于ENVI_doit读取两个文件进行镶嵌处理

  fn=dialog_pickfile(title='选择待镶嵌文件1')
  envi_open_file, fn, r_fid=fid1
  envi_file_query, fid1, ns=ns1, nl=nl1, nb=nb1, dims=dims1, $
    data_type=data_type
  map_info=envi_get_map_info(fid=fid1)
  fn=dialog_pickfile(title='选择待镶嵌文件2')
  envi_open_file, fn, r_fid=fid2
  envi_file_query, fid2, ns=ns2, nl=nl2, nb=nb2, dims=dims2

  pos1=lindgen(nb1)
  pos2=lindgen(nb2)
  fids=[fid1, fid2]    ;待镶嵌各文件fid号数组
```

```
    dims=[[dims1], [dims2]]    ;待镶嵌各文件dims数组
    pos=[[pos1],[pos2]]    ;待镶嵌各文件pos数组
    use_see_through=[1, 1]    ;待镶嵌各文件背景值是否忽略
    see_through_val=[0, 0]    ;待镶嵌各文件背景值为0
    pixel_size=map_info.ps    ;镶嵌结果文件的空间分辨率

    ;调用georef_mosaic_setup计算xsize、ysize、x0、y0
    ;注意要先打开georef_mosaic_setup程序文件进行编译,或者把该程序放到本程
序后
    georef_mosaic_setup, fids=fids, dims=dims, map_info=map_info, $
      out_ps=pixel_size, xsize=xsize, ysize=ysize, x0=x0, y0=y0

    ;进行镶嵌
    o_fn=dialog_pickfile(title='镶嵌结果保存为')
    envi_doit, 'mosaic_doit', fid=fids, dims=dims, pos=pos, $
      r_fid=fid_mosaic, out_name=o_fn, /georef, $
      map_info=map_info, see_through_val=see_through_val, $
      use_see_through=use_see_through, background=0, $
      pixel_size=pixel_size, out_dt=data_type, xsize=xsize, $
      ysize=ysize, x0=x0, y0=y0
end
```

6. 直方图拉伸

例程 stretch_doit 用于进行直方图拉伸。

语法：**envi_doit, 'stretch_doit', fid=file id, dims=array, pos=array, r_fid=variable, out_name=string, /in_memory, method={1 | 2 | 3 | 4}, out_dt={1 | 2 | 3 | 4 | 5 | 6 | 9 | 12 | 13 | 14 | 15}, range_by={0 | 1}, i_min=value, i_max=value, out_min=value, out_max=value, out_bname=string array**

- 关键字 fid 为文件 fid 号；
- 关键字 dims 设置空间范围；
- 关键字 pos 设置波段位置；
- 关键字 r_fid 返回拉伸结果文件的 fid 号；
- 关键字 out_name 设置结果的输出文件名；
- 关键字 in_memory 设置将拉伸后结果保存在内存中；
- 关键字 method 设置拉伸方法，默认值 1 为线性拉伸，2 为均衡拉伸，3 为高斯拉伸，4 为平方根拉伸；
- 关键字 out_dt 设置拉伸结果的数据类型（表 2.7）；

- 关键字 range_by 设置拉伸的类型，默认值 0 为按最小最大值的百分比进行拉伸，1 为按最小最大值的值进行拉伸；
- 关键字 i_min 设置数据拉伸的最小值或者最小值百分比，取决于 range_by 关键字；
- 关键字 i_max 设置数据拉伸的最大值或者最大值百分比，取决于 range_by 关键字；
- 关键字 out_min 和 out_max 分别设置拉伸输出的最小值和最大值；
- 关键字 out_bname 设置拉伸结果各波段的名称。

下面给出了对 Landsat 8 OLI 文件第 6、5、4 波段进行 2%线性拉伸的一个例子：

```
ENVI> fn=dialog_pickfile(title='选择要进行拉伸的OLI文件')
ENVI> envi_open_file, fn, r_fid=fid
ENVI> envi_file_query, fid, nb=nb, dims=dims
ENVI> pos=[5, 4, 3]
ENVI> envi_doit, 'stretch_doit', fid=fid, dims=dims, pos=pos, $
> r_fid=fid_stretched, /in_memory, method=1, out_dt=1, range_by=0, $
> i_min=2.0, i_max=98.0, out_min=0, out_max=255
```

7. 影像融合

（1）例程 sharpen_doit 用于进行 HSV 融合或 Brovey 融合。

语法：**envi_doit, 'sharpen_doit', fid=array, pos=array, f_fid=file id, f_dims=array, f_pos=long integer, r_fid=variable, out_name=string, /in_memory, method={0 | 1}, interp={0 | 1 | 2}, out_bname=string array**

- 关键字 fid 为多光谱文件 fid 号数组，包含 3 个元素，分别对应 RGB3 个波段所属文件的 fid 号；
- 关键字 pos 设置多光谱文件中 RGB 3 个颜色通道对应的波段位置；
- 关键字 f_fid 为高分辨率文件的 fid 号；
- 关键字 f_dims 设置高分辨率数据的空间范围；
- 关键字 f_pos 设置高分辨率数据所在的波段位置；
- 关键字 r_fid 返回融合后文件的 fid 号；
- 关键字 out_name 设置融合结果的输出文件名；
- 关键字 in_memory 设置将融合结果保存在内存中；
- 关键字 method 设置融合方法，默认值 0 为 HSV 融合，1 为 Brovey 融合；
- 关键字 interp 设置重采样方法，默认值 0 为最邻近法，1 为双线性插值，2 为立方卷积；
- 关键字 out_bname 设置融合结果各波段的名称。

为了得到更好的融合效果，通常先对多光谱图像 RGB 合成图进行 2%线性拉伸，然后进行 HSV 融合。下面给出了 HSV 融合的一个例子：

```
pro Fusion_HSV
```

```
;基于ENVI_doit对多光谱和全色数据进行HSV融合

;打开数据
fn=dialog_pickfile(title='选择多光谱文件')
envi_open_file, fn, r_fid=fid_mult
envi_file_query, fid_mult, nb=nb, dims=dims_mult
fn=dialog_pickfile(title='选择全色文件')
envi_open_file, fn, r_fid=fid_pan
envi_file_query, fid_pan, dims=dims_pan

;进行2%线性拉伸
pos=[0:nb-1]
envi_doit, 'stretch_doit', fid=fid_mult, dims=dims_mult, $
  pos=pos, r_fid=fid_stretched, /in_memory, method=1, out_dt=1, $
  range_by=0, i_min=2.0, i_max=98.0, out_min=0, out_max=255

;HSV融合
fids=replicate(fid_stretched, 3)
pos=[3, 2, 1]   ;取第4、3、2波段RGB合成后融合
out_bname=['Red', 'Green', 'Blue']
o_fn=dialog_pickfile(title='结果保存为')
envi_doit, 'sharpen_doit', fid=fids, pos=pos, f_fid=fid_pan, $
  f_dims=dims_pan, f_pos=0, r_fid=fid_HSV, out_name=o_fn, $
  method=0, interp=1, out_bname=out_bname

end
```

（2）例程 envi_gs_sharpen_doit 用于进行 Gram-Schmidt 融合。

语法：**envi_doit, 'envi_gs_sharpen_doit', fid=file id, dims=array, pos=array, hires_fid=file id, hires_dims=array, hires_pos=array, r_fid=file id, out_name=string, /in_memory, method={0 | 1 | 2 | 3}, interp={0 | 1 | 2} [, filter_fid=variable] [, filter_pos=array] [, lores_fid=array], out_bname=string array**

- 关键字 fid 为多光谱文件的 fid 号；
- 关键字 dims 设置多光谱数据的空间范围；
- 关键字 pos 设置多光谱数据的波段位置；
- 关键字 hires_fid 为高分辨率文件的 fid 号；
- 关键字 hires_dims 设置高分辨率数据的空间范围；
- 关键字 hires_pos 设置高分辨率数据的波段位置；
- 关键字 r_fid 返回融合结果文件的 fid 号；

- 关键字 out_name 设置融合结果的输出文件名；
- 关键字 in_memory 设置将融合结果保存在内存中；
- 关键字 method 设置低分辨率模拟全色波段的方法，默认值 0 为取多光谱图像平均值模拟全色波段，1 为从外部选择 1 个现成的全色波段，2 为根据传感器类型来模拟全色波段，3 为自定义 1 个滤波函数来模拟全色波段；
- 关键字 interp 设置重采样方法，默认值 0 为最邻近法，1 为双线性插值，2 为立方卷积；
- 关键字 filter_fid 设置滤波函数文件，为 ENVI 光谱库格式，包含多光谱文件各波段的光谱响应函数，该关键字只有在 method 关键字值为 2 或者 3 时生效；
- 关键字 filter_pos 设置滤波函数在光谱库中的位置，默认值为 0；
- 关键字 lores_fid 设置低分辨率模拟全色波段的文件 fid 号，该关键字只有在 method 关键字值为 1 时生效；
- 关键字 out_bname 设置融合结果各波段的名称。

下面给出了 Gram-Schmidt 融合的一个例子：

```
pro Fusion_GS
;基于ENVI_doit对多光谱和全色数据进行Gram-Schmidt融合

  ;打开数据
  fn=dialog_pickfile(title='选择多光谱文件')
  envi_open_file, fn, r_fid=fid_mult
  envi_file_query, fid_mult, nb=nb, dims=dims_mult
  fn=dialog_pickfile(title='选择全色文件')
  envi_open_file, fn, r_fid=fid_pan
  envi_file_query, fid_pan, dims=dims_pan

  ;Gram-Schmidt融合
  pos=[0:nb-1]
  o_fn=dialog_pickfile(title='结果保存为')
  envi_doit, 'envi_gs_sharpen_doit', fid=fid_mult, dims=dims_mult, $
    pos=pos, hires_fid=fid_pan, hires_dims=dims_pan, hires_pos=0, $
    r_fid=fid_GS, out_name=o_fn, method=0, interp=1

end
```

8. 主成分变换

例程 pc_rotate 用于进行主成分变换。

语法：**envi_doit, 'pc_rotate', fid=file_id, dims=array, pos=array, r_fid=variable, out_name=string, /in_memory, /forward, out_nb=integer, out_dt={1 | 4 | 5}, /no_plot,**

mean=value, eval=value, evec=value, out_bname=string array
- 关键字 fid 为文件 fid 号；
- 关键字 dims 设置空间范围；
- 关键字 pos 设置波段位置；
- 关键字 r_fid 返回变换结果文件的 fid 号；
- 关键字 out_name 设置变换结果的输出文件名；
- 关键字 in_memory 设置将变换结果保存在内存中；
- 关键字 forward 设置进行主成分正变换，否则进行主成分反变换；
- 关键字 out_nb 设置输出的主分量数目，其必须小于等于输入数据的波段数；
- 关键字 out_dt 设置结果的数据类型，只有 3 种类型可以设置：1 为字节型，4 为浮点型，5 为双精度浮点型；
- 关键字 no_plot 设置不显示主分量特征值的图；
- 关键字 mean 设置各波段均值；
- 关键字 eval 和 evec 分别设置特征值和特征向量；
- 关键字 out_bname 设置主成分变换结果各波段的名称。

下面给出了对遥感数据进行主成分变换的一个例子：

```
pro PCA_transform
;基于ENVI_doit进行主成分变换

 fn=dialog_pickfile(title='选择遥感数据')
 envi_open_file, fn, r_fid=fid
 envi_file_query, fid, nb=nb, dims=dims

 pos=[0:nb-1]
 O_fn=dialog_pickfile(title='结果保存为')
 envi_doit,'envi_stats_doit', fid=fid, dims=dims, pos=pos, $
   comp_flag=5, mean=mean, eval=eval, evec=evec
 envi_doit, 'pc_rotate', fid=fid, dims=dims, pos=pos, $
   r_fid=fid_PCA, out_dt=4, out_name=o_fn, /forward, $
   mean=mean, eval=eval, evec=evec

end
```

9. 计算机分类

例程 class_doit 用于进行监督分类或者非监督分类。

语法：**envi_doit, 'class_doit', fid=file id, dims=array, pos=array, r_fid=variable, out_name=string, /in_memory, method={0 | 1 | 2 | 3 | 4 | 5 | 6 | 7 | 8}, m_fid=file id, m_pos=value, class_names=string array, lookup=array, out_bname=string**

- 关键字 fid 为文件 fid 号；
- 关键字 dims 设置空间范围；
- 关键字 pos 设置波段位置；
- 关键字 r_fid 返回分类结果文件的 fid 号；
- 关键字 out_name 设置分类结果的输出文件名；
- 关键字 in_memory 设置将分类结果保存在内存中；
- 关键字 method 设置分类方法，关键字值对应的分类方法见表 8.6；
- 关键字 m_fid 设置掩模数据的 fid 号；
- 关键字 m_pos 设置掩模数据的波段位置；
- 关键字 class_names 设置分类文件的类别名称；
- 关键字 lookup 设置各个类别的颜色值，为二维数组[3, num_classes]；
- 关键字 out_bname 设置分类结果各波段的名称。

表 8.6 method 关键字值对应的分类方法

| method 关键字值 | 分类方法 |
| --- | --- |
| 0 | 平行六面体法 |
| 1 | 最小距离法 |
| 2 | 最大似然法 |
| 3 | 波谱角分类法 |
| 4 | ISODATA 法 |
| 5 | 马氏距离法 |
| 6 | 二值编码法 |
| 7 | K 均值法 |
| 8 | 光谱信息散度法 |

除了以上基本关键字之外，不同的分类方法还具有不同的关键字。以最大似然法为例，其所需的主要关键字有：**mean=array, stdv=array, cov=array, data_scale=floating point , thresh=value, rule_fid=file id, rule_out_name=string, /rule_in_memory, rule_out_bname=string array**。

- 关键字 mean 设置各个类别 ROI 的光谱均值，为二维数组[num_bands, num_classes]；
- 关键字 stdv 设置各个类别 ROI 的标准差，为二维数组[num_bands, num_classes]；
- 关键字 cov 设置各个类别 ROI 的协方差，为三维数组[num_bands, num_bands, num_classes]；
- 关键字 data_scale 设置数据的比例系数；
- 关键字 thresh 设置似然度阈值，如某像元归属于各个类别的似然度都低于该阈值，则设为未分类像元；
- 关键字 rule_fid 返回规则图像文件的 fid 号；

- 关键字 rule_out_name 设置规则图像的输出文件名；
- 关键字 rule_in_memory 设置将规则图像保存在内存中；
- 关键字 rule_out_bname 设置规则图像各波段的名称。

下面给出了最大似然法分类的一个例子：

```
pro Classification_ML
;基于ENVI_doit进行最大似然法分类

  ;读入数据文件
  fn=dialog_pickfile(title='选择遥感数据')
  envi_open_file, fn, r_fid=fid
  envi_file_query, fid, ns=ns, nl=nl, nb=nb, dims=dims
  pos=[0:nb-1]

  ;读入ROI文件
  fn_roi=dialog_pickfile(title='选择ROI文件')
  envi_restore_rois, fn_roi
  roi_ids=envi_get_roi_ids(fid=fid, roi_colors=roi_colors, $
    roi_names=class_names)

  ;设置分类参数
  class_names=['Unclassified', class_names]   ;类别名称(增加一类"未分类")
  num_classes=n_elements(roi_ids)    ;类别数目
  lookup=bytarr(3, num_classes+1)
  lookup[*, 1:num_classes]=roi_colors    ;类别颜色

  ;获取每个类别ROI的统计信息
  means=fltarr(nb, num_classes)    ;类别均值
  stdv=fltarr(nb, num_classes)    ;类别标准差
  cov=fltarr(nb, nb, num_classes)    ;类别均方差
  for j=0, num_classes-1 do begin
    roi_dims=[envi_get_roi_dims_ptr(roi_ids[j]), 0, 0, 0, 0]
    envi_doit,'envi_stats_doit',fid=fid, dims=roi_dims, pos=pos,$
      comp_flag=4, mean=c_mean, stdv=c_stdv, cov=c_cov
    means[*, j]=c_mean
    stdv[*, j]=c_stdv
    cov[*, *, j]=c_cov
  endfor
```

```
;进行分类
o_fn=dialog_pickfile(title='分类结果保存为')
envi_doit, 'class_doit', fid=fid, dims=dims, pos=pos, $
  r_fid=r_fid, out_name=o_fn, method=2, mean=means, $
  stdv=stdv, cov=cov, num_classes=num_classes, lookup=lookup, $
  class_names=class_names

end
```

10. ROI 转换为分类图像

例程 envi_roi_to_image_doit 用于根据 ROI 创建分类图像（仅仅将 ROI 对应像元转换为对应的类型，ROI 以外的像元均归为未分类类型）。

语法：**envi_doit, 'envi_roi_to_image_doit', fid=file id, roi_ids=value, r_fid=variable, out_name=string, /in_memory, class_values=array**

- 关键字 fid 为 ROI 关联文件的 fid 号；
- 关键字 roi_ids 为 ROI id 号数组；
- 关键字 r_fid 返回分类结果文件的 fid 号；
- 关键字 out_name 设置结果的输出文件名；
- 关键字 in_memory 设置将分类结果保存在内存中；
- 关键字 class_values 设置分类图像中各个类别的值，未分类类型的值为 0。

```
pro ROI_to_Classification
;基于ENVI_doit将ROI转为分类文件

  ;读入遥感图像文件和ROI文件
  fn_image=envi_pickfile(title='选择ENVI文件')
  envi_open_file, fn_image, r_fid=fid
  fn_ROI=envi_pickfile(title='选择ROI文件')
  envi_restore_rois, fn_ROI
  roi_ids=envi_get_roi_ids(fid=fid)

  ;将ROI转为分类对象
  o_fn=envi_pickfile(title='结果保存为')
  envi_doit,'envi_roi_to_image_doit', fid=fid, roi_ids=roi_ids, $
    r_fid=fid_class, out_name= o_fn

end
```

## 8.5 ENVI 面向对象二次开发

ENVI 自 5.0 版本起，提供了新的面向对象二次开发模式。与 ENVI Classic 二次开发不同，ENVI 面向对象开发通过函数 envi 启动，主要基于 ENVI 对象、ENVIRaster 对象、ENVIVector 对象等对象进行操作，需要在 ENVI+IDL 模式下编译和运行。

### 8.5.1 常用的 ENVI 对象

1. ENVI 对象

函数 envi 用于启动 ENVI 面向对象二次开发模式，返回一个 ENVI 对象。
**语法：result=envi([/headless])**

- 关键字 headless 设置启动 ENVI 时不显示 ENVI 集成界面，如果该关键字未设置则显示 ENVI 集成界面。

```
IDL> e=envi()
ENVI> help, e
E               ENVI <37>
ENVI> print, e
ENVI <37>
  API_VERSION            = '3.8'
  DATA                   = <ObjHeapVar142705(ENVIDATACOLLECTION)>
  LANGUAGE               = 'eng'
  LAYOUT                 = 1,           1
  LOG_FILE               = ''
  PREFERENCES            = <ObjHeapVar109846(ENVIPREFERENCES)>
  ROOT_DIR               = 'D:\Program Files\Harris\ENVI56\'
  UI                     = <ObjHeapVar142684(ENVIUI)>
  UVALUE                 = !NULL
  VERSION                = '5.6.2'
  WIDGET_ID              = 868
```

ENVI 对象提供的方法能够实现打开数据、视图管理、数据获取、数据输出、图像处理等功能（表 8.7）。

表 8.7 ENVI 对象的常用方法

| 方法 | 描述 |
| --- | --- |
| OpenRaster | 打开 ENVI 栅格文件 |
| OpenVector | 打开 ENVI 矢量文件 |
| OpenROI | 打开 ENVIROI 文件 |

续表

| 方法 | 描述 |
| --- | --- |
| GetView | 获取 ENVI 当前视图 |
| CreateView | 创建新的 ENVI 视图 |
| Close | 关闭 ENVI 对象 |
| GetTemporaryFilename | 创建一个 ENVI 临时文件名 |

方法 OpenRaster 用于打开 ENVI 栅格文件，返回 ENVIRaster 对象。

语法：**result=envi.OpenRaster(uri [, dataset_index=variable] [, dataset_name=variable])**

- 参数 uri 为本地数据的文件名或者远程数据的 URL；
- 关键字 dataset_index 设置读取 HDF、NetCDF、NITF、多页 TIFF 等包含多个栅格数据集的文件中某个栅格数据集的索引号，从 0 开始；
- 关键字 dataset_name 设置读取 HDF、NetC DF、NITF、多页 TIFF 等包含多个栅格数据集的文件中某个栅格数据集的名称。

方法 OpenVector 用于打开 ENVI 矢量文件，返回 ENVIVector 对象。

语法：**result=envi.OpenVector(uri)**

- 参数 uri 为本地数据的文件名或者远程数据的 URL，本地数据支持的格式包括 evf、Shapefile、GeoPackage 和 ArcGIS geodatabase（仅限于 Windows 32 位系统）等，远程数据支持 OGS WFS 和 ArcGIS geodatabase（仅限于 Windows 32 位系统）等。

方法 OpenROI 用于打开 ENVI ROI 文件，返回 ENVIROI 对象。

语法：**result=envi.OpenROI(uri)**

- 参数 uri 为 ROI 文件名。

方法 GetView 用于获取 ENVI 视图，返回 ENVIView 对象。

语法：**result=envi.GetView([/all])**

- 关键字 all 设置返回所有的视图。

方法 CreateView 用于创建新的 ENVI 当前视图，返回 ENVIView 对象。

语法：**result=envi.CreateView()**

方法 Close 用于关闭 ENVI 对象。

语法：**envi.Close**

方法 GetTemporaryFilename 用于创建一个 ENVI 临时文件名。

语法：**result=envi.GetTemporaryFilename()**

```
ENVI> fn=dialog_pickfile(title='Select ENVI file')
ENVI> raster=e.OpenRaster(fn)
ENVI> fn=dialog_pickfile(title='Select evf file')
ENVI> vec=e.OpenVector(fn)
```

```
ENVI> view=envi.GetView()
ENVI> help, raster, vec, view
RASTER          ENVIRASTER <142909>
VEC             ENVIVECTOR <143021>
VIEW            ENVIVIEW <142964>
```

ENVI 对象的属性有 data、task_names、root_dir 等（表 8.8）。

**表 8.8  ENVI 对象的常用属性**

| 方法 | 描述 |
| --- | --- |
| headless data | 数据集合 |
| task_names | 所有 ENVITask 的名称 |
| root_dir | ENVI 安装路径 |

```
ENVI> e.data
ENVIDATACOLLECTION <143023>
  ENVIVECTOR <143021>           = Gulou.evf
  ENVIRASTER <142909>           = Data_OLI
```

2. ENVIRaster 对象

ENVIRaster 对象是 ENVI 栅格数据对象。

ENVIRaster 对象提供的方法能够实现数据获取、数据导入、对象保存、对象导出等功能（表 8.9）。

**表 8.9  ENVIRaster 对象的常用方法**

| 方法 | 描述 |
| --- | --- |
| GetData | 取数据获 |
| SetData | 入数据导 |
| Save | 保存 ENVIRaster 对象并转为只读状态 |
| Export | 将 ENVIRaster 对象导出为文件 |
| ExportROIs | 将 ENVIRaster 对象关联的 ENVIROI 对象导出为 ROI 文件、CSV 文件或 SHP 文件 |
| WriteMetadata | 将 ENVIRaster 对象的所有元数据信息写入 ENVI 头文件（.hdr） |
| Close | 关闭 ENVIRaster 对象 |

方法 GetData 从 ENVIRaster 对象获取数据。

语法：**result=ENVIRaster.GetData([bands=value] [, sub_rect=value] [, roi=value]    [, xfactor=value] [, yfactor=value] [, interpolation=value])**

- 关键字 bands 为要读取的波段列表，是一个长整型数组，默认值为所有波段；
- 关键字 sub_rect 为要读取的空间范围，是一个包含 4 个元素的数组，4 个元素分别为起始列号、起始行号、终止列号、终止行号；

- 关键字 roi 为 ENVIRaster 对象关联的 ENVIROI 对象，如果该关键字已设置则按照 ROI 范围裁切，并且 sub_rect、xfactor、yfactor、interpolation 关键字都失效；
- 关键字 xfactor 和 yfactor 分别为 x 和 y 方向的重采样比例系数，是小于 1 的浮点型变量；
- 关键字 interpolation 为重采样方法，'nearest neighbor'表示最邻近法，'pixel aggregate'表示像元聚合法，默认为最邻近法，该关键字只有在设置了 xfactor 或 yfactor 关键字时才生效。

方法 SetData 向 ENVIRaster 对象写入数据。

语法：**ENVIRaster.SetData, data [, bands=value] [, sub_rect=value]**

- 参数 data 为待写入的数据，如果为三维数组，其波段存储顺序必须与 ENVIRaster 对象已有数据一致；
- 关键字 bands 为待写入的波段列表；
- 关键字 sub_rect 为待写入的空间范围。

方法 Save 保存 ENVIRaster 对象并转为只读状态。

语法：**ENVIRaster.Save**

方法 Export 将 ENVIRaster 对象导出为文件，注意如果原文件存在则无法覆盖写入。

语法：**ENVIRaster.Export, uri, format**

- 参数 uri 为本地数据的文件名或者远程数据的 URL；
- 参数 format 为文件格式，可选项有'ENVI'、'TIFF'和'NITF'。

方法 ExportROIs 将 ENVIRaster 对象关联的 ENVIROI 对象导出为 ROI 文件、CSV 文件或 SHP 文件。

语法：**ENVIRaster.ExportROIs, fname, roi, format**

- 参数 fanme 为导出的 ROI 文件名，如果为 ENVI Classic ROI 格式后缀名必须是.roi，如果为 CSV 格式后缀名必须是.csv 或者.txt，如果为 Shapefile 或者 Shapefile points 格式后缀名必须是.shp；
- 参数 format 为 ROI 文件格式，可选项有'Classic'、'csv'、'shapefile'和'shapefile points'。

方法 WriteMetadata 将 ENVIRaster 对象的所有元数据信息写入 ENVI 头文件（.hdr）。

语法：**ENVIRaster.WriteMetadata**

方法 Close 关闭 ENVIRaster 对象。

语法：**ENVIRaster.Close**

ENVIRaster 对象的属性有 ncolumns、nrows、nband、data_type、interleave、coord_sys、metadata 等（表 8.10）。

表 8.10 **ENVIRaster 对象的常用属性**

| 方法 | 描述 |
| --- | --- |
| ncolumns | 列数 |
| nrows | 行数 |
| nband | 波段数 |

| 方法 | 描述 |
| --- | --- |
| data_type | 数据类型 |
| interleave | 波段存储顺序 |
| coord_sys | 投影坐标 |
| metadata | 头文件（元数据） |

```
ENVI> data=raster.getData(bands=[0,1,2], sub_rect=[0, 0, 199, 299])
ENVI> help, data
DATA            UINT      = Array[200, 300, 3]
ENVI> raster.nband
              7
ENVI> raster.data_type
Uint
ENVI> raster.metadata
ENVIRASTERMETADATA <143027>
   BAND NAMES               = 'Coastal Aerosol', 'Blue', 'Green',
'Red', 'Near Infrared (NIR)', 'SWIR 1', ...
   DATA GAIN VALUES         = 0.012546000,       0.012847000,
0.011838000,   0.0099828000,   0.0061090000,   0.0015193000, ...
   DATA IGNORE VALUE        = 0
   DATA OFFSET VALUES       = -62.728870,       -64.235130,
-59.192120,     -49.914130,     -30.544960,     -7.5962500, ...
   DATA REFLECTANCE GAIN VAL = 2.6250857e-05,    2.6250857e-05,
2.6250857e-05, 2.6250857e-05, 2.6250857e-05, 2.6250857e-05, ...
   DATA REFLECTANCE OFFSET V = -0.13125429,      -0.13125429,
-0.13125429,   -0.13125429,   -0.13125429,   -0.13125429, ...
   DESCRIPTION              = 'Create New File Result [Sat Aug 13 11:28:32 2022]'
   EARTH SUN DISTANCE       = 1.0003980
   FWHM     = 0.016000000,   0.060100000,    0.057400000,
0.037500000,   0.028200000,   0.084700000, ...
   IMAGE QUALITY    = '9'
   SENSOR TYPE      = 'Landsat OLI'
   WAVELENGTH       = 0.44300000,    0.48260000,    0.56130000,
0.65460000,    0.86460000,    1.6090000, ...
   WAVELENGTH UNITS         = 'Micrometers'
```

函数 ENVIRaster 用于创建 ENVIRaster 对象，返回 ENVIRaster 对象。

语法：result=ENVIRaster([data] [, uri=variable] [, ncolumns=variable] [, nrows=

variable] [, nbands=variable] [, data_type=variable] [, interleave=variable] [, coord_sys= variable] [inherits_from=value] [, spatialRef= spatialRef] [, metadata= metadata])

- 参数 data 为二维或者三维数组，如果为三维数组则需要设置 interleave 关键字，数组维数以及数据类型能够自动识别，因此 ncolumns、nrows、nbands、data_type 等关键字可不设置；
- 关键字 uri 设置栅格的输出文件名；
- 关键字 interleave 设置栅格数据的存储顺序，为字符串变量（'bil'、'bip'、'bsq'）；
- 关键字 coord_sys 设置栅格数据的投影坐标系统；
- 关键字 inherits_from 设置从某个 ENVIRaster 对象获取所有头文件信息；
- 关键字 spatialRef 设置栅格数据的地理定位信息，相当于 map_info，如果该关键字和 inherits_from 关键字同时设置，则 spatialRef 优先级更高；
- 关键字 metadata 设置栅格数据的元数据信息。

```
ENVI> data_full=raster.GetData()
ENVI> tfn=e.GetTemporaryFilename()
ENVI> raster1=enviRaster(data_full, URI=tfn, inherits_from= raster)
ENVI> raster1.setData, data_full
ENVI> raster1.save
ENVI> o_fn=dialog_pickfile(title='Save as')
ENVI> raster.export, o_fn, 'envi'
```

函数 ENVIRasterToFid 用于将 ENVIRaster 对象转换为 fid 号，返回 fid 号。

**语法：result=ENVIRasterToFid(ENVIRaster)**

- 参数 ENVIRaster 为 ENVIRaster 对象。

函数 ENVIFidToRaster 用于将 fid 号转换为 ENVIRaster 对象，返回 ENVIRaster 对象。

**语法：result=ENVIFidToRaster(fid)**

- 参数 fid 为文件 fid 号。

```
ENVI> fid=ENVIRasterToFID(raster)
ENVI> envi_file_query, fid, nb=nb, dims=dims
ENVI> pos=[0:nb-1]
ENVI> envi_doit, 'resize_doit', fid=fid, dims=dims, pos=pos, $
> r_fid=fid_resized, /in_memory, rfact=[2,2]
ENVI> raster_resized=ENVIFIDToRaster(fid_resized)
```

3. ENVIVector 对象

ENVIVector 对象是 ENVI 矢量数据对象。

ENVIVector 对象常用的方法只有 Close，用于关闭 ENVIVector 对象。

**语法：ENVIVector.Close**

ENVIVector 对象的属性有 coord_sys、data_range 等，表 8.11 给出了一些常用的属性。

表 8.11　ENVIVector 对象的常用属性

| 方法 | 描述 |
| --- | --- |
| coord_sys | 投影坐标 |
| data_range | 数据空间范围，为 4 元素数组，4 个元素分别为 x 方向最小值、y 方向最小值、x 方向最大值和 y 方向最大值 |

```
ENVI> vec.data_range
118.71390258000008    32.039429790000042    118.79823363000003
32.134043735000034
ENVI> vec.coord_sys
ENVICOORDSYS <143604>
  COORD_SYS_CODE          = 0
  COORD_SYS_STR = 'GEOGCS["CGCS_2000",DATUM["D_2000", SPHEROID
["S_2000",6378137.0,298.2572221010041]],PRIMEM["Greenwich",0.0]
,UNIT["Degree",0.0174532925199433]]'
ENVI> vec.close
ENVI> e.data
ENVIDATACOLLECTION <143023>
  ENVIRASTER <143091>           = ENVITemp3901631077.dat
  ENVIRASTER <142909>           = Data_OLI
```

**4. ENVIRasterMetadata 对象**

ENVIRasterMetadata 对象是 ENVI 栅格元数据对象，用于表征 ENVI 栅格数据的元数据。

ENVIRasterMetadata 对象的方法能够实现元数据要素的添加、删除、更新等功能（表8.12）。

表 8.12　ENVIRasterMetadata 对象的常用方法

| 方法 | 描述 |
| --- | --- |
| AddItem | 添加元数据要素 |
| RemoveItem | 删除元数据要素 |
| UpdateItem | 更新元数据要素值 |
| HasTag | 判断某个元数据要素是否存在 |

方法 AddItem 用于添加元数据要素。

语法：**ENVIRasterMetadata.AddItem, tag, value**

- 参数 tag 为元数据要素的名称；
- 参数 value 为元数据要素的值。

方法 RemoveItem 用于删除元数据要素。

**语法：ENVIRasterMetadata.Remove, tag**

- 参数 tag 为元数据要素的名称。

方法 UpdateItem 用于更新已有元数据要素的值。

**语法：ENVIRasterMetadata.UpdateItem, tag, value**

- 参数 tag 为元数据要素的名称；
- 参数 value 为元数据要素的值。

方法 HasTag 用于判断某个元数据要素是否存在。

**语法：result=ENVIRasterMetadata.HasTag(tag)**

- 参数 tag 为元数据要素的名称。

ENVIRasterMetadata 对象的属性有 count、tags 等（表 8.13）。

表 8.13　ENVIRasterMetadata 对象的常用属性

| 方法 | 描述 |
| --- | --- |
| count | 元数据要素数目 |
| tags | 元数据要素名称 |

```
ENVI> metadata=raster.metadata
ENVI> metadata
ENVIRASTERMETADATA <143027>
  BAND NAMES            = 'Coastal Aerosol', 'Blue', 'Green',
'Red', 'Near Infrared (NIR)', 'SWIR 1', ...
  DATA GAIN VALUES      =    0.012546000,     0.012847000,
0.011838000,  0.0099828000,  0.0061090000,  0.0015193000, ...
  DATA IGNORE VALUE     = 0
  DATA OFFSET VALUES    =     -62.728870,       -64.235130,
-59.192120,     -49.914130,     -30.544960,     -7.5962500, ...
  DATA REFLECTANCE GAIN VAL = 2.6250857e-05,    2.6250857e-05,
2.6250857e-05, 2.6250857e-05, 2.6250857e-05, 2.6250857e-05, ...
  DATA REFLECTANCE OFFSET V =   -0.13125429,      -0.13125429,
-0.13125429,   -0.13125429,    -0.13125429,    -0.13125429, ...
  DESCRIPTION      = 'Create New File Result [Sat Aug 13 11:28:32 2022]'
  EARTH SUN DISTANCE      = 1.0003980
  FWHM             =   0.016000000,    0.060100000,    0.057400000,
0.037500000,    0.028200000,    0.084700000, ...
  IMAGE QUALITY           = '9'
  SENSOR TYPE             = 'Landsat OLI'
```

```
   WAVELENGTH         =       0.44300000,      0.48260000,      0.56130000,
0.65460000,       0.86460000,          1.6090000, ...
   WAVELENGTH UNITS         = 'Micrometers'
ENVI> metadata.UpdateItem, 'band names', $
> ['b1', 'b2', 'b3', 'b4', 'b5', 'b6', 'b7']
ENVI> metadata
ENVIRASTERMETADATA <143027>
   BAND NAMES               = 'b1', 'b2', 'b3', 'b4', 'b5', 'b6', ...
   DATA GAIN VALUES         =    0.012546000,       0.012847000,
0.011838000,   0.0099828000,   0.0061090000,   0.0015193000, ...
   DATA IGNORE VALUE        = 0
   DATA OFFSET VALUES       =       -62.728870,         -64.235130,
-59.192120,      -49.914130,      -30.544960,       -7.5962500, ...
   DATA REFLECTANCE GAIN VAL = 2.6250857e-05,      2.6250857e-05,
2.6250857e-05,               2.6250857e-05,               2.6250857e-05,
2.6250857e-05, ...
   DATA REFLECTANCE OFFSET V = -0.13125429,            -0.13125429,
-0.13125429,  -0.13125429,    -0.13125429,       -0.13125429, ...
   DESCRIPTION    = 'Create New File Result [Sat Aug 13 11:28:32 2022]'
   EARTH SUN DISTANCE       = 1.0003980
   FWHM             =   0.016000000,      0.060100000,      0.057400000,
0.037500000,     0.028200000,      0.084700000, ...
   IMAGE QUALITY            = '9'
   SENSOR TYPE              = 'Landsat OLI'
   WAVELENGTH         =       0.44300000,      0.48260000,      0.56130000,
0.65460000,       0.86460000,          1.6090000, ...
   WAVELENGTH UNITS         = 'Micrometers'
```

ENVIRasterMetadata 对象中要素的提取方法为：ENVIRasterMetadata 对象['要素名']。

```
ENVI> bnames=metadata['band names']
ENVI> print, bnames
b1 b2 b3 b4 b5 b6 b7
```

函数 ENVIRasterMetadata 用于创建空的 ENVIRasterMetadata 对象，返回 ENVIRasterMetadata 对象。

**语法**：**result=ENVIRasterMetadata()**

创建 ENVIRasterMetadata 对象后，通过 AddItem、UpdateItem 等方法更新 ENVIRasterMetadata 对象内容。

5. ENVIStandardRasterSpatialRef 对象

ENVIStandardRasterSpatialRef 对象是 ENVI 标准栅格空间参考对象，用于表征栅格数据的投影和定位信息。

ENVIStandardRasterSpatialRef 对象的方法能够实现文件坐标和地图坐标之间的相互转换，以及不同坐标系的相互转换（表 8.14）。

表 8.14 ENVIStandardRasterSpatialRef 对象的常用方法

| 方法 | 描述 |
| --- | --- |
| ConvertFileToMap | 文件坐标转换为地图坐标 |
| ConvertLonLatToMap | 经纬度坐标转换为地图坐标 |
| ConvertMapToFile | 地图坐标转换为文件坐标 |
| ConvertMapToLonLat | 地图坐标转换为经纬度坐标 |
| ConvertMapToMap | 地图坐标转换为另一地图坐标系下地图坐标 |

方法 ConvertFileToMap 用于将文件坐标转换为地图坐标。

语法：**ENVIStandardRasterSpatialRef. ConvertFileToMap, fileX, fileY, mapX, mapY**
- 参数 fileX 和 fileY 分别为文件坐标下的横坐标和纵坐标；
- 参数 mapX 和 mapY 分别为地图坐标下的横坐标和纵坐标。

方法 ConvertLonLatToMap 用于将经纬度坐标转换为地图坐标。

语法：**ENVIStandardRasterSpatialRef. ConvertLonLatToMap, lon, lat, mapX, mapY**
- 参数 lon 和 lat 分别为经度和纬度；
- 参数 mapX 和 mapY 分别为地图坐标下的横坐标和纵坐标。

方法 ConvertMapToFile 用于将地图坐标转换为文件坐标。

语法：**ENVIStandardRasterSpatialRef. ConvertMapToFile, mapX, mapY, fileX, fileY**
- 参数 mapX 和 mapY 分别为地图坐标下的横坐标和纵坐标；
- 参数 fileX 和 fileY 分别为文件坐标下的横坐标和纵坐标。

方法 ConvertMapToLonLat 用于将地图坐标转换为经纬度坐标。

语法：**ENVIStandardRasterSpatialRef.ConvertMapToLonLat, mapX, mapY, lon, lat**
- 参数 mapX 和 mapY 分别为地图坐标下的横坐标和纵坐标；
- 参数 lon 和 lat 分别为经度和纬度。

方法 ConvertMapToMap 用于将地图坐标转换为另一地图坐标系下的地图坐标。

语 法： **ENVIStandardRasterSpatialRef.ConvertMapToMap, map1X, map1Y, map2X, map2Y, spatialRef2**
- 参数 map1X 和 map1Y 分别为原地图坐标下的横坐标和纵坐标；
- 参数 map2X 和 map2Y 分别为新地图坐标下的横坐标和纵坐标；
- 参数 spatialRef2 为新的 ENVIStandardRasterSpatialRef 对象。

ENVIStandardRasterSpatialRef 对象的属性有 coord_sys_code、coord_sys_string、

GEOGCS、PROJCS、pixel_size、tie_point_pixel 和 tie_point_map 等（表 8.15）。

表 8.15　ENVIStandardRasterSpatialRef 对象的常用属性

| 方法 | 描述 |
| --- | --- |
| coord_sys_code | 地理坐标系或投影坐标系坐标系统编码，可查看 ENVI 路径下\IDLxx\resource\pedata\predefined 目录中的 EnviPEProjcsStrings.txt 和 EnviPEGeogcsStrings.txt 文件 |
| coord_sys_string | 地理坐标系或投影坐标系坐标系统字符串，可查看 ENVI 路径下\IDLxx\resource\pedata\predefined 目录中的 EnviPEProjcsStrings.txt 和 EnviPEGeogcsStrings.txt 文件 |
| GEOGCS | 设置坐标系为地理坐标系 |
| PROJCS | 设置坐标系为投影坐标系 |
| pixel_size | 像元分辨率，为 2 个元素的数组，2 个元素分别为 x 和 y 方向的像元分辨率 |
| tie_point_pixel | 某像元的文件坐标值，为 2 个元素的数组，2 个元素分别为文件坐标横坐标和纵坐标，与 tie_point_map 对应 |
| tie_point_map | 某像元的地图坐标值（地理坐标或投影坐标），为 2 个元素的数组，2 个元素分别为地图坐标横坐标和纵坐标，与 tie_point_pixel 对应 |

```
ENVI> spatialRef=raster.spatialRef
ENVI> spatialRef
ENVISTANDARDRASTERSPATIALREF <261314>
  COORD_SYS_CODE          = 32650
  COORD_SYS_STR = 'PROJCS["UTM_Zone_50N",GEOGCS["GCS_WGS_1984",
DATUM["D_WGS_1984",SPHEROID["WGS_1984",6378137.0,298.257223563]
],PRIMEM["Greenwich",0.0],UNIT["Degree",0.0174532925199433]],PR
OJECTION["Transverse_Mercator"],PARAMETER["False_Easting",50000
0.0],PARAMETER["False_Northing",0.0],PARAMETER["Central_Meridia
n",117.0],PARAMETER["Scale_Factor",0.9996],PARAMETER["Latitude_
Of_Origin",0.0],UNIT["Meter",1.0]]'
  PIXEL_SIZE              = 30.000000,      30.000000
  ROTATION                = 0.00000000
  TIE_POINT_MAP           = 661305.00,      3561195.0
  TIE_POINT_PIXEL         = 0.00000000,     0.00000000
ENVI> xf=[10, 100, 200]
ENVI> yf=[20, 200, 240]
ENVI> spatialRef.ConvertFileToMap, xf, yf, xmap, ymap
ENVI> print, xmap, ymap
     661605.00       664305.00       667305.00
     3560595.0       3555195.0       3553995.0
ENVI> spatialRef.ConvertMapToLonLat, xmap, ymap, lon, lat
ENVI> print, lon, lat
```

```
            118.71398          118.74168          118.77325
            32.170258          32.121173          32.109911
```

函数 ENVIStandardRasterSpatialRef 用于创建一个 ENVIStandardRasterSpatialRef 对象。

语法：Result = **ENVIStandardRasterSpatialRef**([ coord_sys_code=value, | coord_sys_string=value] [, /GEOGCS, | /PROJCS]   [, /GEOGCS, | /PROJCS]   [, pixel_size=value]   [, tie_point_pixel=value]   [, tie_point_map=value])

- 各关键字即 ENVIStandardRasterSpatialRef 对象的各属性（表 8.15）。

```
ENVI> spatialRef1=ENVIStandardRasterSpatialRef(/geoGCS , $
> coord_sys_code=4326, pixel_size=[0.01, 0.01], $
> tie_point_pixel=[0, 0], tie_point_map=[-180, 90])
ENVI> spatialRef1
ENVISTANDARDRASTERSPATIALREF <261356>
   COORD_SYS_CODE             = 4326
   COORD_SYS_STR     =  'GEOGCS["GCS_WGS_1984",DATUM["D_WGS_1984",
SPHEROID["WGS_1984",6378137.0,298.257223563]],PRIMEM["Greenwich
",0.0],UNIT["Degree",0.0174532925199433]]'
   PIXEL_SIZE                 =    0.0099999998,    0.0099999998
   ROTATION                   =    0.00000000
   TIE_POINT_MAP              =    -180.00000,      90.000000
   TIE_POINT_PIXEL            =    0.00000000,      0.00000000
ENVI> spatialRef.ConvertMapToMap, xmap, ymap, xmap1, ymap1,$
> spatialRef1
ENVI> print, xmap1, ymap1
            118.71398          118.74168          118.77325
            32.170258          32.121173          32.109911
```

6. ENVIDataCollection 对象

ENVIDataCollection 对象是 ENVI 数据集合对象，用于管理 ENVI 打开的数据。

ENVIDataCollection 对象提供的方法能够实现数据管理器中数据的添加、删除、计数等功能（表 8.16）。

表 8.16　ENVIDataCollection 对象的常用方法

| 方法 | 描述 |
| --- | --- |
| Add | 向数据管理器中添加数据对象 |
| Remove | 从数据管理器中删除数据对象 |
| Count | 统计数据管理器中数据对象数目 |
| Get | 获取数据管理器中的数据对象列表 |

```
ENVI> dataColl=e.data
ENVI> dataColl.count()
       2
ENVI> raster2=ENVISubsetRaster(Raster, sub_rect=[100, 100, 299,
399])
ENVI> dataColl.add, raster2
ENVI> print, dataColl.get()
<ObjHeapVar143625(ENVISUBSETRASTER)><ObjHeapVar143091(ENVIRASTE
R)><ObjHeapVar142909(ENVIRASTER)>
```

7. ENVIView 对象

ENVIView 对象是 ENVI 视图对象，用于管理 ENVI 视图。

ENVIView 对象的方法能够实现图层的创建、获取、定位、关闭视图等功能（表 8.17）。

表 8.17  ENVIView 对象的常用方法

| 方法 | 描述 |
| --- | --- |
| CreateLayer | 创建图层 |
| GetLayer | 获取视图中最上层的图层 |
| GoToLocation | 定位到指定位置 |
| Close | 关闭视图 |

方法 CreateLayer 用于创建一个图层，返回图层对象（包括 ENVIRasterLayer 对象、ENVIVectorLayer 对象等）。

语法：**result=ENVIView.CreateLayer(data [, bands=value])**

- 参数 data 为载入图层的数据，可以为 ENVIRaster 对象、ENVIVector 对象等；
- 关键字 bands 为显示的波段，当数据为 ENVIRaster 对象时生效，可以是单波段用于灰度显示，或者三波段用于 RGB 彩色显示。

```
ENVI> view=e.GetView()
ENVI> layer=view.CreateLayer(raster)
```

### 8.5.2  ENVITask

函数 ENVITask 提供了大量的 ENVI 处理功能，包括定标、增强、镶嵌、融合、统计、主成分变换、分类等。

语法：**result=ENVITask('TaskName')**

- 参数 TaskName 为 ENVI 任务名称。

利用 ENVI 对象的 Task_Names 属性列出所有的 ENVITask 任务名称。

```
ENVI> e.Task_Names
```

Task 对象最常用的方法是 Execute，用于执行 Task 对象。

下面介绍了一些常用的 ENVITask 任务。

1. 文件统计

任务 RasterStatistics 用于对栅格数据进行统计，常用的属性有 input_raster、output_report_uri、mean、max、min、stddev 等（表 8.18）。

**表 8.18　RasterStatistics 任务对象的常用属性**

| 属性 | 描述 |
| --- | --- |
| input_raster | 输入 ENVIRaster 对象 |
| output_report_uri | 统计结果输出文件名 |
| compute_covariance | 设置统计协方差矩阵、特征向量、特征值和相关系数，默认值为 false |
| compute_histograms | 设置统计直方图，默认值为 false |
| npixels | 像元数 |
| mean | 各波段平均值 |
| min | 各波段最小值 |
| max | 各波段最大值 |
| stddev | 各波段标准差 |
| correlation | 相关系数矩阵 |
| covariance | 协方差矩阵 |
| eigenvalues | 特征值 |
| eigenvectors | 特征向量 |

下面给出了对 ENVI 文件进行统计的一个例子：

```
ENVI> e=envi()
ENVI> fn=dialog_pickfile(title='选择遥感数据')
ENVI> raster=e.openraster(fn)
ENVI> task=envitask('rasterstatistics')
ENVI> task.input_raster=raster
ENVI> compute_histograms=1
ENVI> task.output_report_uri='stat.txt'
ENVI> task.compute_histograms=1
ENVI> task.execute
ENVI> print, task.mean, task.min, task.max, format='(7f9.1)'
   10547.5    9771.6    9051.7    8574.4   12557.2   10358.6    8379.0
    9379.0    8407.0    7211.0    6395.0    5738.0    4908.0    4943.0
   35311.0   41616.0   33452.0   38453.0   46527.0   65189.0   65535.0
```

2. 文件储存顺序转换

任务 ConvertInterleave 用于转换数据存储顺序（BSQ、BIL 和 BIP），常用的属性有

input_raster、output_raster、output_raster_uri、interleave 等（表 8.19）。

表 8.19 ConvertInterleave 任务对象的常用属性

| 属性 | 描述 |
| --- | --- |
| input_raster | 输入 ENVIRaster 对象 |
| output_raster | 输出 ENVIRaster 对象 |
| output_raster_uri | 结果输出文件名 |
| interleave | 输出 ENVIRaster 对象的数据存储顺序，选项有'BSQ'、'BIL'和'BIP' |

下面给出了转换储存顺序的一个例子：

```
ENVI> print, raster.interleave
bsq
ENVI> task=ENVITask('ConvertInterleave')
ENVI> task.input_raster=raster
ENVI> task.interleave='BIL'
ENVI> task.execute
ENVI> raster1=task.output_raster
ENVI> print, raster1.interleave
bil
```

3. 影像裁切与重采样

任务 SubsetRaster 和 GeographicSubsetRaster 分别用于根据行列号和地理坐标进行影像裁切，常用的属性有 input_raster、output_raster、output_raster_uri、bands、sub_rect 等（表 8.20）。

表 8.20 SubsetRaster 和 GeographicSubsetRaster 任务对象的常用属性

| 属性 | 描述 |
| --- | --- |
| input_raster | 输入 ENVIRaster 对象 |
| output_raster | 输出 ENVIRaster 对象 |
| output_raster_uri | 结果输出文件名 |
| bands | 数据的波段列表数组 |
| sub_rect | 裁切空间范围，是一个包含 4 个元素的数组，针对 SubsetRaster 任务 4 个元素分别为起始列号、起始行号、终止列号、终止行号，针对 GeographicSubsetRaster 任务 4 个元素分别为起始横坐标、起始纵坐标、终止横坐标、终止纵坐标 |

任务 PixelScaleResampleRaster 和 DimensionsResampleRaster 分别用于设定缩放系数和输出行列数进行影像重采样，常用的属性有 input_raster、output_raster、output_raster_uri、resampling、pixel_scale、dimensions 等（表 8.21）。

表 8.21 PixelScaleResampleRaster 和 DimensionsResampleRaster 任务对象的常用属性

| 属性 | 描述 |
| --- | --- |
| input_raster | 输入 ENVIRaster 对象 |
| output_raster | 输出 ENVIRaster 对象 |
| output_raster_uri | 结果输出文件名 |
| resampling | 重采样方法，选项有'Nearest Neighbor'、'Bilinear'（默认值）和'Cubic Convolution' |
| pixel_scale | 像元缩放系数（仅适用于 PixelScaleResampleRaster 任务），是一个 2 元素数组，分别对应 x 和 y 方向，值小于 1 表示放大，大于 1 表示缩小 |
| dimensions | 输出行列数（仅适用于 DimensionsResampleRaster 任务），是一个 2 元素数组，分别对应 x 和 y 方向 |

下面给出了影像裁切与重采样的一个例子：

```
ENVI> task=ENVITask('SubsetRaster')
ENVI> task.input_raster=raster
ENVI> task.sub_rect=[100, 200, 499, 499]
ENVI> task.execute
ENVI> raster_clip=task.output_raster
ENVI> task=ENVITask('PixelScaleResampleRaster')
ENVI> task.input_raster=raster_clip
ENVI> task.pixel_scale=[2, 2]
ENVI> task.output_raster_uri='Data_resized'
ENVI> task.execute
```

4. 影像配准

任务 ImageToImageRegistration 用于进行影像配准，常用的属性有 input_tiepoints、base_raster、output_raster、output_raster_uri、warping、polynomial_degree、resampling 等（表 8.22）。

表 8.22 ImageToImageRegistration 任务对象的常用属性

| 属性 | 描述 |
| --- | --- |
| input_tiepoints | ENVITiePointSet 对象，包含了基准栅格、待校正栅格和控制点信息 |
| base_raster | 设置 input_tiepoints 中两个 Raster 对象哪个是基准图像，默认值为 raster1 |
| output_raster | 输出 ENVIRaster 对象 |
| output_raster_uri | 结果输出文件名 |
| warping | 坐标转换方法，选项有'RST'、'Polynomial'（默认值）和' Triangulation' |
| polynomial_degree | 当坐标转换方法为'Polynomial'时设置多项式阶数，默认为 1 |
| resampling | 重采样方法，选项有'Nearest Neighbor'、'Bilinear'（默认值）和'Cubic Convolution' |

函数 ENVITiePointSet 用于创建 ENVITiePointSet 对象。

语法：**result=ENVITiePointSet(tiepoints=tiepoints, input_raster1=raster1, input_raster2=raster2)**

- 关键字 tiepoints 为控制点数组，为 4 列数组，4 列分别为 raster1 列号、raster1 行号、raster2 列号、raster2 行号；
- 关键字 input_raster1 设置 raster1 的文件名；
- 关键字 input_raster2 设置 raster2 的文件名。

任务 GenerateTiePointsByCrossCorrelation 和 GenerateTiePointsByMutualInformation 分别基于交叉相关和交互信息自动生成控制点，常用的属性有 input_raster1、input_raster2、output_tiepoints、output_tiepoints_uri、search_window、matching_window、minimum_matching_score、requested_number_of_tiepoints 等（表 8.23）。

表 8.23　GenerateTiePointsByCrossCorrelation 和 GenerateTiePointsByMutualInformation 任务对象的常用属性

| 属性 | 描述 |
| --- | --- |
| input_raster1 | 输入第 1 个 ENVIRaster 对象 |
| input_raster2 | 输入第 2 个 ENVIRaster 对象 |
| output_tiepoints | 输出 ENVITiePointSet 对象 |
| output_tiepoints_uri | 控制点结果输出文件名 |
| search_window | 搜索窗口尺寸，默认值为 255 |
| matching_window | 匹配窗口尺寸，默认值为 61 |
| minimum_matching_score | 最低匹配分值，默认值为 0.6 |
| requested_number_of_tiepoints | 要求的最低控制点数目，默认值为 121 |

任务 FilterTiePointsByFundamentalMatrix、FilterTiePointsByGlobalTransform 和 FilterTiePointsByPushbroomModel 分别基于基本矩阵、全局变换和推扫模型对控制点进行筛选，常用的属性有 input_tiepoints、output_tiepoints、output_tiepoints_uri 等（表 8.24）。

表 8.24　FilterTiePointsByFundamentalMatrix、FilterTiePointsByGlobalTransform 和 FilterTiePointsByPushbroomModel 任务对象的常用属性

| 属性 | 描述 |
| --- | --- |
| input_tiepoints | 输入 ENVITiePointSet 对象 |
| output_tiepoints | 输出 ENVITiePointSet 对象 |
| output_tiepoints_uri | 控制点结果输出文件名 |

下面给出了自动寻找控制点进行配准的一个例子：

```
pro Reg_image_envi_task
;基于ENVITask对遥感图像自动寻找控制点进行配准
```

```
e=envi()

;读入基准图像和待校正图像文件
fn=dialog_pickfile(title='选择基准图像')
raster1=e.OpenRaster(fn)
fn=dialog_pickfile(title='选择待校正图像')
raster2=e.OpenRaster(fn)

;自动寻找控制点
task=ENVITask('GenerateTiePointsByCrossCorrelation')
task.input_raster1=raster1
task.input_raster2=raster2
task.execute
tiePoints1=task.output_tiepoints

;进行控制点筛选
task_filter=ENVITask('FilterTiePointsByGlobalTransform')
task_filter.input_tiepoints=tiePoints1
task_filter.execute
tiePoints2=task_filter.output_tiepoints

;进行配准
task_reg=ENVITask('ImageToImageRegistration')
task_reg.input_tiepoints=tiePoints2
task_reg.polynomial_degree=2
task_reg.output_raster_uri=dialog_pickfile(title='结果保存为')
task_reg.execute
raster_reg=task_reg.output_raster

;载入显示
dataColl=e.data
dataColl.add, raster_reg
view=e.getView()
layer1=view.createLayer(raster1, bands=[3,2,1])
layer2=view.createLayer(raster2, bands=[3,2,1])
layer3=view.createLayer(raster_reg, bands=[3,2,1])

end
```

## 5. 影像镶嵌

任务 BuildMosaicRaster 用于进行影像的镶嵌，常用的属性有 input_raster、output_raster、output_raster_uri、resampling、data_ignore_value、color_matching_method、color_matching_actions、 color_matching_statistics 等（表 8.25）。

表 8.25　BuildMosaicRaster 任务对象的常用属性

| 属性 | 描述 |
| --- | --- |
| input_raster | 输入 ENVIRaster 对象数组 |
| output_raster | 输出 ENVIRaster 对象 |
| output_raster_uri | 结果输出文件名 |
| resampling | 重采样方法，选项有'Nearest Neighbor'（默认值）、'Bilinear'和'Cubic Convolution' |
| data_ignore_value | 镶嵌过程中忽略的背景值 |
| color_matching_method | 设置色彩匹配方法，选项有'Histogram Matching'（基于直方图进行色彩匹配）和'None'（不进行色彩匹配），默认值为'None' |
| color_matching_actions | 设置镶嵌的各 Raster 对象的色彩匹配动作，为包含 N（镶嵌图像数）个元素的字符串数组，选项有'Reference'（色彩匹配的基准图像，有且仅有一个基准图像）、'Adjust'（参照基准图像进行色彩匹配）和'None'（不进行色彩匹配），默认第 1 个 Raster 为'Reference'，其余为'Adjust' |
| color_matching_statistics | 设置色彩匹配时直方图统计的空间范围，选项有'Overlapping Area'（图像重叠区域）和'Entire Scene'（整个图像），默认值为'Overlapping Area' |

下面给出了影像镶嵌的一个例子：

```
pro Mosaic_data_envi_task
;基于ENVITask读取两个文件进行镶嵌处理

  e=envi()

  ;读入待镶嵌图像文件
  fn=dialog_pickfile(title='选择待镶嵌文件1')
  raster1=e.OpenRaster(fn)
  fn=dialog_pickfile(title='选择待镶嵌文件2')
  raster2=e.OpenRaster(fn)

  ;设置元数据中的data_ignore_value值
  rasters=[raster1, raster2]
  for i=0, 1 do begin
    tRaster=rasters[i]
```

```
  metadata=tRaster.metadata
  tags_meta=metadata.tags
  if max(strcmp(tags_meta, 'data ignore value', /fold_case)) $
    ge 1 then begin
    metadata.updateItem, 'data ignore value', 0
  endif else begin
    metadata.addItem, 'data ignore value', 0
  endelse
endfor

;进行镶嵌
task=ENVITask('BuildMosaicRaster')
task.input_rasters=rasters
task.color_matching_method='Histogram Matching'
task.color_matching_actions=['reference', 'none']
task.feathering_method='seamline'
task.data_ignore_value=0
task.output_raster_uri=dialog_pickfile(title='镶嵌结果保存为')
task.execute
raster_mosaic=task.output_raster

;载入显示
dataColl=e.data
dataColl.add, raster_mosaic
view=e.getView()
layer=view.createLayer(raster_mosaic, bands=[4,3,2])
view.Zoom, /full_extent

end
```

6. 直方图拉伸

任务 LinearPercentStretchRaster、LinearRangeStretchRaster、GaussianStretchRaster、EqualizationStretchRaster 和 RootStretchRaster 分别用于进行影像的线性百分比拉伸、线性范围拉伸、高斯拉伸、均衡拉伸和方根拉伸，常用的属性有 input_raster、output_raster、output_raster_uri、percent、min、max、stddev、root_index 等（表 8.26）。

表 8.26 LinearPercentStretchRaster、LinearRangeStretchRaster、GaussianStretchRaster、EqualizationStretchRaster 和 RootStretchRaster 任务对象的常用属性

| 属性 | 描述 |
| --- | --- |
| input_raster | 输入 ENVIRaster 对象 |
| output_raster | 输出 ENVIRaster 对象 |
| output_raster_uri | 结果输出文件名 |
| percent | 数据拉伸百分比（仅适用于 LinearPercentStretchRaster 任务） |
| min | 数据拉伸的最小值（仅适用于 LinearRangeStretchRaster、GaussianStretchRaster、EqualizationStretchRaster 任务），可以是单个数值或者 N 个元素的数组（N 为波段数），N 个元素分别对应 N 个波段 |
| max | 数据拉伸的最大值（仅适用于 LinearRangeStretchRaster、GaussianStretchRaster、EqualizationStretchRaster 任务），可以是单个数值或者 N 个元素的数组（N 为波段数），N 个元素分别对应 N 个波段 |
| stddev | 高斯函数标准差（仅适用于 GaussianStretchRaster 任务），默认值为 0.3 |
| root_index | 方根的次数（仅适用于 RootStretchRaster 任务），默认值为 2，即平方根 |

下面给出了对遥感图像文件进行 2%线性拉伸的一个例子：

```
pro Data_strecth_envi_task
;基于ENVITask进行直方图线性拉伸

  e=envi()

  ;读入待图像文件
  fn=dialog_pickfile(title='选择遥感图像')
  raster=e.OpenRaster(fn)

  ;进行线性拉伸
  task=ENVITask('LinearPercentStretchRaster')
  task.input_raster=raster
  task.percent=2
  task.execute
  raster_stretched=task.output_raster

  ;载入显示
  dataColl=e.data
  dataColl.add, raster_stretched
  view=e.getView()
  layer=view.createLayer(raster_stretched)
```

```
end
```

7. 影像融合

任务 ENVINNDiffusePanSharpeningRaster、GramSchmidtPanSharpening 和 PCPanSharpening 分别用于进行影像的 NNDiffuse、Gram-Schmidt 和主成分变换融合，常用的属性有 input_high_resolution_raster、input_low_resolution_raster、output_raster、output_raster_uri 等（表 8.27）。

表 8.27 ENVINNDiffusePanSharpeningRaster、GramSchmidtPanSharpening 和 PCPanSharpening 任务对象的常用属性

| 属性 | 描述 |
| --- | --- |
| input_high_resolution_raster | 输入高分辨率 ENVIRaster 对象 |
| input_low_resolution_raster | 输入低分辨率 ENVIRaster 对象 |
| output_raster | 输出 ENVIRaster 对象 |
| output_raster_uri | 结果输出文件名 |

下面给出了 NNDiffuse 融合的一个例子：

```
pro Fusion_NNDiffuse_envi_task
;基于ENVITask对多光谱和全色数据进行NNDiffuse融合

  e=envi()

  ;读入遥感图像文件
  fn=dialog_pickfile(title='选择多光谱文件')
  raster_mult=e.OpenRaster(fn)
  fn=dialog_pickfile(title='选择全色文件')
  raster_pan=e.OpenRaster(fn)

  ;进行融合
  task=ENVITask('NNDiffusePanSharpening')
  task.input_low_resolution_raster=raster_mult
  task.input_high_resolution_raster=raster_pan
  task.output_raster_uri=dialog_pickfile(title='融合结果保存为')
  task.execute
  raster_fusion=task.output_raster

  ;载入显示
  dataColl=e.data
```

```
dataColl.add, raster_fusion
view=e.getView()
layer=view.createLayer(raster_fusion, bands=[3,2,1])
end
```

### 8. 主成分变换

任务 ForwardPCATransform 用于进行影像的主成分变换，常用的属性有 input_raster、output_raster、output_raster_uri 等（表 8.28）。

表 8.28 ForwardPCATransform 任务对象的常用属性

| 属性 | 描述 |
| --- | --- |
| input_raster | 输入 ENVIRaster 对象 |
| output_raster | 输出 ENVIRaster 对象 |
| output_raster_uri | 结果输出文件名 |

下面给出了主成分变换的一个例子：

```
pro PCA_transform_envi_task
;基于ENVITask对多光谱数据进行主成分变换

  e=envi()

  ;读入遥感图像文件
  fn=dialog_pickfile(title='选择遥感图像文件')
  raster=e.OpenRaster(fn)

  ;进行主成分变换
  task=ENVITask('ForwardPCATransform')
  task.input_raster=raster
  task.output_raster_uri=dialog_pickfile(title='结果保存为')
  task.execute

end
```

### 9. 计算机分类

任务 MaximumLikelihoodClassification、MahalanobisDistanceClassification、MinimumDistanceClassification、SpectralAngleMapperClassification、CreateSVMClassifier、CreateSoftmaxRegressionClassifier 和 ISODATAClassification 分别用于进行最大似然分类、马氏

距离分类、最小距离分类、波谱角分类、向量机、Softmax 逻辑回归分类和 ISODATA 分类，除了 input_raster、output_raster、output_raster_uri 等常用的属性之外，不同的分类方法还具有不同的关键字。限于篇幅，这里仅给出了最大似然分类的常用属性（表 8.29）。

表 8.29　MaximumLikelihoodClassification 任务对象的常用属性

| 属性 | 描述 |
| --- | --- |
| input_raster | 输入 ENVIRaster 对象 |
| output_raster | 输出 ENVIRaster 对象 |
| output_raster_uri | 结果输出文件名 |
| class_names | 类别名称 |
| class_colors | 类别颜色，为二维数组[3, num_classes] |
| mean | 各个类别 ROI 的光谱均值，为二维数组[num_bands, num_classes] |
| covariance | 各个类别 ROI 的协方差，为三维数组[num_bands, num_bands, num_classes] |

下面给出了最大似然法分类的一个例子：

```
pro Classification_ML_envi_task
;基于ENVITask进行最大似然法分类

  e=envi()

  ;读入遥感图像文件和ROI文件
  fn=dialog_pickfile(title='选择遥感数据')
  raster=e.openRaster(fn)
  fn_roi=dialog_pickfile(title='选择ROI文件')
  roi=e.openRoi(fn_ROI)

  ;获取每个类别ROI的信息
  nc=n_elements(roi)
  class_name=strarr(nc)
  class_color=bytarr(3, nc)
  for i=0, nc-1 do begin
    tRoi=roi[i]
    class_name[i]=tRoi.name
    class_color[*, i]=tRoi.color
  endfor
  StatTask=ENVITask('ROIStatistics')
  StatTask.input_raster=raster
  StatTask.input_roi=roi
```

```
StatTask.execute

;进行最大似然法分类
task=ENVITask('MaximumLikelihoodClassification')
task.input_raster=raster
task.output_raster_uri=dialog_pickfile(title='分类结果保存为')
task.class_names=class_name
task.class_colors=class_color
task.covariance=StatTask.covariance
task.mean=StatTask.mean
task.execute

;载入显示
dataColl=e.data
dataColl.add, task.output_raster
view=e.getView()
layer=view.createLayer(task.output_raster)

end
```

10. ROI 转换为分类图像

任务 ROIToClassification 用于根据 ROI 创建分类图像（仅仅将 ROI 对应像元转换为对应的类型，ROI 以外的像元均归为未分类类型）。常用的属性有 input_raster、input_roi、output_raster、output_raster_uri 等（表 8.30）。

表 8.30　ROIToClassification 任务返回的 ENVITask 对象的常用属性

| 属性 | 描述 |
| --- | --- |
| input_raster | 输入 ENVIRaster 对象 |
| input_roi | 输入 ENVIROI 对象 |
| output_raster | 输出 ENVIRaster 对象 |
| output_raster_uri | 结果输出文件名 |

下面给出了将 ROI 转换为分类数据的一个例子：

```
pro ROI_to_Classification_envi_task
;基于ENVITask将ROI转为分类文件

  e=envi()
```

```
;读入遥感图像文件和ROI文件
fn=dialog_pickfile(title='选择遥感数据')
raster=e.openRaster(fn)
fn_roi=dialog_pickfile(title='选择ROI文件')
roi=e.openRoi(fn_ROI)

;将ROI转为分类对象
task=ENVITask('ROIToClassification')
task.input_raster=raster
task.input_roi=roi
task.output_raster_uri=dialog_pickfile(title='结果保存为')
task.execute

;载入显示
dataColl=e.data
dataColl.add, task.output_raster
view=e.getView()
layer=view.createLayer(task.output_raster)

end
```

# 第9章 图形用户界面开发

## 9.1 图形界面开发基本概念

IDL 允许用户使用组件构建图形用户界面，即图形化的用户交互方式。但是目前版本不提供鼠标拖拽创建图形界面的功能，只能利用代码创建图形界面。

容器组件是 IDL 图形界面的基础，任何界面和组件都要放置在容器组件中。在图形界面开发过程中，首先要创建一个顶层容器，用于存放程序所需的各种按钮、列表、标签、文本框等组件。而组件本身也可以作为一个容器，包含其他组件，这些包含其他组件的组件称为父组件，而被包含的组件称为子组件。

通过组件可以构建丰富的图形界面。但是这还只是单纯的静态界面，需要为组件添加相应的功能。用户在使用具有图形用户界面的程序时，会有各种操作，如单击鼠标、输入文本等，这些图形界面中对组件进行的操作称为事件。不同组件的不同操作对应不同的事件，图形用户界面主要是在事件驱动下完成各项功能。当某个事件发生时，程序会调用相应的函数或过程进行相应的处理。

## 9.2 常 用 组 件

### 9.2.1 容器组件与组件管理

函数 widget_base 用于创建容器组件，结果返回容器组件 ID 号。

**语法**：result=widget_base([parent] [, title=string] [, tlb_frame_attr=value] [, /map] [, /floating] [, mbar=variable |, /modal] [, group_leader=widget_id] [, /toolbar] [, /exclusive |, /nonexclusive] [, xsize=value] [, ysize=value] [, /scroll] [, x_scroll_size=value] [, y_scroll_size=value] [, frame=value] [, column=value | , row=value] [, /align_bottom | , /align_center | , /align_left | , /align_right | , /align_top] [base_align_bottom | , base_align_center |, base_align_left |, base_align_right |, base_align_top] [, xoffset=value] [, yoffset=value] [, uname=string] [, uvalue=value] [, event_pro=string] [, event_func=string] [, /tlb_iconify_events] [, /tlb_kill_request_events] [, /tlb_move_ events] [, /tlb_resize_nodraw] [, /tlb_size_events] [, /tracking_events])

该函数的关键字很多，此处只列出一些常用关键字。此外，很多关键字对后面介绍的按钮组件、标签组件、文本框组件等组件也适用，限于篇幅，有些关键字在后面各组件内容中不再特别介绍。

- 参数 parent 表示组件的父组件 ID 号，创建顶级组件时该参数省略；
- 关键字 title 设置组件标题；

- 关键字 tlb_frame_attr 用于创建不同类型的组件，关键字值对应组件类型见表 9.1；
- 关键字 map 设置是否隐藏组件，0 为隐藏组件，非 0 值为不隐藏组件（默认值）；
- 关键字 mbar 和 modal 分别用于创建菜单栏和模态组件，当激活模态组件时其他组件被锁定直至该模态组件关闭，如果创建模态组件则关键字 group_leader 必须设置；
- 关键字 group_leader 设置 1 个现有组件作为新创建组件的组长，当组长被销毁时，该组所有组件也将被销毁；
- 关键字 toolbar 用于创建带有位图按钮的工具栏；
- 关键字 exclusive 和 nonexclusive 分别用于创建单选按钮组件和复选按钮组件；
- 关键字 xsize 和 ysize 分别设置组件 x 和 y 方向的尺寸，单位为像素；
- 关键字 scroll 设置为组件添加滚动条，当该关键字设置时 y_scroll_size 和 y_scroll_size 关键字也必须设置；
- 关键字 x_scroll_size 和 y_scroll_size 分别设置滚动窗口 x 和 y 方向的尺寸，单位为像素；
- 关键字 frame 设置边框宽度，单位为像素，默认值为 0；
- 关键字 column 和 row 分别设置其子组件按列和按行依次排列；
- 关键字 align_bottom、align_center、align_left、align_right 和 align_top 分别设置对齐方式为底部对齐、居中对齐、左对齐、右对齐和顶部对齐，底部对齐和顶部对齐方式在组件所属上层组件为按行排列时生效，左对齐和右对齐在组件所属上层组件为按列排列时生效；
- 关键字 base_align_bottom、base_align_center、base_align_left、base_align_right、base_align_top 分别设置子组件底部对齐、居中对齐、左对齐、右对齐、顶部对齐；
- 关键字 xoffset 和 yoffset 设置组件在其父组件中的位置，分别为以上一级组件左上角为原点的 x 和 y 方向的坐标值，单位是像素，当上一级组件设置了按列排列时，关键字 yoffset 无效，当上一级组件设置了按行排列时，关键字 xoffset 无效；
- 关键字 uname 为组件的用户定义名称；
- 关键字 uvalue 为组件的用户定义值；
- 关键字 event_pro 设置组件触发事件时 widget_event 函数调用的过程；
- 关键字 event_func 设置组件触发事件时 widget_event 函数调用的函数；
- 关键字 tlb_iconify_events 设置组件被最小化或还原时产生一个事件；
- 关键字 tlb_kill_request_events 设置组件被删除时产生一个事件；
- 关键字 tlb_move_events 设置组件被移动时产生一个事件；
- 关键字 tlb_resize_nodraw 设置组件被调整大小时组件不会被重新绘制；
- 关键字 tlb_size_events 设置组件被改变大小时产生一个事件；
- 关键字 tracking_events 设置当鼠标进入或退出组件区域时产生一个跟踪事件。

函数 widget_base 创建了一个 base 组件，但是组件只存在于内存中，还需要通过过程 widget_control 将其显示到屏幕上。

过程 widget_control 用于显示、管理和销毁组件。

表 9.1　tlb_frame_attr 关键字值对应的组件类型

| 关键字值 | 类型 |
| --- | --- |
| 1 | 组件不能被改尺寸、最小化或者最大化 |
| 2 | 不显示系统菜单 |
| 4 | 不显示标题栏 |
| 8 | 组件不能被关闭 |
| 16 | 组件不能被移动 |

语　法：widget_control [, widget_id] [, /map] [, /realize] [, /destroy] [, /show] [, /hourglass] [, xsize=value] [, ysize=value] [, set_uname=string] [, set_uvalue=value] [, get_uvalue=variable]

- 参数 widget_id 为组件 ID 号；
- 关键字 map 设置是否隐藏组件，0 为隐藏组件，非 0 值为不隐藏组件（默认值）；
- 关键字 realize 用于激活并显示组件；
- 关键字 destroy 用于销毁组件及其子组件；
- 关键字 show 设置组件的可见状态，0 为在其他窗口后面显示，非 0 值为在其他窗口前面显示；
- 关键字 hourglass 设置程序运行等待过程中鼠标指针显示为沙漏；
- 关键字 xsize 和 ysize 分别设置组件 x 和 y 方向的尺寸，单位为像素；
- 关键字 set_uname 设置组件的用户定义名称；
- 关键字 set_uvalue 设置组件的用户定义值；
- 关键字 get_uvalue 获取组件的用户定义值。

```
IDL> base=widget_base(tlb_frame_attr=1, title=['widget_base'], $
> xsize=500, ysize=300)
IDL> widget_control, base, /realize
```

程序运行结果见图 9.1。

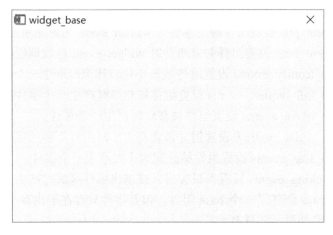

图 9.1　widget_base 组件

如果函数 widget_base 和过程 widget_control 使用了某些相同的关键字，呈现结果以过程 widget_control 的关键字值为准：

```
IDL> base=widget_base(tlb_frame_attr=1, title=['widget_base'], $
> xsize=500, ysize=150)
IDL> widget_control, base, /realize, xsize=600, ysize=200
```

程序运行结果见图 9.2。

图 9.2　由 widget_control 关键字设置尺寸的 widget_base 组件

### 9.2.2　按钮组件

函数 widget_button 用于创建 button 按钮组件，返回按钮组件 ID 号。

语法：**result=widget_button([parent] [, value=value] [, font=string] [, /dynamic_resize]　[, /menu] [, /checked_menu] [, /separator] [, /bitmap] [, /pushbutton_events] [, /align_center |, /align_left |, /align_right] [, xoffset=value] [, yoffset=value]　[, tooltip= string] [, uname=string] [, uvalue=value] [, event_pro=string] [, event_func=string] [, func_get_value=string] [, pro_set_value=string] [, /pushbutton_events])**

- 参数 parent 为按钮组件所属的父组件 ID 号；
- 关键字 value 设置按钮标注（名称），可以是字符串或者数组，如果是字符串直接显示，如果是二维数组显示对应的灰度图，如果是三维数组（BSQ 顺序，第 3 维维数必须是 3 或者 4）显示对应的彩色图，如果关键字 bitmap 已设置，该关键字为指向一个 bmp 文件的路径名；
- 关键字 font 设置按钮文本标签的字体；
- 关键字 dynamic_resize 设置按钮大小随文本标签内容自动调整；
- 关键字 menu 设置子菜单按钮；
- 关键字 checked_menu 设置菜单系统中的菜单项为开关菜单；
- 关键字 separator 用于创建菜单分割线；
- 关键字 bitmap 与关键字 value 配合使用，用于创建位图按钮；
- 关键字 pushbutton_events 设置当鼠标点击按钮时，产生一个事件；
- 关键字 align_center、align_left、align_right 分别设置按钮文本标签居中对齐、左对齐、右对齐；
- 关键字 xoffset 和 yoffset 分别设置组件在其父组件中的水平和垂直偏移量，单位是像素；
- 关键字 tooltip 设置当鼠标移动到组件上时弹出提示信息；
- 关键字 uname 为组件的用户定义名称；
- 关键字 uvalue 为组件的用户定义值；
- 关键字 event_pro 设置组件触发事件时 widget_event 函数调用的过程；
- 关键字 event_func 设置组件触发事件时 widget_event 函数调用的函数；
- 关键字 func_get_value 设置该组件调用 widget_control 过程的 get_value 关键字调用的函数名称；
- 关键字 pro_set_value 设置该组件调用 widget_control 过程的 set_value 关键字调用的过程名称；
- 关键字 pushbutton_events 设置鼠标左键点击组件或者敲击空格键时触发单独的按钮事件。

```
IDL> base=widget_base(title='Button', xsize=600, ysize=150, $
>  mbar=mbar, /column)
IDL> ;菜单按钮
IDL> menu1=widget_button(mbar, value='一级菜单')
IDL> menu1_1=widget_button(menu1, value='二级菜单1', /menu)
IDL> menu1_2=widget_button(menu1, value='二级菜单2', /menu)
IDL> menu1_3=widget_button(menu1, value='二级菜单3', /separator)
IDL> menu1_1_1=widget_button(menu1_1, value='三级菜单')

IDL> ;位图按钮
IDL> base1=widget_base(base, /toolbar, /row, /align_right)
IDL> bbutton1=widget_button(base1, value=filepath('new.bmp', $
>  subdir='resource/bitmaps'), tooltip='新建文件', /bitmap)
IDL> bbutton2=widget_button(base1, value=filepath('open.bmp', $
>  subdir='resource/bitmaps'), tooltip='打开文件', /bitmap)
IDL> bbutton3=widget_button(base1, value=filepath('save.bmp', $
>  subdir='resource/bitmaps'), tooltip='保存文件', /bitmap)

IDL> ;普通按钮
IDL> base2=widget_base(base, /row, /align_right)
IDL> nbutton1=widget_button(base2, value='普通按钮1')
IDL> nbutton2=widget_button(base2, value='普通按钮2')

IDL> ;单选按钮
IDL> base3=widget_base(base, /frame, /row, /exclusive, /align_right)
IDL> ebutton1=widget_button(base3, value='单选按钮 1')
```

```
IDL> ebutton2=widget_button(base3, value='单选按钮 2')

IDL> ;复选按钮
IDL> base4=widget_base(base, /frame, /row, /nonexclusive, $
> /align_right)
IDL> nebutton1=widget_button(base4, value='复选按钮1')
IDL> nebutton1=widget_button(base4, value='复选按钮 2')
IDL> widget_control, base, /realize
```
程序运行结果见图 9.3。

图 9.3 widget_button 函数创建的按钮组件

### 9.2.3 标签组件

函数 widget_label 用于创建图形标签组件，返回标签组件 ID 号。

语 法： **result=widget_label(parent [, value=value] [, xsize=value] [, ysize=value] [, font=string] [, /dynamic_resize] [, /sunken_frame] [, frame=width] [, /align_center | , /align_left | , /align_right] [, xoffset=value] [, yoffset=value] [, uname=string] [, uvalue=value])**

- 参数 parent 为标签组件所属的父组件 ID 号；
- 关键字 value 设置标签的显示内容；
- 关键字 xsize 和 ysize 分别设置组件 x 和 y 方向的尺寸，单位为像素；
- 关键字 font 设置标签的字体；
- 关键字 sunken_frame 设置三维立体效果；
- 关键字 frame 设置边框宽度，单位为像素，默认值为 0；
- 关键字 align_center、align_left、align_right 分别设置标签内容居中对齐、左对齐、右对齐；
- 关键字 xoffset 和 yoffset 分别设置组件在其父组件中的水平和垂直偏移量，单位是像素；
- 关键字 uname 为组件的用户定义名称；
- 关键字 uvalue 为组件的用户定义值。

下面给出了创建带边框标签组件的一个例子：

```
IDL> base=widget_base(title='Label', xsize=500, ysize=100, /column)
IDL> label1=widget_label(base, value='Label 1', xsize=400, $
> ysize=20, /frame, /sunken_frame, /align_center)
IDL> label2=widget_label(base, value='Label 2', xsize=200, $
> ysize=20, /dynamic_resize, /align_left)
IDL> widget_control, base, /realize
```

程序运行结果见图 9.4。

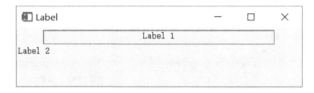

图 9.4　widget_label 函数创建的标签组件

### 9.2.4　文本框组件

函数 widget_text 用于创建文本框组件，返回文本框组件 ID 号。

语法：**result=widget_text(parent [, value=value] [, /editable] [, /wrap] [, /no_newline] [, xsize=value] [, ysize=value] [, /scroll] [, x_scroll_size=value] [, y_scroll_size=value] [, frame=width] [, /align_bottom | , /align_center | , /align_left | , /align_right | , /align_top] [, xoffset=value] [, yoffset=value] [, uname=string] [, uvalue=value] [, /all_events] [, event_pro=string] [, event_func=string] [, func_get_value=string] [, pro_set_value=string])**

- 参数 parent 为文本框组件所属的父组件 ID 号；
- 关键字 value 设置文本框内显示的初始内容；
- 关键字 editable 设置文本框内容能否被编辑，0 为不可编辑（默认值），非 0 值为可编辑；
- 关键字 wrap 设置文本框是否自动换行；
- 关键字 no_newline 设置禁止添加新行；
- 关键字 xsize 和 ysize 分别设置组件 x 和 y 方向的尺寸，xsize 单位为字符宽度，ysize 单位为行；
- 关键字 scroll 设置为组件添加滚动条；
- 关键字 x_scroll_size 和 y_scroll_size 分别设置滚动窗口 x 和 y 方向的尺寸，x_scroll_size 单位为字符宽度，y_scroll_size 单位为行；
- 关键字 frame 设置边框宽度，单位为像素，默认值为 0；
- 关键字 align_bottom、align_center、align_left、align_right 和 align_top 分别设置对齐方式为底部对齐、居中对齐、左对齐、右对齐和顶部对齐，底部对齐和顶部

对齐方式在组件所属上层组件为按行排列时生效,左对齐和右对齐在组件所属上层组件为按列排列时生效;
- 关键字 xoffset 和 yoffset 分别设置组件在其父组件中的水平和垂直偏移量,单位是像素;
- 关键字 uname 为组件的用户定义名称;
- 关键字 uvalue 为组件的用户定义值;
- 关键字 all_events 设置当文本框内容改变时,产生一个事件;
- 关键字 event_pro 设置组件触发事件时 widget_event 函数调用的过程;
- 关键字 event_func 设置组件触发事件时 widget_event 函数调用的函数;
- 关键字 func_get_value 设置该组件调用 widget_control 过程的 get_value 关键字调用的函数名称;
- 关键字 pro_set_value 设置该组件调用 widget_control 过程的 set_value 关键字调用的过程名称。

```
IDL> base=widget_base(title='Text', /column)
IDL> tid1=widget_text(base, value='可编辑文本框', $
> xsize=55, ysize=3, /editable, /wrap, /scroll)
IDL> tid2=widget_text(base, value=['不可编辑文本框', '第2行'], $
> xsize=55, ysize=3)
IDL> widget_control, base, /realize
```

程序运行结果见图 9.5。

图 9.5　widget_text 函数创建的文本框组件

### 9.2.5　列表组件

函数 widget_list 用于创建列表组件,返回列表组件 ID 号。

语　法：**result=widget_list(parent [, value=value]　[, xsize=value]　[, ysize=value] [, /multiple]　[, frame=width]　[, xoffset=value]　[, yoffset=value]　[, uname=string]　[, uvalue=value]　[, event_pro=string]　[, event_func=string]　[, func_get_value=string]　[, pro_set_value=string])**

- 参数 parent 为列表组件所属的父组件 ID 号;
- 关键字 value 设置列表组件显示和选择的内容;

- 关键字 xsize 和 ysize 分别设置组件 x 和 y 方向的尺寸，xsize 单位为字符宽度，ysize 单位为行；
- 关键字 multiple 设置列表组件能否多选；
- 关键字 frame 设置边框宽度，单位为像素，默认值为 0；
- 关键字 xoffset 和 yoffset 分别设置列表组件在其父组件中的水平和垂直偏移量，单位是像素；
- 关键字 uname 为组件的用户定义名称；
- 关键字 uvalue 为组件的用户定义值；
- 关键字 event_pro 设置组件触发事件时 widget_event 函数调用的过程；
- 关键字 event_func 设置组件触发事件时 widget_event 函数调用的函数；
- 关键字 func_get_value 设置该组件调用 widget_control 过程的 get_value 关键字调用的函数名称；
- 关键字 pro_set_value 设置该组件调用 widget_control 过程的 set_value 关键字调用的过程名称。

下面给出了创建可多选的列表组件的一个例子：

```
IDL> base=widget_base(title='List', xsize=300, ysize=100)
IDL> lists=['下拉列表1', '下拉列表2', '下拉列表3', '下拉列表4']
IDL> dlist=widget_list(base, value=lists, xsize=30, ysize=3, $
> /multiple, /frame)
IDL> widget_control, base, /realize
```

程序运行结果见图 9.6。

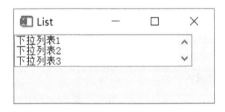

图 9.6　widget_list 函数创建的列表组件

函数 widget_droplist 和 widget_combobox 用于创建下拉列表组件，返回下拉列表组件 ID 号。两者主要区别在于 widget_combobox 创建的下拉列表可以输入文本，而 widget_droplist 创建的下拉列表只能选择已有内容。

语法：result=widget_droplist(parent [, value=value] [, xsize=value] [, ysize=value] [, frame=width] [, xoffset=value] [, yoffset=value] [, /editable] [, uname=string] [, uvalue=value] [, event_pro=string] [, event_func=string] [, func_get_value=string] [, pro_set_value=string])

- 参数 parent 为列表组件所属的父组件 ID 号；
- 关键字 value 设置列表组件显示和选择的内容；

- 关键字 xsize 和 ysize 分别设置组件 x 和 y 方向的尺寸，单位为像素；
- 关键字 frame 设置边框宽度，单位为像素，默认值为 0；
- 关键字 xoffset 和 yoffset 分别设置组件在其父组件中的水平和垂直偏移量，单位是像素；
- 关键字 editable 设置下拉列表的内容能否被编辑；
- 关键字 uname 为组件的用户定义名称，仅适用于 widget_combobox 函数；
- 关键字 uvalue 为组件的用户定义值；
- 关键字 event_pro 设置组件触发事件时 widget_event 函数调用的过程；
- 关键字 event_func 设置组件触发事件时 widget_event 函数调用的函数；
- 关键字 func_get_value 设置该组件调用 widget_control 过程的 get_value 关键字调用的函数名称；
- 关键字 pro_set_value 设置该组件调用 widget_control 过程的 set_value 关键字调用的过程名称。

下面分别给出了利用 widget_droplist 和 widget_combobox 函数创建下拉列表组件的例子：

```
IDL> base=widget_base(title='Droplist', xsize=300, ysize=100)
IDL> lists=['下拉列表1', '下拉列表2', '下拉列表3', '下拉列表4']
IDL> dlist=widget_droplist(base, value=lists, xsize=250, $
> ysize=40, /frame)
IDL> widget_control, base, /realize
```

程序运行结果见图 9.7。

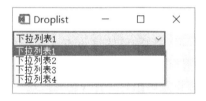

图 9.7  widget_droplist 函数创建的下拉列表组件

```
IDL> base=widget_base(title='Combobox', xsize=300, ysize=100)
IDL> dlist=widget_combobox(base, value=lists, xsize=250, /editable)
IDL> widget_control, base, /realize
```

程序运行结果见图 9.8。

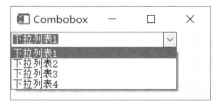

图 9.8  widget_combobox 函数创建的下拉列表组件

### 9.2.6 树组件

函数 widget_tree 用于创建树组件，返回树组件 ID 号。

语法：result=widget_tree(parent [, value=string] [, /folder] [, /expanded] [, /checkbox] [, checked=value] [, /multiple] [, xsize=value] [, ysize=value] [, /align_bottom | , /align_center | , /align_left | , /align_right | , /align_top] [, xoffset=value] [, yoffset=value] [, uname=string] [, uvalue=value] [, event_pro=string] [, event_func=string] [, func_get_value=string] [, pro_set_value=string])

- 参数 parent 为树组件所属的父组件 ID 号；
- 关键字 folder 设置树结构的文件夹节点；
- 关键字 expanded 设置文件夹处于打开状态；
- 关键字 checkbox 设置在树节点上创建一个复选框，0 为无复选框，1 为显示复选框；
- 关键字 checked 设置复选框状态，关键字值对应的状态见表 9.2，可通过 widget_info 函数获取关键字值；
- 关键字 multiple 设置树节点能否多选；
- 关键字 xsize 和 ysize 分别设置组件 x 和 y 方向的尺寸，单位为像素；
- 关键字 align_bottom、align_center、align_left、align_right 和 align_top 分别设置对齐方式为底部对齐、居中对齐、左对齐、右对齐和顶部对齐；
- 关键字 xoffset 和 yoffset 分别设置组件在其父组件中的水平和垂直偏移量，单位是像素；
- 关键字 uname 为组件的用户定义名称；
- 关键字 uvalue 为组件的用户定义值；
- 关键字 event_pro 设置组件触发事件时 widget_event 函数调用的过程；
- 关键字 event_func 设置组件触发事件时 widget_event 函数调用的函数；
- 关键字 func_get_value 设置该组件调用 widget_control 过程的 get_value 关键字调用的过程名称；
- 关键字 pro_set_value 设置该组件调用 widget_control 过程的 set_value 关键字调用的过程名称。

表 9.2 checked 关键字值对应的状态

| 节点类型 | 关键字值 | 类型 |
| --- | --- | --- |
| 文件夹节点 | 0 | 未选中 |
|  | 1 | 选中 |
|  | 2 | 混合状态，其子节点中有些被选中，有些未被选中 |
| 叶节点 | 0 | 未选中 |
|  | 1 | 选中 |

下面给出了创建树组件的一个例子：
```
IDL> base=widget_base(title='Tree', /column)
IDL> tree=widget_tree(base, xsize=300, ysize=150)
IDL> tree1=widget_tree(tree, value='一级节点1', /folder, /expanded)
IDL> tree2=widget_tree(tree, value='一级节点2')
IDL> tree1_1=widget_tree(tree1, value='二级节点1', /folder, /expanded)
IDL> tree1_2=widget_tree(tree1, value='二级节点2')
IDL> tree1_1_1=widget_tree(tree1_1, value='三级节点1')
IDL> widget_control, base, /realize
```
程序运行结果见图9.9。

图 9.9　widget_tree 函数创建的树组件

## 9.2.7　标签页组件

函数 widget_tab 用于创建标签页组件，结果返回标签页组件 ID 号。

语　法：　**result=widget_tab(parent [, xsize=value]　[, ysize=value]　[, location= {0 | 1 | 2 | 3}] [, /align_bottom | , /align_center | , /align_left | , /align_right | , /align_top] [, xoffset=value] [, yoffset=value] [, uname=string] [, uvalue=value] [, event_pro=string] [, event_func=string] [, func_get_value=string] [, pro_set_value=string])**

- 参数 parent 为标签页框组件所属的父组件 ID 号；
- 关键字 xsize 和 ysize 分别设置组件 x 和 y 方向的尺寸，单位为像素；
- 关键字 location 设置标签位置，值为 0、1、2、3 分别设置位置在上、下、左和右；
- 关键字 align_bottom、align_center、align_left、align_right 和 align_top 分别设置对齐方式为底部对齐、居中对齐、左对齐、右对齐和顶部对齐；
- 关键字 xoffset 和 yoffset 分别设置组件在其父组件中的水平和垂直偏移量，单位是像素；
- 关键字 uname 为组件的用户定义名称；
- 关键字 uvalue 为组件的用户定义值；
- 关键字 event_pro 设置组件触发事件时 widget_event 函数调用的过程；
- 关键字 event_func 设置组件触发事件时 widget_event 函数调用的函数；
- 关键字 func_get_value 设置该组件调用 widget_control 过程的 get_value 关键字调

用的函数名称；
- 关键字 pro_set_value 设置该组件调用 widget_control 过程的 set_value 关键字调用的过程名称。

```
IDL> base=widget_base(title='Tab')
IDL> tab=widget_tab(base, xsize=300, ysize=150, location=0)
IDL> tab1=widget_base(tab, title='页面1', /frame)
IDL> tab2=widget_base(tab, title='页面2')
IDL> tab3=widget_base(tab, title='页面3')
IDL> widget_control, base, /realize
```

程序运行结果见图 9.10。

图 9.10 widget_tab 函数创建的标签页组件

### 9.2.8 显示组件

函数 widget_draw 用于创建显示组件，显示各种图形、图像和输出各种文字信息，返回显示组件标识符。

语法：**result=widget_draw(parent [, graphics_level=value] [, /color_model] [, xsize=value] [, ysize=value] [, /scroll] [, x_scroll_size=value] [, y_scroll_size=value] [, frame=width] [, xoffset=value] [, yoffset=value] [, uname=string] [, uvalue=value] [, event_pro=string] [, event_func=string] [, func_get_value=string] [, pro_set_value=string])**

- 参数 parent 为显示组件所属的父组件 ID 号；
- 关键字 graphics_level 设置采用对象图形法或直接图形法显示，2 为对象图形法，其他值为直接图形法（默认值）；
- 关键字 color_model 设置对象图形法的颜色模型，1 为索引颜色，其他值为 RGB 颜色（默认值）；
- 关键字 xsize 和 ysize 分别设置组件 x 和 y 方向的尺寸，单位为像素；
- 关键字 scroll 设置为组件添加滚动条；
- 关键字 x_scroll_size 和 y_scroll_size 分别设置滚动窗口 x 和 y 方向的尺寸，单位为像素；
- 关键字 frame 设置边框宽度，单位为像素，默认值为 0；

- 关键字 xoffset 和 yoffset 分别设置组件在其父组件中的水平和垂直偏移量，单位为像素；
- 关键字 uname 为组件的用户定义名称；
- 关键字 uvalue 为组件的用户定义值；
- 关键字 event_pro 设置组件触发事件时 widget_event 函数调用的过程；
- 关键字 event_func 设置组件触发事件时 widget_event 函数调用的函数；
- 关键字 func_get_value 设置该组件调用 widget_control 过程的 get_value 关键字调用的过程名称；
- 关键字 pro_set_value 设置该组件调用 widget_control 过程的 set_value 关键字调用的过程名称。

下面给出了使用 IDL 直接图形法的绘图组件的一个例子：

```
IDL> base=widget_base(title='Draw', /column)
IDL> draw=widget_draw(base, xsize=350, ysize=350, $
> x_scroll_size=300, y_scroll_size=200, graphics_level=1, $
> retain=0)
IDL> widget_control, base, /realize
IDL> tvscl, dist(350)   ;线性拉伸显示
```

程序运行结果见图 9.11。

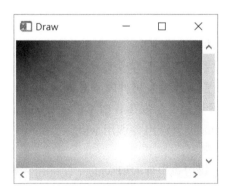

图 9.11　widget_draw 函数创建显示组件的应用实例

## 9.2.9　表格组件

函数 widget_table 用于创建表格组件，返回表格组件标识符。

语法：**result=widget_table(parent [, value=value] [, alignment={0 | 1 | 2}] [, /editable] [, format=value] [, column_labels=string_array] [, row_labels=string_array] [, /no_headers] [, /no_column_headers] [, /no_row_headers] [, xsize=value] [, ysize=value] [, frame=width] [, /scroll] [, x_scroll_size=value] [, y_scroll_size=value] [, xoffset=value] [, yoffset=value] [, uname=string] [, uvalue=value] [, /all_events] [, event_pro=string]**

[, event_func=string] [, func_get_value=string] [, pro_set_value=string])

- 参数 parent 为表格组件所属的父组件 ID 号；
- 关键字 value 设置表格显示的初始内容；
- 关键字 alignment 设置表格内容对齐方式，该关键字可以是一个标量或者一个二维数组，标量表示所有单元格对齐方式统一，默认值 0 为左对齐，1 为居中对齐，2 为右对齐，二维数组中的每个值分别设置每个单元格的对齐方式；
- 关键字 editable 设置表格内容能否被编辑，默认值 0 为不可编辑，非 0 值为可编辑；
- 关键字 format 设置表格内容的格式，与 print 的 format 关键字等同；
- 关键字 column_labels 和 row_labels 分别设置列标签和行标签；
- 关键字 no_headers 设置不显示行和列标签；
- 关键字 no_column_headers 和 no_row_headers 分别设置不显示列标签和行标签；
- 关键字 xsize 和 ysize 分别设置组件 x 和 y 方向的尺寸，xsize 单位为字符宽度，ysize 单位为行；
- 关键字 frame 设置边框宽度，单位为像素，默认值为 0；
- 关键字 scroll 设置为组件添加滚动条；
- 关键字 x_scroll_size 和 y_scroll_size 分别设置滚动窗口 x 和 y 方向的尺寸，x_scroll_size 单位为字符宽度，y_scroll_size 单位为行；
- 关键字 xoffset 和 yoffset 分别设置组件在其父组件中的水平和垂直偏移量，单位是像素；
- 关键字 uname 为组件的用户定义名称；
- 关键字 uvalue 为组件的用户定义值；
- 关键字 all_events 设置当表格内容改变时，产生一个事件；
- 关键字 event_pro 设置组件触发事件时 widget_event 函数调用的过程；
- 关键字 event_func 设置组件触发事件时 widget_event 函数调用的函数；
- 关键字 func_get_value 设置该组件调用 widget_control 过程的 get_value 关键字调用的过程名称；
- 关键字 pro_set_value 设置该组件调用 widget_control 过程的 set_value 关键字调用的过程名称。

```
IDL> base=widget_base(title='Table')
IDL> data=indgen(5, 6)
IDL> cnames=['C1', 'C2', 'C3', 'C4', 'C5']
IDL> rnames=['R1', 'R2', 'R3', 'R4', 'R5', 'R6']
IDL> table=widget_table(base, value=data, x_scroll_size=4, $
> y_scroll_size=5, column_labels=cnames, row_labels=rnames)
IDL> widget_control, base, /realize
```

程序运行结果见图 9.12。

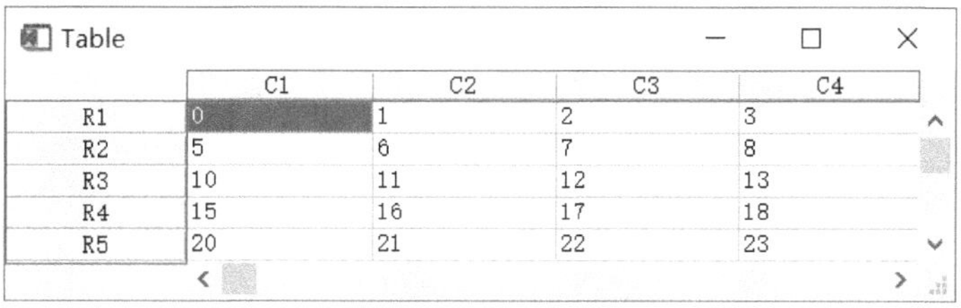

图 9.12 widget_table 函数创建的表格组件

### 9.2.10 对话框组件

函数 dialog_pickfile 用于创建文件选择对话框组件，在 4.2.2 节已经提及，不再赘述。函数 dialog_message 用于创建消息对话框组件，返回对话框中用户点击按钮的标签值。

语法：**result=dialog_message(message_text [, title=string] [, /error | , /information | , /question] [, /cancel] [, /default_cancel | , /default_no] [, /center])**

- 参数 message_text 设置消息对话框文本信息；
- 关键字 title 设置消息对话框标题；
- 关键字 error、information 和 question 分别设置窗口类型为错误消息、信息消息和问题消息对话框，如果 3 个关键字都未设置则默认提醒消息对话框，这 3 种窗口的图标形式不同，另外问题消息窗口默认按钮为"是"和"否"，而其他 2 种窗口默认按钮为"确定"；
- 关键字 cancel 设置在对话框中添加一个"取消"按钮；
- 关键字 default_cancel 设置对话框的默认按钮为"取消"按钮；
- 关键字 default_no 设置对话框的默认按钮为"否"按钮；
- 关键字 center 设置文本内容居中显示。

```
IDL> msg=dialog_message('提醒消息',title='Message',/information)
IDL> help, msg
MSG             STRING    = 'OK'
```

程序运行结果见图 9.13。

图 9.13 dialog_message 函数创建的提醒消息对话框组件

```
IDL> msg=dialog_message('问题消息', title='Question', /question)
IDL> help, msg
```

```
MSG              STRING    = 'Yes'
```
程序运行结果见图 9.14。

图 9.14  dialog_message 函数创建的问题消息对话框组件

### 9.2.11 复合组件

除了基础组件之外，IDL 还提供具有一定独立功能的复合组件，如数据输入组件、颜色表选择组件、RGB 滑动条取值组件等。这些组件是基础组件的有机组合，均以 cw 开头。

函数 cw_field 用于创建数据输入组件，返回数据输入组件 ID 号。

语法：**result=cw_field(parent, [, title=string] [, value=value] [, /noedit] [, xsize=value] [, ysize=value] [, frame=width] [, uname=string] [, uvalue=value] [, /all_events] [, /return_events])**

- 参数 parent 为数据输入组件所属的父组件 ID 号；
- 关键字 title 设置数据输入标签显示的内容；
- 关键字 value 设置数据输入文本框内显示的初始内容；
- 关键字 noedit 设置数据输入文本框内容不可编辑，默认值为可编辑；
- 关键字 xsize 和 ysize 分别设置组件 x 和 y 方向的尺寸，xsize 单位为字符宽度，ysize 单位为行；
- 关键字 frame 设置边框宽度，单位为像素，默认值为 0；
- 关键字 uname 为组件的用户定义名称；
- 关键字 uvalue 为组件的用户定义值；
- 关键字 all_events 设置当数据输入文本框内容改变时，产生一个事件；
- 关键字 return_events 设置当文本框内输入回车时，返回一个事件。

```
IDL> base=widget_base(title='Field')
IDL> field=cw_field(base, title='名称：', xsize=25, ysize=1, /frame)
IDL> widget_control, base, /realize
```

程序运行结果见图 9.15。

图 9.15  cw_field 函数创建的数据输入组件

限于篇幅，其余复合组件此处不再介绍，详情可参考 IDL 的 help，在搜索框中输入"Widget Routines, Compound"可获得所有复合组件的列表。

## 9.3 组件控制

组件创建完成后，需要对组件进行相关操作，包括组件的信息获取以及管理等。

函数 widget_info 用于获取组件信息，返回指定的组件信息。

**语法**：result=widget_info([widget_id] [, /parent] [, /map] [, /child] [, /geometry] [, /uname] [, /name] [, find_by_uname=string] [, /event_pro] [, /event_func]

- 参数 widget_id 为组件的标识符；
- 关键字 parent 设置返回组件所属的父组件 ID 号；
- 关键字 map 设置返回组件的可见状态；
- 关键字 child 设置返回组件的子组件 ID 号；
- 关键字 geometry 设置返回组件的位置和大小等信息；
- 关键字 uname 设置返回组件的用户定义名称；
- 关键字 name 设置返回组件的类型名称；
- 关键字 find_by_uname 设置查找所属组件 uname 值与该关键字值相等的组件，返回该组件 ID 号；
- 关键字 event_pro 设置返回组件关联的事件响应过程名称；
- 关键字 event_func 设置返回组件关联的事件响应函数名称。

```
IDL> base=widget_base(title='Text', /column)
IDL> button1=widget_button(base, value='打开文件', uname='Open')
IDL> button2=widget_button(base, value='关闭文件', uname='Close')
IDL> help, widget_info(base, /child)
<Expression>    LONG      =         2
IDL> help, widget_info(button1, /name)
<Expression>    STRING    = 'BUTTON'
IDL> help, widget_info(button1, /parent)
<Expression>    LONG      =         1
IDL> help, widget_info(button1, /uname)
<Expression>    STRING    = 'Open'
IDL> help, widget_info(button2, /uname)
<Expression>    STRING    = 'Close'
```

过程 widget_control 用于显示、管理和销毁组件，具体语法见 9.2.1 节。

```
IDL> widget_control, base, /realize
```

## 9.4 事件处理

过程 xmanager 用于处理组件产生的事件，调用事件响应程序。当所关联的组件存在时 xmanager 进程一直生效，直至组件被销毁。

语法：**xmanager [, name, id] [, event_handler='procedure_name'] [, /no_block]**

- 参数 name 为创建 widget 的过程名称；
- 参数 id 为需要控制的顶层容器组件 ID 号；
- 关键字 event_handler 设置事件发生时调用的过程名称，若该关键字未设置则默认值为参数 name 加上'_event'组成的过程名；
- 关键字 no_block 设置是否屏蔽命令行。

事件响应程序是个过程，当事件产生后，调用该过程。其形式通常为

```
pro program_event, var
    ......
end
```

其中，参数 var 为事件结构体变量，包含组件的相关信息，通常命名为 event 或者 ev。事件结构体变量包含 3 个通用的域：id 为产生事件的组件 ID 号，top 为组件所属顶层组件的 ID 号，handle 为与组件响应程序关联的组件 ID 号。除了这 3 个通用的域之外，不同的事件还包含其他不同的域。

在事件响应程序中，可以在创建组件时设定产生事件的关键字（如 event_func、event_pro、all_events 等），触发事件后调用关键字关联的过程或者函数。如果在创建组件时未指定产生事件的关键字，可以通过 xmanager 过程的 event_handler 关键字指定。

下面给出了事件处理的一个例子。按钮组件通过 event_pro 关键字设定事件响应程序，程序运行后显示包括两个按钮的图形界面（图 9.16），点击按钮弹出相应的消息框，如点击 Button1 按钮，会弹出消息框"Button1 was clicked"（图 9.17）。

```
pro Event_test1
;测试组件响应事件

  ;定义组件
  base=widget_base(title='Event_test1', xsize=320, ysize=50, /row)
  button1=widget_button(base, xsize=150, value='Button1', $
    event_pro='button1_click_event')
  button2=widget_button(base, xsize=150, value='Button2', $
    event_pro='button2_click_event')

  ;显示组件
  widget_control, base, /realize
```

```
  ;组件响应管理
  xmanager, 'Event_test1', base, /no_block

end


;##########################################################

pro button1_click_event, event

  msg=dialog_message('Button1 was clicked', /information)

end


;##########################################################

pro button2_click_event, event

  msg=dialog_message('Button2 was clicked', /information)

end
```

图 9.16　Event_test1 程序生成的图形界面

图 9.17　点击 Button1 弹出的消息框

下面给出了另一种事件处理方式的一个例子，按钮组件未定义事件响应程序，根据按钮组件 uname 值判断哪个按钮被点击，通过 xmanager 过程设定事件响应程序。程序运行效果与上面例子相同。

```
pro Event_test2
;测试组件响应事件

  ;定义组件
  base=widget_base(title='Event_test2', xsize=310, ysize=50, /row)
  button1=widget_button(base, xsize=150, value='Button1', $
    uname='button1')
  button2=widget_button(base, xsize=150, value='Button2', $
    uname='button2')

  ;显示组件
  widget_control, base, /realize

  ;组件响应管理
  xmanager, 'Event_test2', base, event_handler='button_event'

end


;##############################################################

pro button_event, event
;按钮组件事件响应程序

  ;根据产生事件的组件ID号获取其uname
  uname=widget_info(event.id, /uname)

  ;根据uname值进行不同的事件响应
  if uname eq 'button1' then begin
    msg=dialog_message('Button1 was clicked', /information)
  endif else begin
    msg=dialog_message('Button2 was clicked', /information)
  endelse

end
```

在事件处理过程中，可以通过组件的 uvalue 关键字传递数据，针对某些特定组件，还有其他关键字可以用于传递数据。下面给出了通过 uvalue 关键字传递数据的一个例子：

```
pro Event_test3
;测试组件响应事件

  ;定义组件
  base=widget_base(title='Event_test3', xsize=300, ysize=240, $
    /column)

  text1=widget_text(base, ysize=3, value='abc', /editable, $
    uname='text', uvalue='ABC')
  button1=widget_button(base, value='Get value from text widget', $
    xsize=285, uname='button1', event_pro='button_event')
  button2=widget_button(base, value='Get uvalue from text widget', $
    xsize=285, uname='button2', event_pro='button_event')
  button3=widget_button(base, value='Set uvalue from input text', $
    xsize=285, uname='button3', event_pro='button_event')

  ;显示组件
  widget_control, base, /realize

  ;组件响应管理
  xmanager, 'Button_event3', base

end


;############################################################

pro button_event, event
  ;按钮组件事件响应程序

  ;根据产生事件的组件ID号获取其uname
  uname=widget_info(event.id, /uname)

  ;根据uname值进行不同的事件响应
  case uname of
    'button1': begin
      txt=widget_info(event.top, find_by_uname='text')
      widget_control, txt, get_value=value
```

```
      print, 'Value:', value
    end
    'button2': begin
      txt=widget_info(event.top, find_by_uname='text')
      widget_control, txt, get_uvalue=uvalue
      print, 'Uvalue:', uvalue
    end
    else: begin
      txt=widget_info(event.top, find_by_uname='text')
      widget_control, txt, get_value=value
      widget_control, txt, set_uvalue=value
      widget_control, txt, get_uvalue=uvalue
      print, 'Uvalue:', uvalue
    end
  endcase
end
```

程序运行后，显示如下界面（图9.18）。点击"Get value from text widget"按钮，在控制台输出该组件的 value 值；点击"Get uvalue from text widget"按钮，在控制台输出该组件的 uvalue 值；在文本框输入任一文本，点击"Set uvalue from input text"按钮，在控制台输出该组件的 uvalue 值，该值已经被修改为输入的文本值。

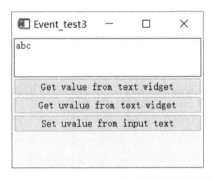

图9.18　Event_test3 程序生成的图形界面

```
value: abc
uvalue:ABC
uvalue: 12345
```

在开发具有图形界面的程序时，通常首先设计图形界面及对应组件，然后利用组件的 uname、uvalue、value 等实现数据的传递，触发相应的事件响应程序。下面给出了根据遥感传感器类型计算不同植被指数的图形界面程序的一个例子：

```
pro Event_VI
```

```
;计算植被指数的GUI程序

  ;定义组件
  base=widget_base(title='Vegetation Index calculator', xsize=300, $
    ysize=260, /column)

  base1=widget_base(base, xsize=300, /column, /frame)
  base11=widget_base(base1, /row)
  label1=widget_label(base11, value='Remote sensing data:')
  button1=widget_button(base11, xsize=65, value='Choose', $
    uname='button1', event_pro='get_fn')
  text1=widget_text(base1, uname='text1')

  base2=widget_base(base, xsize=300, /column, /frame)
  label2=widget_label(base2, value='Satellite sensor type:')
  lists1=['Landsat TM/ETM+', 'Landsat OLI']
  dlist1=widget_droplist(base2, xsize=285, value=lists1, $
    uname='list1', uvalue=0, event_pro='get_sensor_type')
  label3=widget_label(base2, value='Vegetation index:')
  lists2=['NDVI', 'RVI', 'DVI']
  dlist2=widget_droplist(base2, xsize=285, value=lists2, $
    uname='list2', uvalue=0, event_pro='get_vi_type')

  base3=widget_base(base, xsize=300, /column, /frame)
  base31=widget_base(base3, /row)
  label4=widget_label(base31, value='Resutl save as:')
  button2=widget_button(base31, xsize=80, value='Choose', $
    uname='button2', event_pro='get_fn')
  text2=widget_text(base3, uname='text2')

  button3=widget_button(base, xsize=200, uname='button3', $
    value='Calculate vegetation index', event_pro='cal_vi')

  ;显示组件
  widget_control, base, /realize

  ;组件响应管理
  xmanager, 'Event_VI', base, /no_block
```

```
end



;##############################################################

pro get_fn, event
;按钮事件响应函数，获取文件名

  b_uname=widget_info(event.id, /uname)
  if b_uname eq 'button1' then begin
    title='Remote sensing data'
    t_uname='text1'
  endif else begin
    title='Result save as'
    t_uname='text2'
  endelse

  fn=dialog_pickfile(title=title)
  txt=widget_info(event.top, find_by_uname=t_uname)
  widget_control, txt, set_value=fn

end



;##############################################################

pro get_sensor_type, event
  ;列表事件响应函数，获取传感器类型

  lindex=event.index
  widget_control, event.id, set_uvalue=lindex



end



;##############################################################
```

```
pro get_vi_type, event
  ;列表事件响应函数,获取植被类型

  lindex=event.index
  widget_control, event.id, set_uvalue=lindex

end


;###############################################################

pro cal_vi, event
  ;计算植被指数按钮事件响应函数

  ;启动没有界面的ENVI进程
  compile_opt idl2
  envi, /restore_base_save_files
  envi_batch_init

  ;获取遥感数据文件名
  txt=widget_info(event.top, find_by_uname='text1')
  widget_control, txt, get_value=fn

  ;打开数据
  envi_open_file, fn, r_fid=fid
  envi_file_query, fid, ns=ns, nl=nl, nb=nb, dims=dims
  map_info=envi_get_map_info(fid=fid)

  ;根据传感器类型读取红外和近红外波段
  dlist=widget_info(event.top, find_by_uname='list1')
  widget_control, dlist, get_uvalue=sensor_type
  if sensor_type eq 0 then begin   ;Landsat TM/ETM+
    pos_r=2
    pos_nir=3
  endif else begin   ;Landsat OLI
    pos_r=3
    pos_nir=4
  endelse
```

```
r=envi_get_data(fid=fid, dims=dims, pos=pos_r)
nir=envi_get_data(fid=fid, dims=dims, pos=pos_nir)

;根据植被指数类型计算植被指数
dlist=widget_info(event.top, find_by_uname='list2')
widget_control, dlist, get_uvalue=vi_type
case vi_type of
  0: vi=(float(nir)-r)/(float(nir)+r)  ;NDVI
  1: vi=float(nir)/r ;RVI
  else: vi=float(nir)-r ;DVI
endcase

;获取输出文件名并保存结果
txt=widget_info(event.top, find_by_uname='text2')
widget_control, txt, get_value=o_fn
envi_write_envi_file, VI, out_name=o_fn, map_info=map_info

;关闭ENVI进程
envi_batch_exit
msg=dialog_message('Finish!',title='Information' , /information)

end
```

程序运行结果见图 9.19。

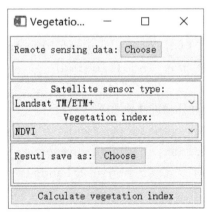

图 9.19  Event_VI 程序生成的图形界面

# 第 10 章　程序打包与调用

程序开发完成后，为了方便其他用户使用需要对程序进行封装，即打包。IDL 提供的打包方式分为 sav 文件打包与 exe 文件打包两种。

## 10.1　sav 文件

### 10.1.1　打包 sav 文件

sav 文件是 IDL 特有的打包文件类型，其文件后缀为 sav，能够保存过程、函数、对象和数据，便于程序和数据的共享和发布。

过程 save 用于将自定义变量、系统变量或过程打包为 sav 文件。

语法：**save [, var$_1$,…, var$_n$] [, /variables] [, /all] [, /routines] [, filename=string] [, /compress]**

- 参数 var$_1$,…, var$_n$ 为需要保存的变量或者程序（过程和函数）；
- 默认关键字 variables 设置保存参数 var 指定的变量或者程序，如果参数 var 未设置则保存当前所有变量或者程序；
- 关键字 all 设置保存当前程序中的所有系统变量、公共变量、自定义变量；
- 关键字 routines 设置保存用户自定义的过程和函数；
- 关键字 filename 设置 sav 文件名，注意文件名要与主过程 pro 名称一致；
- 关键字 compress 设置压缩 sav 文件。

过程 restore 用于载入 sav 文件所保存的变量和程序。

语法：**restore [, filename]**

- 参数 filename 为 sav 文件名。

下面给出了使用过程 save 和 restore 保存与载入变量的一个例子：

```
IDL> data=indgen(3, 4)
IDL> save, data, filename='sav1.sav'
IDL> delvar, data
IDL> help, data
DATA            UNDEFINED = <Undefined>
IDL> restore, 'sav1.sav'
IDL> help, data
DATA            INT       = Array[3, 4]
```

对于需要打包的程序，首先编译该程序，然后调用过程 save 将 IDL 编译过的程序打包为 sav 文件。

```
pro sav2
```

```
;对数字图像进行重采样

;读入数字图像
fn=dialog_pickfile(title='打开图像文件')
img=read_image(fn)

;查询图像信息
flag=query_image(fn, img_info)
nb=img_info.channels
dim=img_info.dimensions
ns=dim[0]
nl=dim[1]

;重采样并保存
img_resized=congrid(img, nb, ns/2, nl/2)
o_fn=dialog_pickfile(title='结果保存为')+'.jpeg'
write_image, o_fn, 'jpeg', img_resized

end
```

编译 sav2 过程后，在控制台利用 save 过程将 sav2 过程打包为 sav 文件。点击工具栏"Reset Session"按钮或者在控制台输入".reset_session"命令重置 IDL，此时 IDL 中没有任何自定义程序为已编译状态。再利用 restore 过程载入 sav 文件，此时 IDL 中 sav2 过程为已编译状态，可以直接调用。

```
IDL> save, 'sav2', /routines, filename='sav2.sav'
IDL> .reset_session    ;重置IDL
IDL> help, /pro        ;查看已编译IDL程序
Compiled Procedures:
$MAIN$
IDL> restore, 'sav2.sav'
IDL> help, /pro
Compiled Procedures:
$MAIN$
SAV2
```

当需要打包多个 pro 文件时，需要对所有程序进行编译后才能运行 save 过程。如有两个 IDL 程序：sav3.pro 和 resize_img.pro：

```
pro sav3
  ;对数字图像进行重采样
```

```
  fn=dialog_pickfile(title='打开图像文件')
  o_fn=dialog_pickfile(title='结果保存为')+'.jpeg'

  img_resized=resize_img(fn)
  write_image, o_fn, 'jpeg', img_resized

end

function resize_img, fn

  ;读取图像
  img=read_image(fn)

  ;查询图像信息
  flag=query_image(fn, img_info)
  nb=img_info.channels
  dim=img_info.dimensions
  ns=dim[0]
  nl=dim[1]

  ;重采样
  img_resized=congrid(img, nb, ns/2, nl/2)
  return, img_resized

end
```

分别编译两个 pro 文件，运用 save 过程将其打包为 sav 文件。

```
IDL> save, 'sav3', 'resize_img', /routines, filename='sav3.sav'
IDL> .RESET_SESSION
IDL> help, /pro, /functions
Compiled Procedures:
$MAIN$

Compiled Functions:
IDL> restore, 'sav3.sav'
IDL> help, /pro, /functions
Compiled Procedures:
$MAIN$
SAV3
```

```
Compiled Functions:
RESIZE_IMG                fn
```

对于多个 pro 文件，可以构建 IDL 工程实现批量打包。

在 IDL 项目管理窗口**右键菜单→新建工程**，或者 **File 菜单→新建工程**，打开新建 IDL 工程对话框（图 10.1）。可以在当前默认路径下新建工程，或者从已存在路径创建工程。如果选择后者，已存在路径中的所有文件会自动导入工程。

图 10.1 新建 IDL 工程对话框

在构建的工程项目上**右键菜单→Build Project**，或者 **Project 菜单→Build Project** 进行构建，IDL 控制台会出现构建进度和结果提示。

```
...
% SAVE: Saved function: RESIZE_IMG.
% SAVE: Skipped function: RESOLVE_ALL_BODY.
% SAVE: Saved function: SWAP_ENDIAN.
*** SAV文件  At: E:\Tempwork\sav3\sav3.sav
*** 构建完成：时间 = 0.34s
```

也可以通过 save 过程来实现 ENVI 二次开发程序的打包，要注意在代码开头加入修改 IDL 编译规则和调用 ENVI 的代码，避免编译时无法找到 ENVI 函数。重置 IDL 后直接编译，这样保存的 sav 文件较小且能够保证正常载入。

下面的程序调用 ENVI 功能打开遥感图像并进行重采样。

```
pro sav4
;调用ENVI功能进行重采样

  ;启动没有界面的ENVI进程
  compile_opt idl2
  envi, /restore_base_save_files
```

```
envi_batch_init

;读入ENVI数据进行重采样
fn=dialog_pickfile(title='打开遥感数据')
envi_open_file, fn, r_fid=fid
envi_file_query, fid, nb=nb, dims=dims
pos=[0:nb-1]
o_fn=dialog_pickfile(title='结果保存为')
envi_doit, 'resize_doit', fid=fid, dims=dims, pos=pos, $
  r_fid=fid_resized, out_name=o_fn, interp=3, rfact=[2,2]

;关闭ENVI进程
envi_batch_exit

end
```

重置 IDL 后编译该过程，调用 save 过程或者构建工程打包为 sav 文件。

```
IDL> save, 'sav4', /routines, filename='sav4.sav'
```

### 10.1.2 调用 sav 文件

在 IDL 控制台中使用 restore 过程载入 sav 文件后，可以直接调用 sav 文件中的过程或者函数。此外，还有几种方式可以运行 sav 文件，包括双击运行、IDL 虚拟机运行和 window 命令行调用等。

需要注意的是，这些方式并非是在 IDL 环境下运行，如果自定义程序还调用了其他程序，不能只打包自定义程序。如 10.1.1 节中的 sav2 过程调用了 read_image 函数，只把 sav2.pro 打包为 sav 文件，在 IDL 控制台中可以正常调用，但是使用其他方式调用会报错，提醒 read_image 函数未定义。需要将程序编译并运行后，以不指定具体程序名的方式调用 save 过程进行打包。但是对于调用了 ENVI 功能的自定义程序，还是按照原先打包方式打包。

```
IDL> save, /routines, filename='sav2.sav'
```

**1. 双击运行**

当 sav 文件与主程序名称一致时，直接双击 sav 文件打开 IDL Virtual Machine 虚拟机对话框，点击"Click to Continue"按钮即可运行。如果文件打开方式无效时，需要设置文件打开方式为 IDL 安装路径下"…\ENVI56\IDL88\bin\bin.x86_64\ idlrt_admin.exe"。

**2. IDL 虚拟机调用**

**Windows 开始菜单→ENVI5.6→IDL8.8→Tools→IDL 8.8 Virtual Machine**，启动 IDL 虚拟机（图 10.2），点击"Click To Continue"打开弹出 Please select IDL save file 窗口，

选择需要调用的 sav 文件即可运行。

图 10.2　IDL Virtual Machine 虚拟机对话框

3. 命令行调用

在 Windows 命令提示符窗口输入命令可以运行 sav 文件，其他编程语言也可以通过这种方式调用 IDL 的 sav 文件。

语法：**"idlrt.exe 完整路径" "sav 文件完整路径"**

以 10.1.1 节中的 sav4.sav 文件为例，在 Windows 命令提示符窗口输入："D:\Program Files\Harris\ENVI56\IDL88\bin\bin.x86_64\idlrt.exe" "E:\Tempwork\sav4.sav"（图 10.3），调用 sav 文件。

图 10.3　Windows 命令提示符窗口调用 sav 文件

如果 IDL 程序需要从外部输入参数，可以在命令行中通过-arg（单个参数）或-args（单个或者多个参数）以字符串形式获取所需参数。相应地，在 IDL 程序中要使用函数 command_line_args 提取命令行中提供的参数值。

函数 command_line_args 用于提取命令行状态下-arg 或者-args 后的字符串参数。

语法：**result=command_line_args([count=variable])**

- 关键字 count 返回提取的参数数目。

下面给出了从命令行获取参数（输入文件名和输出文件名）的遥感图像重采样程序的一个例子：

```
pro sav5
;调用ENVI功能进行重采样，并从命令行获取参数

  ;启动没有界面的ENVI进程
```

```
compile_opt idl2
envi, /restore_base_save_files
envi_batch_init

;提取命令行参数
args=command_line_args(count=count)
fn=args[0]    ;输入文件名
o_fn=args[1]  ;输出文件名

;进行重采样
envi_open_file, fn, r_fid=fid
envi_file_query, fid, nb=nb, dims=dims
pos=[0:nb-1]
envi_doit, 'resize_doit', fid=fid, dims=dims, pos=pos, $
  r_fid=fid_resized, out_name=o_fn, interp=3, rfact=[2,2]

;关闭ENVI进程
envi_batch_exit

end
```

打包为 sav5.sav 文件后，在 Windows 命令提示符窗口输入："D:\Program Files\Harris\ENVI56\IDL88\bin\bin.x86_64\idlrt.exe"  "E:\Tempwork\sav5.sav"-args  "E:\Tempwork\Data_OLI" "E:\Tempwork\Data_OLI_resized"（图 10.4），调用 sav 文件。

图 10.4  Windows 命令提示符窗口调用带参数的 sav 文件

## 10.2  exe 文件

### 10.2.1  打包 exe 文件

过程 make_rt 用于将创建的 sav 文件打包为 exe 文件。

语法：**make_rt, appname, outdir, [, savefile=path] [, /overwrite]**

- 参数 appname 设置程序名称；
- 参数 outdir 设置程序输出路径；

- 关键字 savefile 设置包含完整路径的 sav 文件名；
- 关键字 overwrite 设置在输出路径覆盖现有文件，如果该关键字未设置且输出路径不为空，则会报错。

以 10.1.1 节中的 sav2.sav 为例，将其打包为 exe 文件：

```
IDL> make_rt, 'sav2', 'E:\tempwork', $
> savefile='E:\tempwork\sav2.sav', /overwrite
```

打包后，在"E:\tempwork"路径下会生成一个名为"sav2"的目录，内有包括 sav2.exe 文件在内的若干文件（图 10.5）。

| 名称 | 类型 | 大小 |
| --- | --- | --- |
| IDL88 | 文件夹 | |
| license | 文件夹 | |
| idl | ICO图片文件 | 60 KB |
| log | 文本文档 | 50 KB |
| sav2 | 应用程序 | 86 KB |
| sav2 | 配置设置 | 1 KB |
| sav2 | SAV 文件 | 2,821 KB |
| splash | BMP图片文件 | 141 KB |

图 10.5　打包生成的 exe 文件及其他相关文件

## 10.2.2　调用 exe 文件

### 1. 双击运行

对于未调用 ENVI 功能的 IDL 程序，直接点击打包得到的 exe 文件，弹出 IDL Virtual Machine Application 对话框（图 10.6），点击 "sav2" 按钮即可运行程序。

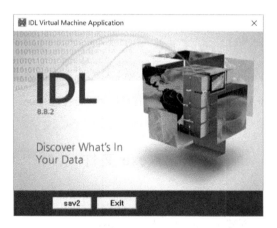

图 10.6　exe 文件运行时弹出的虚拟机窗口

如果不想显示虚拟机窗口，可以编辑路径下与程序同名的 ini 配置文件。配置文件为 ASCII 码文件，用文本编辑器打开后（图 10.7），将 ini 配置文件中[DIALOG]的 Show

字段修改为 False，即可不显示虚拟机窗口直接运行。

图 10.7　修改后的 sav2 程序配置文件

对于调用 ENVI 功能的 IDL 程序，在使用 make_rt 过程打包 exe 文件后，需将 ini 配置文件中[BUTTON1]的 Action 字段 idlrt.exe 路径修改为本地 IDL 安装的绝对路径，否则会报错。以 10.1.1 节中的 sav4 程序为例，首先将其打包为 exe 文件，然后修改配置文件，将该字段修改为："Action=D:\Program Files\Harris\ENVI56\IDL88\bin\bin.x86_64\idlrt.exe -rt=sav4.sav"（图 10.8）。

```
IDL> make_rt, 'sav4', 'E:\tempwork', $
> savefile='E:\tempwork\sav4.sav', /overwrite
```

图 10.8　修改后的 sav4 程序配置文件

如果不显示虚拟机界面直接运行，则要将 ini 配置文件中[DIALOG]的 Show 字段改为 False，并将 DefaultAction 字段 idlrt.exe 路径修改为本地 IDL 安装的绝对路径。

如果程序需要输入参数，则需要在去除第一个窗口显示的基础上，在[DIALOG]的

DefaultAction 字段末尾添加-arg 或-args 并按顺序写入字符串类型的参数，格式同 10.1.2 节中调用带参数的 sav 文件。以 10.1.2 节中的 sav5 程序为例，首先将其打包为 exe 文件，然后修改 ini 配置文件，将[DIALOG]的 Show 字段改为 False，将 DefaultAction 字段修改为：DefaultAction=D:\Program Files\Harris\ENVI56\IDL88\bin\bin.x86_64\idlrt.exe -rt=sav5.sav -args "E:\Tempwork\Data_OLI" "E:\Tempwork\Data_OLI_resized"（图 10.9）。

```
IDL> make_rt, 'sav5', 'E:\tempwork', $
>  savefile='E:\tempwork\sav5.sav', /overwrite
```

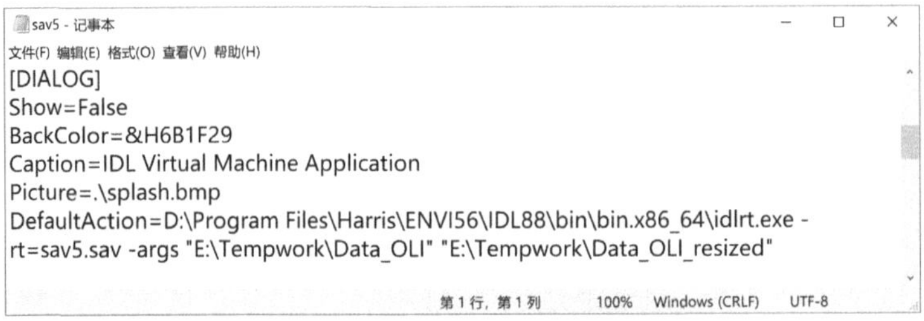

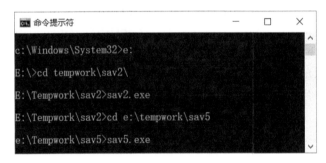

图 10.9  修改后的 sav5 程序配置文件

2. 命令行调用

在 Windows 命令提示符窗口输入命令可以运行 exe 文件，程序对应的 ini 文件中的窗口、输入参数等配置仍旧生效。

以 sav2.exe 和 sav5.exe 文件为例，在 Windows 命令提示符窗口将当前路径切换到 sav 文件所在路径，然后运行 exe 程序即可（图 10.10）。

图 10.10  Windows 命令提示符窗口调用 exe 文件

# 实战篇

# 第 11 章  IDL 遥感数据处理实例

## 11.1  气温移动观测数据处理

利用便携式移动气象站与手持 GNSS 设备进行气温移动观测，移动气象站获取观测路线的气温与时间信息，手持 GNSS 设备获取观测路线的经纬度与时间信息。以时间为中介变量，将气温与经纬度信息关联起来，生成具有经纬度坐标的气温数据。

气温观测数据为 CSV 格式文件，有 2 列，分别为日期/时间和气温；GNSS 数据为 CSV 格式文件，有 4 列，分别为日期、时间、纬度和经度。

气温观测数据文件内容如下：

|   | A | B |
|---|---|---|
| 1 | Date/Time | Temperature |
| 2 | 20221108 14:15:01 | 23.58 |
| 3 | 20221108 14:15:03 | 23.61 |
| 4 | 20221108 14:15:05 | 23.61 |

GNSS 数据文件内容如下：

|   | A | B | C | D |
|---|---|---|---|---|
| 1 | Date | Time | Lat | Lon |
| 2 | 11/8/2022 | 14:14:32 | 32.207723 | 118.7126563 |
| 3 | 11/8/2022 | 14:14:33 | 32.2077237 | 118.7126553 |
| 4 | 11/8/2022 | 14:14:34 | 32.2077243 | 118.7126544 |

**数据列表**

| 文件名 | 描述 |
|---|---|
| Ta_record.csv | 气温观测数据 |
| GNSS_record.csv | GNSS 数据 |

```
pro Processing_mobile_observations
;将气温观测数据和GNSS数据整合为一个数据



;********************  打开数据文件  ********************

fn_Ta=dialog_pickfile(title='选择气温观测数据',get_path=work_dir)
cd, work_dir
fn_GNSS=dialog_pickfile(title='选择GNSS数据')
```

```
data_Ta=read_csv(fn_Ta, count=nl1)
data_GNSS=read_csv(fn_GNSS, count=nl2)

DateTime_Ta=data_Ta.(0)   ;气温记录日期和时间
Ta=data_Ta.(1)            ;气温
Date_GNSS=data_GNSS.(0)   ;日期
Time_GNSS=data_GNSS.(1)   ;时间
Lat=data_GNSS.(2)         ;纬度
Lon=data_GNSS.(3)         ;经度


;****************** 计算观测时间对应的经纬度   ******************

;将气温和GNSS观测时间转换为儒略日时间
Jultime_Ta=Convert_Jultime_Ta(DateTime_Ta, date=date_Ta, $
  time=time_Ta)
Jultime_GNSS=Convert_Jultime_GNSS(Date_GNSS, Time_GNSS)

;按照儒略日时间进行插值
Lat_Ta=interpol(Lat, Jultime_GNSS, Jultime_Ta)   ;纬度插值
Lon_Ta=interpol(Lon, Jultime_GNSS, Jultime_Ta)   ;经度插值


;******************   保存结果   ******************

o_fn=dialog_pickfile(title='结果保存为')+'.csv'
header=['Date', 'Time', 'Lat', 'Lon', 'Ta']
write_csv, o_fn, Date_Ta, Time_Ta, Lat_Ta, Lon_Ta, Ta, header=header

end


;##############################################################

function Convert_Jultime_Ta, datetime, date=date, time=time
;将温度观测数据中的日期/时间转换为儒略日时间

 n=n_elements(datetime)
```

```
  jultime=dblarr(n)
  date=strarr(n)
  time=strarr(n)

  for i=0, n-1 do begin

    ;将时间/日期分割为年月日时分秒
    tstr=strsplit(datetime[i], ' :', /extract)
    year=strmid(tstr[0], 0, 4)
    month=strmid(tstr[0], 4, 2)
    day=strmid(tstr[0], 6, 2)
    hour=tstr[1]
    minute=tstr[2]
    second=tstr[3]

    ;计算儒略日时间
    jultime[i]=julday(month, day, year, hour, minute, second)

    ;分割日期和时间
    tstr=strsplit(datetime[i], ' ', /extract)
    date[i]=tstr[0]
    time[i]=tstr[1]

  endfor

  return, jultime

end


;################################################################

function Convert_Jultime_GNSS, date, time
;将GNSS观测数据中的日期和时间转换为儒略日时间

  n=n_elements(time)
  jultime=dblarr(n)
```

```
for i=0, n-1 do begin

  ;将日期分割为年月日
  tstr=strsplit(date[i], '/', /extract)
  month=tstr[0]
  day=tstr[1]
  year=tstr[2]

  ;将时间分割为时分秒
  tstr=strsplit(time[i], ':', /extract)
  hour=tstr[0]
  minute=tstr[1]
  second=tstr[2]

  ;计算儒略日时间
  jultime[i]=julday(month, day, year, hour, minute, second)

endfor

return, jultime

end
```

## 11.2 地物光谱数据处理与特征提取

对地物光谱观测资料批量进行平滑滤波处理和光谱特征指数计算。

采用 Savitzky-Golay 滤波方法对光谱曲线进行平滑滤波处理，消除毛刺噪声。对平滑处理后的光谱曲线进行一阶求导，根据一阶导数计算红边位置、红边幅值和红边面积。

红边位置 REP 为 680~760nm 波长范围内光谱一阶导数最大值对应的波长。

红边幅值为 680~760nm 波长范围内光谱一阶导数的最大值：

$$Dr = \max_{680 \leqslant \lambda \leqslant 760} \rho'_\lambda \tag{11.1}$$

式中，Dr 为红边幅值；$\rho'_\lambda$ 为光谱一阶导数；$\lambda$ 为波长。

红边面积为 680~760nm 波长范围内光谱一阶导数的积分：

$$SDr = \int_{680}^{760} \rho'_\lambda d\lambda \tag{11.2}$$

式中，SDr 为红边面积；$\rho'_\lambda$ 为光谱一阶导数；$\lambda$ 为波长。

地物光谱数据为 txt 文本文件，包含 2 列数据，分别为波长（单位：nm）和反射率，文件内容如下：

| Wavelength | Reflectance |
|---|---|
| 350 | 0.0274 |
| 351 | 0.0269 |
| 352 | 0.0267 |
| …… | |

**数据列表**

| 文件名 | 描述 |
|---|---|
| S0*.txt | 地物光谱数据文件（*为1~5） |

```
pro Spectra_processing
;对光谱数据进行批处理，包括平滑、一阶求导和红边参数计算

  ;******************  获取光谱文件名数组  ******************

  work_dir=dialog_pickfile(title='选择文件所在路径', /directory)
  cd, work_dir
  fns=file_search('*.txt', count=fnums)


  ;******************  循环打开文件进行处理  ******************

  ;结果数组
  nl=file_lines(fns[0])-1   ;获取波段数，为总行数减1（第1行为字段名）
  ref_smooth=fltarr(fnums, nl)   ;SG滤波后的反射率
  deriv_1st=fltarr(fnums, nl)    ;一阶导数
  RE_pars=fltarr(3, fnums)   ;红边参数，3列行分别为红边位置、红边幅值和红边面积

  for i=0, fnums-1 do begin
  ;逐文件读入数据并进行处理

    ;读取数据
    header=''
    data=fltarr(2, nl)
    openr, lun, fns[i], /get_lun
```

```
readf, lun, header
readf, lun, data
free_lun, lun
wv=data[0, *]  ;波长
ref=data[1, *]  ;反射率

;SG平滑滤波
Nleft=5
Nright=5
order=0
degree=2
SG_filter=savgol(Nleft, Nright, order, degree)
ref_smooth[i, *]=convol(transpose(ref), SG_filter, $
  /edge_truncate)

;一阶导数
deriv_1st[i, *]=deriv(wv, ref_smooth[i, *])

;取出计算红边参数波长范围内的数据
w=where(wv ge 680 and wv le 760)
twv=wv[w]
tderiv=deriv_1st[i, w]

;红边幅值
RE_pars[1, i]=max(tderiv, index)

;红边位置
RE_pars[0, i]=twv(index)

;红边面积
intvl_spec=twv[1]-twv[0]
RE_pars[2, i]=total(tderiv*intvl_spec)

endfor


;********************    保存结果    ************************
```

```
;将原文件名作为平滑后光谱数据和一阶导数每列的字段名
snames=strarr(fnums)
for i=0, fnums-1 do snames[i]=file_basename(fns[i], '.txt') ;
去后缀
header=['Wavelength(nm)', snames]

;平滑后光谱文件
o_fn='Spectra_smoothed.csv'
write_csv, o_fn, [wv, ref_smooth], header=header

;一阶导数文件
o_fn='Deriv_1st.csv'
write_csv, o_fn, [wv, deriv_1st], header=header

;红边参数文件
o_fn='Rededge_pars.csv'
write_csv, o_fn, snames, transpose(RE_pars[0, *]), $
  transpose(RE_pars[1, *]), transpose(RE_pars[2, *]), $
  header=['Par', 'REP', 'Dr', 'SDr']
end
```

## 11.3 基于波谱响应函数的 Landsat 8 OLI 光谱模拟

根据地物波谱曲线和 Landsat 8 OLI 传感器波谱响应函数模拟计算 Landsat 8 OLI 各波段的反射率。

卫星波段反射率的计算公式为

$$\rho = \frac{\sum_{\lambda_1}^{\lambda_2} S_\lambda \cdot \rho_\lambda \mathrm{d}\lambda}{\sum_{\lambda_1}^{\lambda_2} S_\lambda \mathrm{d}\lambda} \tag{11.3}$$

式中，$\rho$ 为模拟的卫星波段反射率；$\lambda$ 为波长；$\lambda_1$ 和 $\lambda_2$ 分别为波段的起始和终止波长；$S_\lambda$ 为波长 $\lambda$ 处的响应值；$\rho_\lambda$ 为波长 $\lambda$ 处的反射率。

光谱数据为 CSV 格式文件，第 1 列为波长（单位：nm），后几列分别为各样本的反射率；Landsat 8 OLI 波谱响应函数每个波段为 1 个文件，为 CSV 格式，第 1 列为波长（单位：nm），第 2 列为响应值。图 11.1 给出了 Landsat 8 OLI 第 1~5 波段的波谱响应函数。

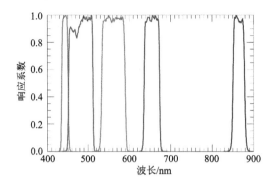

图 11.1 Landsat 8 OLI 第 1~5 波段波谱响应函数

**数据列表**

| 文件名 | 描述 |
|---|---|
| Spectra.csv | 光谱文件 |
| RSF_band*.csv | OLI 波谱响应函数文件（*为 1~5） |

```
pro Spectra_simulation
;根据光谱响应函数模拟卫星光谱

;******************** 读取光谱数据 ********************

fn=dialog_pickfile(title='选择光谱数据', get_path=work_dir)
cd, work_dir
data=read_csv(fn, header=header, count=nl)
wv=data.(0)   ;光谱数据的波长
ns=n_elements(header)-1
ref=fltarr(ns, nl)
for i=0, ns-1 do ref[i, *]=data.(i+1)



;****** 读取波谱响应函数并进行波长插值与光谱数据匹配 ******

fns_SRF=file_search('SRF_band*.csv', count=nb)
SRF=fltarr(nb, nl)   ;存储各波段的响应函数值

;读取各波段响应函数并参照光谱数据波长进行插值
for i=0, nb-1 do begin

  data=read_csv(fns_SRF[i])
```

```
    wv_band=data.(0)        ;响应函数波长
    SRF_band=data.(1)       ;响应函数值
    SRF[i, *]=interpol(SRF_band, wv_band, wv)    ;插值

    ;将当前波段范围外波长的插值响应值设为0
    w=where(wv lt min(wv_band) or wv gt max(wv_band))
    SRF[i, w]=0

endfor


;******************** 模拟波段光谱 ********************

Ref_sim=fltarr(ns, nb)   ;模拟结果数组,列为样本,行为波段
for i=0, ns-1 do begin
  for j=0, nb-1 do begin
    Ref_sim[i, j]=total(ref[i, *]*SRF[j, *])/total(SRF[j, *])
  endfor
endfor


;******************** 保存结果 ********************

o_fn=dialog_pickfile(title='结果保存为')+'.csv'
header[0]='Band'
write_csv, o_fn, [transpose([1:nb]), Ref_sim], header=header

end
```

## 11.4 MODIS地表温度数据镶嵌、投影转换与合并处理

针对某一年的MODIS 8天合成地表温度数据（MOD11A2）逐时相进行镶嵌、投影转换，并合并为一个文件。

MOD11A2数据为GRID格式的MODIS陆地产品，需要调用MRT进行镶嵌和投影转换处理。打开MRT软件，对某个时相数据先进行镶嵌和投影转换处理（图11.2和图11.3），并将处理参数保存为prm文件。然后利用IDL编程进行批量处理。

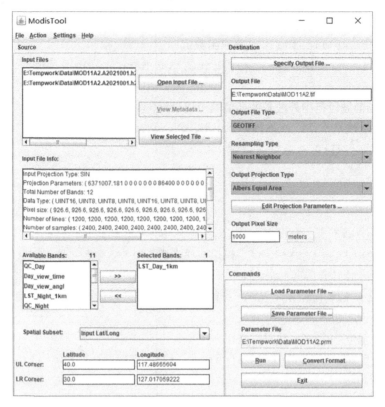

图 11.2　MRT 工作界面及参数设置

图 11.3　MRT 的 Projection Parameters 参数设置

**数据列表**

| 文件名 | 描述 |
| --- | --- |
| MOD11A2.A2021*.hdf | 2021 年全年 MOD11A2 数据 |
| MOD11A2.prm | MRT 处理 MOD11A2 的参数设置文件 |

```
pro process_MOD11A2
;调用MRT完成MODIS地表温度的镶嵌、投影转换和合成处理

  work_dir=dialog_pickfile(title='选择MOD11A2数据所在路径', /directory)
  cd, work_dir

  ;***********   逐时相处理所有MOD11A2数据   ***********

  ;创建001、009、……、361的8天间隔字符串数组
  days=[1:361:8]
  days=string(days, format='(i3.3)')
  nd=n_elements(days)

  for i=0, nd-1 do begin
    ;逐时相循环处理

    ;将当前时相所有MODIS文件名写入一个文本文件
    fns=file_search('MOD11A2.A2021'+days[i]+'*.hdf', count=fnums)
    openw, lun, 'inputfiles.txt', /get_lun
    printf, lun, fns, format='(a)'
    free_lun,lun

    ;调用MRT命令完成镶嵌处理,双引号内为要处理的数据集索引,见prm文件
    spawn, 'MRTMOSAIC -i inputfiles.txt -s " 1 0 0 0 0 0 0 0 0 0'+$
      ' 0 0 " -o MOSAIC_TMP.hdf', /hide

    ;调用MRT命令完成投影转换处理
    spawn, 'RESAMPLE -p MOD11A2.prm -i MOSAIC_TMP.hdf -o'+$
      ' MOD11A2_'+days[i]+'.tif', /hide

  endfor

  ;删除中间文件
  file_delete, 'MOSAIC_TMP.hdf'
  file_delete, 'inputfiles.txt'

  ;***********   将处理后GeoTIFF数据合并为1个ENVI文件   ***********
```

```
;读入所有GeoTIFF文件,保存为二进制文件
o_fn='LST_daytime'  ;结果文件名
openw, lun, o_fn, /get_lun

fns=file_search('MOD11A2*.tif', count=fnums)
for i=0, fnums-1 do begin
  LST=read_tiff(fns[i])  ;读取Geotif文件
  writeu, lun, LST*0.02  ;转换为温度真值
endfor
free_lun, lun


;获取Map_info信息,写入ENVI头文件
envi_open_data_file, fns[0], r_fid=fid, /tiff
envi_file_query, fid, ns=ns, nl=nl
map_info=envi_get_map_info(fid=fid)
envi_file_mng, id=fid, /remove
envi_setup_head, fname=o_fn, ns=ns, nl=nl, nb=nd, data_type=4, $
  interleave=0, bnames=days, map_info=map_info, /write, /open

end
```

## 11.5　FY4A AGRI 地表温度圆盘数据几何重定位处理

读入 FY4A AGRI 4km 分辨率地表温度圆盘数据和对应的地理定位数据构建 GLT，对 FY4A 地表温度进行几何重定位处理。

FY4A 地表温度圆盘数据为 NetCDF 格式文件，其主要科学数据集存储在根目录路径下，图 11.4 和图 11.5 分别给出了 FY4A 4km 分辨率地表温度圆盘数据文件结构示例和地表温度圆盘数据；地理定位数据为 ENVI 格式文件，有 2 个波段，分别为纬度和经度。图 11.6 给出了经纬度波段。

需要注意的是，地理定位数据圆盘之外区域像元值为无效值 NaN，如果无效值参与构建 GLT 会出错，则无法对整个圆盘图像进行地理重定位。需要首先对经纬度波段进行裁切，确保裁切后经纬度数据不包含无效值，然后构建 GLT 进行地理重定位。

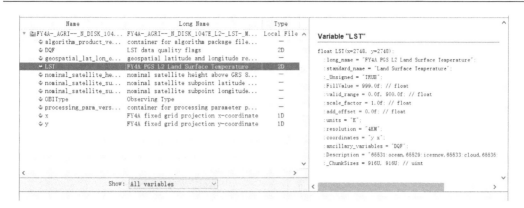

图 11.4　FY4A 4km 分辨率地表温度圆盘数据文件结构示例

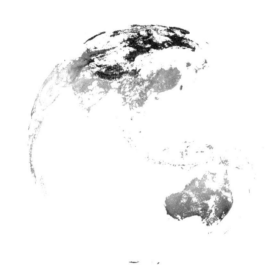

图 11.5　FY4A 4km 分辨率地表温度圆盘数据

图 11.6　FY4A 4km 分辨率圆盘纬度（左）和经度（右）数据

## 数据列表

| 文件名 | 描述 |
| --- | --- |
| FY4A-_AGRI--_N_DISK_1047E_L2-_LST-_MULT_NOM_20211004120000_20211004121459_4000M_V0001.nc | FY4A 4km 分辨率地表温度圆盘数据 |
| Lat_lon_FY4A_4km(.hdr) | FY4A 4km 分辨率地理定位数据圆盘图像 |

```
pro Georeference_FY4A
;通过GLT方法对FY4A地表温度进行地理重定位处理

   t1=systime(1)   ;获取程序开始运行时的系统时间

   ;******************  打开数据文件  ******************

   fn_LST=dialog_pickfile(title='选择FY4A地表温度数据', get_path=work_dir)
   cd, work_dir
   fn_Geo=dialog_pickfile(title='选择FY4A地理定位数据')

   ;读取FY4A地表温度数据
   fid=ncdf_open(fn_LST)
   v_id=ncdf_varid(fid, 'LST')
   ncdf_varget, fid, v_id, LST
   ncdf_close, fid

   ;读取FY4A地理定位数据
   envi_open_data_file, fn_Geo, r_fid=fid_geo
   envi_file_query, fid_geo, ns=ns, dims=dims
   lat=envi_get_data(fid=fid_geo, dims=dims, pos=0)
   lon=envi_get_data(fid=fid_geo, dims=dims, pos=1)


   ;******************  空间裁切  ******************

   ;设置处理区域的空间范围（起始经度、终止经度、起始纬度、终止纬度）
   LL_scope=[80, 125, 10, 50]

   ;找出范围内的经纬度数据，提取经纬度对应行列号
   w=where(lon ge LL_scope[0] and lon le LL_scope[1] and $
      lat ge LL_scope[2] and lat le LL_scope[3])
```

```
;将一维的下标表转换为二维行列号下标
wl=w/ns    ;二维下标行号
ws=w mod ns   ;二维下标列号

lat_resized=lat[min(ws):max(ws), min(wl):max(wl)]
lon_resized=lon[min(ws):max(ws), min(wl):max(wl)]
LST_resized=LST[min(ws):max(ws), min(wl):max(wl)]
w=where(LST_resized gt 65530, count)
if count gt 0 then LST_resized[w]=0

;将重采样后经纬度和地表温度数据写入内存
envi_write_envi_file, lat_resized, /in_memory, r_fid=fid_Lat
envi_write_envi_file, lon_resized, /in_memory, r_fid=fid_lon
envi_write_envi_file, LST_resized, /in_memory, r_fid=fid_lst
envi_file_query, fid_lst, dims=dims_resized

;********************  构建GLT文件  *********************

;构建GLT文件
x_pos=0  &  y_pos=0  ;构建GLT的横、纵坐标数据的波段位置
i_proj=envi_proj_create(/geographic)   ;构建GLT的输入投影
o_proj=envi_proj_create(/geographic)   ;构建GLT的输出投影
pixel_size=0.04  ;校正后影像的空间分辨率，0.04度
envi_glt_doit, i_proj=i_proj, o_proj=o_proj, /in_memory, $
  pixel_size=pixel_size, r_fid=fid_GLT, rotation=0, $
  x_fid=fid_lon, y_fid=fid_lat, x_pos=x_pos, y_pos=y_pos


;*************  对地表温度进行地理重定位  *************

;进行地理重定位
o_fn=dialog_pickfile(title='结果保存为')
envi_doit, 'envi_georef_from_glt_doit', fid=fid_LST, $
  glt_fid=fid_GLT, out_name=o_fn, pos=0

;移除中间数据
envi_file_mng, id=fid_geo, /remove
envi_file_mng, id=fid_lat, /remove
```

```
envi_file_mng, id=fid_lon, /remove
envi_file_mng, id=fid_lst, /remove
envi_file_mng, id=fid_GLT, /remove, /delete


t2=systime(1)    ;获取程序结束时的系统时间
print, '耗时（分钟）：', (t2-t1)/60.0

end
```

## 11.6　NPP VIIRS 夜间灯光数据云掩模、镶嵌与空间裁切处理

针对同一天的多景 NPP VIIRS 逐日产品（VNP46A1）进行批处理：先逐文件读取 DNB 夜间灯光波段数据进行云掩模并赋予地理定位信息，然后进行镶嵌处理，并基于边界矢量数据对镶嵌结果进行空间裁切和掩模处理，得到每日一景的处理结果。

VNP46A1 为经纬度坐标系下的 10°×10°分幅数据，文件格式为 HDF5。主要科学数据集存储在"/HDFEOS/GRIDS/VNP_Grid_DNB/Data Fields"路径下，4 个顶点坐标值在 VNP_Grid_DNB 组的属性中。图 11.7 给出了 VNP46A1 文件结构示例。

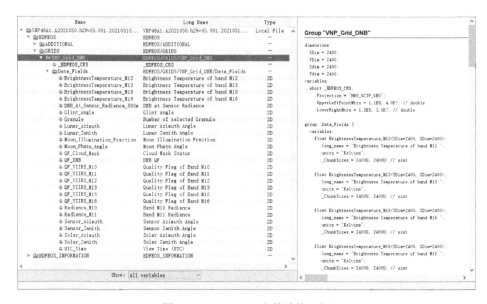

图 11.7　VNP46A1 文件结构示例

VNP46A1 的云掩模数据集 QF_Cloud_mask 采用位存储，各个位的意义见表 11.1。将云检测结果为 10 和 11 的像元视为云覆盖像元，将其 DNB 像元值设为–1，表示有云。

表 11.1　云掩模数据各位的描述（Román et al., 2019）

| 位 | 说明 | 结果 |
| --- | --- | --- |
| 0 | 白天/夜间标记 | 0=夜间；1=白天 |
| 1~3 | 水陆标记 | 000=沙漠陆地；001=非沙漠陆地；010=内陆水体；011=海洋；101=海岸 |
| 4~5 | 云掩模质量 | 00=很低；01=低；10=中等；11=高 |
| 6~7 | 云检测 | 00=可信度高的晴空；01=可能的晴空；10=可能的云；11=可信度高的云 |
| 8 | 阴影标记 | 1=是；0=否 |
| 9 | 卷云检测 | 1=卷云；0=无云 |
| 10 | 冰雪标记 | 1=冰雪；0=非冰雪 |

**数据列表**

| 文件名 | 描述 |
| --- | --- |
| VNP46A1.A2021050.*.h5 | NPP VIIRS 逐日夜间灯光数据文件 |
| Study_area.shp (.dbf, .shx, .prj) | 研究区范围数据 |

```
pro process_VIIRS
 ;完成VIIRS夜光波段数据的读取、镶嵌与裁切处理

 e=envi(/headless)

 ;******************** 读取DNB数据 ********************

 work_dir=dialog_pickfile(title='选择数据所在路径', /directory)
 cd, work_dir
 fns=file_search('*.h5', count=fnums)

 ;读取所有VIIRS文件中的DNB为Raster对象
 rasters=objarr(fnums)
 for i=0, fnums-1 do rasters[i]=read_DNB(fns[i])



 ;******************** 进行镶嵌 ********************


 ;调用BuildMosaicRaster任务裁切
 task=ENVITask('BuildMosaicRaster')
 task.input_rasters=rasters
 task.data_ignore_value=!values.f_nan
 task.execute
```

```
raster_mosaic=task.output_raster


;删除临时Raster
for i=0, fnums-1 do rasters[i].close



;******************* 进行裁切    *******************

;打开矢量数据，获取边界
fn=dialog_pickfile(title='打开矢量边界数据')
vector=envi.OpenVector(fn)
ranges=vector.data_range  ;4个元素分别为经纬度最小值和经纬度最大值

;将经纬度转换为当前数据的投影系下坐标值
;本数据坐标系其实就是经纬度坐标系,此步可以省略
spatialRef=raster_mosaic.spatialRef
SpatialRef.ConvertLonLatToMap, ranges[0], ranges[3], UL_X, UL_Y
SpatialRef.ConvertLonLatToMap, ranges[2], ranges[1], LR_X, LR_Y

;调用GeographicSubsetRaster任务裁切
o_fn=dialog_pickfile(title='结果保存为')
task=ENVITask('GeographicSubsetRaster')
task.input_raster=raster_mosaic
task.sub_rect=[UL_X, LR_Y, LR_X, UL_Y]
task.output_raster_uri=o_fn
task.execute
DNB_clip=task.output_raster

;载入显示
dataColl=e.data
dataColl.add, DNB_clip
view=e.getView()
layer=view.createLayer(DNB_clip)
view.Zoom, /full_extent

end
```

```
;############################################################

function read_DNB, fn
;从VNP46A1文件中读取DNB波段，返回RASTER对象

 fid=h5f_open(fn)   ;打开HDF5文件

 ;******************   读取DNB波段     ********************

 sdname='/HDFEOS/GRIDS/VNP_Grid_DNB/Data Fields/'+$
   'DNB_At_Sensor_Radiance_500m'
 sd_id=h5d_open(fid, sdname)
 DNB=h5d_read(sd_id)   ;读取DNB数据

 ;获取填充值，将其转换为NaN
 fillvalue_id=h5a_open_name(sd_id, '_FillValue')
 fillvalue=h5a_read(fillvalue_id)
 w=where(DNB eq fillvalue[0], count)
 if count gt 0 then DNB[w]=!values.f_nan

 ;转换化为辐亮度真值，单位nW/(cm2·sr)
 factor_id=h5a_open_name(sd_id, 'scale_factor')
 offset_id=h5a_open_name(sd_id, 'add_offset')
 scale_factor=h5a_read(factor_id)
 add_offset=h5a_read(offset_id)
 h5a_close, factor_id
 h5a_close, offset_id
 DNB=DNB*scale_factor[0]+add_offset[0]



 ;****************   将云覆盖区DNB辐射值改为-1   ****************

 ;读取Cloudmask波段
 sdname='/HDFEOS/GRIDS/VNP_Grid_DNB/Data Fields/'+$
   'QF_Cloud_Mask'
 sd_id=h5d_open(fid, sdname)
 cloudmask=h5d_read(sd_id)   ;读取云掩模数据
```

```
;将云掩模标识位为10（可能的云）和11（可信度高的云）的像元DNB值设为-1
cloudmask=(cloudmask and 192) gt 64
w=where(cloudmask eq 1, count)
if count gt 0 then DNB[w]=-1



;****************    DNB数据导出为ENVI格式    *****************
;
;获取左上角坐标
coords=fltarr(2)   ;分别为左上角像元的纬度和经度
gid=h5g_open(fid, '/HDFEOS/GRIDS/VNP_Grid_DNB')
aid=h5a_open_name(gid, 'WestBoundingCoord')
coords[0]=H5a_read(aid)
h5a_close, aid
aid=h5a_open_name(gid, 'NorthBoundingCoord')
coords[1]=H5a_read(aid)
h5a_close, aid

;设定spatialRef
e=envi(/headless)
sz=size(DNB)
ns=sz[1]
nl=sz[2]
ps=[10.0/ns, 10.0/nl]     ;分辨率（图像尺寸为10度*10度）
spatialRef=ENVIStandardRasterSpatialRef(/geoGCS, $
  coord_sys_code=4326, pixel_size=ps, tie_point_pixel=[0, 0], $
  tie_point_map=coords)

;保存并返回Raster
o_fn=e.GetTemporaryFilename()
raster=enviRaster(DNB, uri=o_fn, spatialRef=spatialRef)
raster.save
return, raster

end
```

## 11.7 基于 6S 模型的 GF2 PMS 数据大气校正

对 GF2 PMS 数据的 4 个多光谱波段进行辐射定标，并调用 6S 模型进行大气校正。GF2 PMS 数据的辐射定标公式为

$$L_i = \text{Gain}_i \cdot \text{DN}_i + \text{Bias}_i \tag{11.4}$$

式中，$L_i$ 为第 $i$ 波段的辐射亮度，单位为 $\text{W} \cdot \text{m}^{-2} \cdot \text{sr}^{-1} \cdot \mu\text{m}^{-1}$；$\text{DN}_i$ 为第 $i$ 波段的灰度值；$\text{Gain}_i$ 和 $\text{Bias}_i$ 分别为第 $i$ 波段的定标系数。

基于 6S 辐射传输模型对辐射定标后的 GF2 PMS 辐射亮度数据进行大气校正。循环读入 GF2 PMS 波谱响应函数，修改 6S 模型输入参数文件中的波段设置，运行 6S 模型得到各个波段的大气校正系数 xa、xb 和 xc，计算地表反射率[式（11.5）]。

6S 模型大气校正公式：

$$\begin{aligned} y &= \text{xa} \cdot L - \text{xb} \\ \rho &= y / (1 + \text{xc} \cdot y) \end{aligned} \tag{11.5}$$

式中，xa、xb、xc 分别为 6S 模型计算出来的校正系数；$\rho$ 为经过大气校正的地表反射率；$L$ 为经过辐射定标的辐射亮度，单位为 $\text{W} \cdot \text{m}^{-2} \cdot \text{sr}^{-1} \cdot \mu\text{m}^{-1}$。

6S 模型程序的调用方式是在命令行界面下输入 "main <in.txt >out.txt"。其中，main 为 6S 模型主程序文件名；in.txt 为 6S 模型输入参数文件名；out.txt 为 6S 模型输出结果文件名。

GF2 PMS 辐射定标系数文件为 CSV 格式，有 3 列，分别为波段、Gain 值和 Bias 值；GF2 PMS 波谱响应函数文件为 CSV 格式，有 5 列，分别为波长以及 4 个波段的响应权重值；6S 模型输入参数文件为 txt 格式，内容如下所示，太阳天顶角和方位角、卫星天顶角和方位角已从 GF2 PMS 数据头文件获取，第 10 和第 11 行为自定义波谱响应函数信息，需要根据 GF2 PMS 各波段响应函数替换输入，括号内为注释内容。

```
0        (自定义传感器)
39.17 166.92 1.53 87.11 10  9   (太阳天顶角和方位角、卫星天顶角和方位角、月、日)
2        (中纬度夏天)
3        (城市型气溶胶)
0        (下一行输入 550nm 气溶胶光学厚度)
0.129     (550nm 气溶胶光学厚度)
–0.01    (研究区海拔)
–631     (卫星传感器轨道高度)
1        (自定义波谱响应函数)
wlinf wlsup   (起始和终止波长)
w1 w2 w3 w4 w5 w6 w7 w8 w9 w10   (响应权重值，0.0025μm 间隔)
0        (下垫面均一)
0        (下垫面为朗伯体，无方向反射特性)
1        (目标地物为植被)
–0.1     (地物表观反射率为 0.1，对大气校正参数无影响)
```

6S 模型输出结果文件 out.txt 的最后一部分为大气校正系数及大气校正公式，内容如下所示：

```
****************************************************************
*                 atmospheric correction result                 *
*                 ------------------------------                *
*      input apparent reflectance            :   0.100          *
*      measured radiance [w/m2/sr/mic]       :  48.119          *
*      atmospherically corrected reflectance :   0.046          *
*      coefficients xa xb xc                 : 0.00300 0.09925 0.12557 *
*      y=xa*(measured radiance)-xb;    acr=y/(1.+xc*y)          *
****************************************************************
```

### 数据列表

| 文件名 | 描述 |
| --- | --- |
| PMS_NJ_20171009_MSS(.hdr) | GF2 PMS 多光谱数据 |
| Calib_Coef_GF2.csv | GF2 PMS 多光谱波段定标系数文件 |
| SRF_GF2.csv | GF2 PMS 多光谱波段响应函数文件 |
| main.exe | 6S 模型主程序 |
| in.txt | 6S 模型输入参数文件 |

```
pro Atmo_correct_6S
;调用6S模型对GF2 PMS数据进行辐射定标和大气校正

;****************** 读入GF2 PMS多光谱数据 ******************

fn=dialog_pickfile(title='选择GF2 PMS数据', get_path=work_dir)
cd, work_dir
envi_open_file, fn, r_fid=fid
envi_file_query, fid, ns=ns, nl=nl, nb=nb, dims=dims
map_info=envi_get_map_info(fid=fid)


;******************** 辐射定标 ********************

;读取辐射定标系数
fn_cali=dialog_pickfile(title='选择定标系数文件')
data=read_csv(fn_cali)
gain=data.(1)    ;Gain值
```

```
bias=data.(2)    ;Bias值


;逐波段读入GF2 PMS数据并完成辐射定标
L=fltarr(ns, nl, nb)
for i=0, nb-1 do begin
  data_band=envi_get_data(fid=fid, dims=dims, pos=i)
  L[*, *, i]=gain[i]*data_band+bias[i]
endfor


;保存辐射亮度数据
o_fn=dialog_pickfile(title='辐射亮度数据保存为')
envi_write_envi_file, L, out_name=o_fn, map_info=map_info



;********************   大气校正   ********************

;读取6S模型输入参数文件
fn_in=dialog_pickfile(title='选择6S输入参数文件')
nline=file_lines(fn_in)
openr, lun, fn_in, /get_lun
in_6S=strarr(nline)
readf, lun, in_6S
free_lun, lun


;读取波谱响应函数
fn_SRF=dialog_pickfile(title='选择波谱响应函数')
SRF=read_csv(fn_SRF)
wv=SRF.(0)*1e-3   ;波长，以μm为单位

;逐波段循环，修改波段设置调用6S模型计算，对各波段进行大气校正
Ref=fltarr(ns, nl, nb)
for i=0, nb-1 do begin

  ;修改6S模型输入参数，另存为txt文件作为6S输入文件
  SRF_band=SRF.(i+1)   ;当前波段的波谱响应权重
  fn_in_6S='in_6S_temp.txt'
  modify_in_6s, in_6S, wv, SRF_band, fn_in_6S
```

```idl
  ;调用6S模型计算大气校正系数并输出文本文件
  fn_out_6S='out_6S_temp.txt'
  spawn, 'main <'+fn_in_6S+' >'+fn_out_6S, /hide

  ;读取大气校正系数进行大气校正
  read_atmo_coefs, fn_out_6S, xa, xb, xc
  y=xa*L[*, *, i]-xb
  Ref[*, *, i]=y/(1+xc*y)

  ;删除前面生成的6S模型输入和输出文件
  file_delete, fn_in_6S, fn_out_6S, /quiet

endfor

;保存地表反射率数据
o_fn=dialog_pickfile(title='地表反射率数据保存为')
envi_write_envi_file, Ref, out_name=o_fn, map_info=map_info

end


;##################################################################

pro modify_in_6s, in_txt, wv, SRF, o_fn
;读取6S模型输入参数，根据波段响应函数替换输入参数对应行，并保存为txt文件
;参数in_txt、wv、SRF和o_fn分别为6S初始参数、波谱响应波长与权重、输出文件

  w=where(SRF gt 0, count)
  wls=wv[w[0]]    ;起始波长
  wle=wv[w[-1]]   ;终止波长
  nums=ceil((wle-wls)/0.0025)
  wle=wls+nums*0.0025    ;终止波长
  wv_band=wls+indgen(nums+1)*0.0025   ;该波段是以0.0025μm等分的波长数组
  SRF_band=interpol(SRF, wv, wv_band)    ;插值得到各波长对应的响应权重

  ;替换6S输出参数中对应的波段设置信息，并保存
  in_txt[9]=string(wls, wle, format='(2f8.4)')
  in_txt[10]=string(SRF_band, format='('+string(nums+1)+'f8.4)')
```

```
  openw, lun, o_fn, /get_lun
  printf, lun, in_txt, format='(a)'
  free_lun, lun

end


;################################################################

pro read_atmo_coefs, fn_out, xa, xb, xc
;从6S模型输出结果文件中读取大气校正系数xa、xb和xc值
;参数fn_out、xa、xb和xc分别为6S结果文件、xa、xb和xc

  ;读取6S模型输出结果文件
  nline=file_lines(fn_out)
  openr, lun, fn_out, /get_lun
  out_6S=strarr(nline)
  readf, lun, out_6S
  free_lun, lun

  ;找到校正系数所在行
  w=where(strpos(out_6S, 'coefficients xa xb xc') ge 0)
  str_line=out_6S[w[0]]

  ;取出xa、xb、xc值
  str_split=strsplit(str_line, ' :', /extract)   ;分割字符串
  xa=float(str_split[5])
  xb=float(str_split[6])
  xc=float(str_split[7])

end
```

## 11.8 NPP VIIRS 夜间灯光数据的多时相合成处理

对 2020 年的 NPP VIIRS 逐日夜间灯光数据以月为周期进行多时相合成处理。逐像元取合成周期内无云时相夜间灯光值进行平均，作为该像元的合成值。

NPP VIIRS 逐日夜间灯光数据为 ENVI 格式文件，包含 366 个波段（天），云覆盖像元值为-1。

## 数据列表

| 文件名 | 描述 |
| --- | --- |
| VIIRS_DNB_2020(.hdr) | 2020 年 NPP VIIRS 逐日夜间灯光数据文件 |

```
pro VIIRS_composite
;对逐日VIIRS夜间灯光数据进行月合成处理

  e=envi(/headless)

  ;****************    打开VIIRS夜间灯光文件    ******************

  fn=dialog_pickfile(title='选择VIIRS数据', get_path=work_dir)
  cd, work_dir

  raster=e.OpenRaster(fn)
  data=raster.getdata()
  ns=raster.ncolumns   ;列数
  nl=raster.nrows      ;行数
  spatialRef=raster.spatialRef



  ;**********************    月合成处理    **********************

;生成自当年1月1日起至后一年1月1日步长为1个月的儒略日时间数组
year=2020
times=timegen(start=julday(1, 1, year), $
  final=julday(1, 1, year+1), units='months')
;将儒略日数组转换为以当年1月1日为起始参照的以天为单位的数据，即DAY
days=fix(times-times[0])

;将云覆盖像元值由-1改为NaN
w=where(data lt 0, count)
if count gt 0 then data[w]=!Values.F_NAN


;时间维逐月取有效值的平均值作为合成值
data_monthly=fltarr(ns, nl, 12)
for i=0, 11 do begin
```

```
    tdata=data[*, *, days[i]:days[i+1]-1]
    data_monthly[*, *, i]=mean(tdata, dimension=3, /NaN)
  endfor


  ;********************  保存结果  ********************

  o_fn=dialog_pickfile(title='结果保存为')
  bnames=string(indgen(12)+1, format='(i2.2)')  ;波段名数组
  raster_monthly=enviRaster(data_monthly, uri=o_fn, $
    spatialRef=spatialRef)
  raster_monthly.metadata.addItem, 'BAND NAMES', bnames
  raster_monthly.save

end
```

## 11.9 土地覆盖数据空间升尺度

对土地覆盖分类数据进行空间升尺度不宜采用如双线性插值、三次立方卷积、像元聚合等方法，由于分类数据的 DN 值表征不同的类型，并不具有数值上的大小意义。通常根据最大面积比例原则进行重采样，即统计每一个粗分辨率像元内对应原分类数据中各类地物的面积比例，取面积比例最大的那类地物作为升尺度后的像元值，得到粗分辨率的土地覆盖数据。

土地覆盖数据为 ENVI Classification 格式文件。

**数据列表**

| 文件名 | 描述 |
| --- | --- |
| Landcover(.hdr) | 土地覆盖数据文件 |

```
pro Resize_landcover
;按照面积最大比例原则对土地覆盖图进行空间升尺度

  factor=4  ;设定重采样比例系数



  ;****************  读入Landcover文件  *****************

  fn=dialog_pickfile(title='选择土地覆盖数据', get_path=work_dir)
```

```
cd, work_dir
envi_open_file, fn, r_fid=fid
envi_file_query, fid, ns=ns0, nl=nl0, dims=dims, $
  file_type=file_type, num_classes=nc, class_names=cnames, $
  lookup=lookup

data=envi_get_data(fid=fid, dims=dims, pos=0)


;********************     空间重采样     ********************

ns=ceil(float(ns0)/factor)   ;重采样后图像列数
nl=ceil(float(nl0)/factor)   ;重采样后图像行数
result=bytarr(ns, nl)   ;用于存储重采样结果

;逐像元统计面积比例最大的地物,作为重采样结果值
for i=0, ns-1 do begin
  for j=0, nl-1 do begin

    ;提取当前像元对应的原数据子数组,为了避免非整数倍重采样最后
    ;1行1列超出数据范围,加一个限定条件,最大下标为最后1行1列
    tdata=data[i*factor:(i+1)*factor-1<(ns0-1), $
      j*factor:(j+1)*factor-1<(nl0-1)]

    ;根据直方图统计面积比例最大的地物类型
    ht=histogram(tdata, locations=locations)
    value_max=max(ht, index)
    result[i, j]=locations[index]

  endfor
endfor


;******************   保存重采样结果文件   ******************

;获取重采样后图像的map_info
envi_doit, 'resize_doit', fid=fid, dims=dims, pos=0, $
  r_fid=fid_resized, /in_memory, rfact=[factor, factor]
```

```
map_info=envi_get_map_info(fid=fid_resized)
envi_file_mng, id=fid_resized, /remove


;结果写入ENVI文件
o_fn=dialog_pickfile(title='结果保存为')
envi_write_envi_file, result, out_name=o_fn, /no_copy, $
  file_type=file_type, num_classes=nc, class_names=cnames, $
  lookup=lookup, map_info=map_info

end
```

## 11.10 批量生成遥感影像快视图

针对多景色 Landsat 8 OLI 数据批量进行 654 近似真彩色合成，并进行 2%线性增强处理，生成影像快视图。

Landsat 8 OLI 为 ENVI 格式文件，每景文件包含 7 个多光谱波段。

**数据列表**

| 文件名 | 描述 |
|---|---|
| OLI_*(.hdr) | Landsat 8 OLI 数据文件 |

```
pro Quick_look_img
;对ENVI格式的OLI数据逐景进行654合成处理，生成快视图

  e=envi(/headless)

  ;******************** 获取OLI文件名数组 ********************

  work_dir=dialog_pickfile(title='选择文件所在路径', /directory)
  cd, work_dir
  fns=file_search('*.hdr', count=fnums)
  ;去掉".hdr"后缀名
  for i=0, fnums-1 do fns[i]=file_basename(fns[i], '.hdr')



  ;******************** 逐景生成快视图 ********************


  for i=0, fnums-1 do begin
```

```
;读入图像文件进行2%线性拉伸
raster=e.OpenRaster(fns[i])
task=ENVITask('LinearPercentStretchRaster')
task.input_raster=raster
task.percent=2
task.execute
raster_stretched=task.output_raster

;保存为数字图像
img=raster_stretched.GetData(bands=[5,4,3])
img=transpose(img, [2,0,1])   ;BSQ转BIP
o_fn=fns[i]+'.png'
write_image, o_fn, 'png', img, /order

;关闭Raster
raster.close
raster_stretched.close

endfor
end
```

# 第 12 章 IDL 遥感信息提取实例

## 12.1 黑体辐射出射度计算

根据普朗克定律计算给定温度黑体在给定波长范围内的辐射出射度并绘图。

普朗克定律用于描述某温度的黑体在不同波长处的辐射出射度：

$$M_{\lambda,T} = \frac{2\pi hc^2}{\lambda^5} \cdot \frac{1}{e^{hc/\lambda kT} - 1} \tag{12.1}$$

式中，$h$ 为普朗克常数（$6.63 \times 10^{-34}$ J·s）；$c$ 为光速（$2.998 \times 10^8$ m·s$^{-1}$）；$k$ 为玻尔兹曼常数（$1.38 \times 10^{-23}$ J·K$^{-1}$）；$\lambda$ 为波长，单位为 μm；$T$ 为温度，单位为 K。

计算得到的 $M$ 单位为 J·s$^{-1}$·m$^{-2}$·m$^{-1}$，需转换为 J·s$^{-1}$·cm$^{-2}$·μm$^{-1}$。

```
pro planck
;根据普朗克定律计算黑体辐射出射度并绘图

  ;设定参数
  t=6000     ;黑体温度（单位K）
  ws=0.3     ;起始波长（单位μm）
  we=2.5     ;终止波长（单位μm）
  interval=0.01    ;波长间隔（单位μm）
  nums=ceil((we-ws)/interval)  ;计算波长的数目
  wv=findgen(nums)*interval+ws   ;创建波长数组

  ;根据普朗克定律计算出射度
  M=Cal_emittance(wv, t)

  ;绘制辐射出射度图
  p1=plot(wv, M, xrange=[min(wv), max(wv)], dimension=[800, 600],$
    xtitle='Wavelength (um)', ytitle='M (J/s·cm$^2$·um)', $
    color='r', thick=2, font_size=12, margin=[0.15, 0.1, 0.05, 0.05])

end

;################################################################
```

```
function Cal_emittance, wv, temp
;根据普朗克定律计算辐射出射度
;参数wv为波长数组,temp为温度

  h=6.63e-34    ;普朗克常数(单位J·s)
  c=2.998e8     ;光速(单位m·s-1)
  k=1.38e-23    ;波尔兹曼常数(单位J·K-1)
  wv_m=wv*1e-6  ;将波长单位转换为m,这样计算结果的单位为J·s-1·m-2·m-1

  ;普朗克定律计算公式
  M=2*!pi*double(h)*(c^2)/(wv_m^5*(exp(h*c/(wv_m*k*temp))-1))
  return, M*1e-10  ;把计算结果的单位转换为J·s-1·cm-2·μm-1 并返回

end
```

## 12.2 水体动态变化遥感监测

根据多个年份的 Landsat TM 和 OLI 数据监测水体动态变化。
首先根据 Landsat 数据计算改进归一化水体指数 MNDWI：

$$\text{MNDWI} = \frac{\rho_G - \rho_{SWIR}}{\rho_G + \rho_{SWIR}} \tag{12.2}$$

式中，$\rho_G$ 和 $\rho_{SWIR}$ 分别为绿波段和短波红外波段反射率：对于 Landsat TM，绿波段和短波红外波段分别为第 2 和 5 波段，对于 Landsat OLI，绿波段和短波红外波段分别为第 3 和 6 波段。

基于计算得到的 MNDWI，运用最大类间方差法（也称大津法）逐时相确定水体分割阈值，对图像进行二值化，水体像元值为 1，非水体像元值为 0。

Landsat 数据文件为 ENVI 文件格式（文件名为 YYYY_Sensor，YYYY 为年份，Sensor 为传感器 TM 或者 OLI，所有文件具有相同的空间范围）。

**数据列表**

| 文件名 | 描述 |
| --- | --- |
| YYYY_Sensor(.hdr) | Landsat 数据（YYYY 为年份，Sensor 为 TM 或 OLI） |

```
pro Extract_water
;根据Landsat多时相数据监测水体动态变化

  e=envi(/headless)
```

;****************  获取Landsat文件名数组  ****************

```
work_dir=dialog_pickfile(title='选择文件所在路径', /directory)
cd, work_dir
fns=file_search('*.hdr', count=fnums)
;去掉".hdr"后缀名
for i=0, fnums-1 do fns[i]=file_basename(fns[i], '.hdr')
```

;********************  逐时相提取水体  ********************

```
rasters_water=[]    ;存储各时相水体信息

for i=0, fnums-1 do begin
;逐次读出当前时相的Landsat反射率数据计算MNDWI提取水体

  ;打开数据
  raster_ref=e.openRaster(fns[i])

  ;MNDWI计算公式
  if strpos(fns[i], 'TM') ge 0 then begin
    exp='(float(b2)-b5)/(float(b2)+b5)'  ;TM的MNDWI公式
  endif else begin
    exp='(float(b3)-b6)/(float(b3)+b6)'  ;OLI的MNDWI公式
  endelse

  ;计算MNDWI
  task=ENVITask('PixelwiseBandMathRaster')
  task.input_raster=raster_ref
  task.expression=exp
  task.execute
  raster_MNDWI=task.output_raster

  ;大津法分割水体
  task=ENVITask('BinaryAutomaticThresholdRaster')
  task.input_raster=raster_MNDWI
  task.execute
```

```
  ;各时相提取的raster保存为数组
  rasters_water=[rasters_water, task.output_raster]

  raster_ref.close
  raster_MNDWI.close

endfor

;********************* 保存结果 *********************

;将各时相MNDWI合并为一个文件
o_fn=dialog_pickfile(title='结果保存为')
task=ENVITask('BuildBandStack')
task.input_rasters=rasters_water
task.execute
for i=0, fnums-1 do rasters_water[i].close

;保存结果
raster_water=task.output_raster
bnames=strmid(fns, 0, 8)
raster_water.metadata.updateItem, 'BAND NAMES', bnames
raster_water.writeMetadata
raster_water.export, o_fn, 'ENVI'

;载入结果显示
raster_water=e.OpenRaster(o_fn)
dataColl=e.data
dataColl.add, raster_water

end
```

## 12.3 叶面积指数遥感估算

根据 NDVI 和土地覆盖数据估算叶面积指数 LAI。

水体的叶面积指数直接赋值为0,针对不同植被类型,采用不同的经验方程计算 LAI:

$$\mathrm{LAI}_{veg1} = \begin{cases} 0 & \mathrm{NDVI} < 0.125 \\ 0.1836 \cdot e^{4.37 \cdot \mathrm{NDVI}} & 0.125 \leqslant \mathrm{NDVI} \leqslant 0.825 \quad 植被类型1 \\ 6.606 & \mathrm{NDVI} > 0.825 \end{cases} \quad (12.3)$$

$$\mathrm{LAI}_{veg2} = \begin{cases} 0 & \mathrm{NDVI} < 0.125 \\ 0.0884 \cdot e^{4.96 \cdot \mathrm{NDVI}} & 0.125 \leqslant \mathrm{NDVI} \leqslant 0.825 \quad 植被类型2 \\ 6.091 & \mathrm{NDVI} > 0.825 \end{cases} \quad (12.4)$$

式中，NDVI 为利用大气校正后地表真实反射率计算得到的 NDVI 值。

土地覆盖数据和 NDVI 数据均为 ENVI 格式文件，土地覆盖文件包含 3 种土地覆盖类型：水体（像元值为 0）、植被类型 1（像元值为 1）和植被类型 2（像元值为 2）。

数据列表

| 文件名 | 描述 |
| --- | --- |
| NDVI(.hdr) | NDVI 数据文件 |
| Landcover(.hdr) | 土地覆盖数据文件 |

```
pro LAI_estimation
;根据NDVI和Landcover计算LAI

  e=envi()

  ;打开NDVI和Landcover文件
  fn_NDVI=dialog_pickfile(title='选择NDVI数据', get_path=work_dir)
  cd, work_dir
  fn_landcover=dialog_pickfile(title='选择土地覆盖数据')

  ;读入NDVI和Landcover数据
  raster_NDVI=e.openRaster(fn_NDVI)
  raster_landcover=e.openRaster(fn_landcover)
  NDVI=raster_NDVI.getdata()
  landcover=raster_landcover.getdata()
  spatialRef=raster_NDVI.spatialRef

  ;计算LAI
  LAI=cal_LAI(NDVI, landcover)

  ;保存结果
  o_fn=dialog_pickfile(title='结果保存为')
  raster_LAI=enviRaster(LAI, uri=o_fn, spatialRef=spatialRef)
```

```
  raster_LAI.save

  ;关闭NDVI和Landcover文件
  raster_NDVI.close
  raster_landcover.close

end


;##############################################################

function cal_LAI, NDVI, landcover
;计算叶面积指数LAI
;参数NDVI和Landcover分别为归一化植被指数及土地覆盖数据

  ;创建与NDVI相同尺寸的零值数组
  LAI=NDVI*0

  ;植被类型1
  ;0.125≤NDVI≤0.825
  w=where(landcover eq 1 and NDVI ge 0.125 and NDVI le 0.825, count)
  if count gt 0 then LAI[w]=0.1836*exp(4.37*NDVI[w])
  ;NDVI>0.825
  w=where(landcover eq 1 and NDVI gt 0.825, count)
  if count gt 0 then LAI[w]=6.606

  ;植被类型2
  ;0.125≤NDVI≤0.825
  w=where(landcover eq 2 and NDVI ge 0.125 and NDVI le 0.825, count)
  if count gt 0 then LAI[w]=0.0884*exp(4.96*NDVI[w])
  ;NDVI>0.825
  w=where(landcover eq 2 and NDVI gt 0.825, count)
  if count gt 0 then LAI[w]=6.091

  return, LAI

end
```

## 12.4 植被覆盖度遥感计算

根据 NDVI 数据运用像元二分模型计算植被覆盖度。

像元二分模型将像元的植被覆盖结构分为纯像元和混合像元两类（Gutman and Ignatov，1998）。纯像元被植被完全覆盖，覆盖度为 1。混合像元由植被和非植被部分构成，其 NDVI 值是植被覆盖部分的 NDVI 值与非植被覆盖部分的 NDVI 值的线性加权：

$$\text{NDVI} = f_v \cdot \text{NDVI}_v + (1 - f_v) \cdot \text{NDVI}_0 \tag{12.5}$$

式中，NDVI 为像元 NDVI 值；$f_v$ 为像元的植被覆盖度；$\text{NDVI}_v$ 和 $\text{NDVI}_0$ 分别为植被覆盖部分和非植被覆盖部分的 NDVI 值，即纯植被和纯裸地像元的 NDVI 值。由式（12.5）可得

$$f_v = \frac{\text{NDVI} - \text{NDVI}_0}{\text{NDVI}_v - \text{NDVI}_0} \tag{12.6}$$

估算植被覆盖度需要已知纯植被和纯裸地像元的 NDVI 值（$\text{NDVI}_v$ 和 $\text{NDVI}_0$），分别取直方图累计频率为 5% 和 95% 的 NDVI 值作为 $\text{NDVI}_0$ 和 $\text{NDVI}_v$，$\text{NDVI} \leq \text{NDVI}_0$ 的像元植被覆盖度为 0，$\text{NDVI} \geq \text{NDVI}_v$ 的像元植被覆盖度为 1。为了避免水体面积过大对 $\text{NDVI}_v$ 和 $\text{NDVI}_0$ 取值产生影响，将水体去除（水体判别条件为 NDVI<0）后再统计 NDVI 直方图。

NDVI 数据为 ENVI 格式文件。

**数据列表**

| 文件名 | 描述 |
| --- | --- |
| NDVI(.hdr) | NDVI 数据文件 |

```
pro VegFraction
;运用像元二分法估算植被覆盖度

  e=envi(/headless)

  ;****************  打开NDVI数据文件  ****************

  fn_NDVI=dialog_pickfile(title='选择NDVI数据', get_path=work_dir)
  cd, work_dir
  raster_NDVI=e.openRaster(fn_NDVI)
  NDVI=raster_NDVI.getdata()
```

```
;****************** 计算植被覆盖度 ******************

;统计非水体像元的NDVI累计直方图
w=where(NDVI ge 0, count)
ht=histogram(NDVI[w], nbins=200, locations=locations)
ht_acc=total(ht, /cumulative)/count

;分别计算累计频率为5%和95%的NDVI值作为NDVI0和NDVIv
w=where(ht_acc ge 0.05 and ht_acc le 0.95)
NDVI0=locations[w[0]]
NDVIv=locations[w[-1]]
print, 'NDVI0: ', NDVI0, '; NDVIv:', NDVIv

;调用cal_VegFraction函数计算覆盖度
Fv=cal_VegFraction(NDVI, NDVI0, NDVIv)


;****************** 保存植被覆盖度结果 ******************

o_fn=dialog_pickfile(title='结果保存为')
envi_write_envi_file, Fv, out_name=o_fn, map_info=map_info

end


;############################################################

function cal_VegFraction, NDVI, NDVI0, NDVIv
  ;计算植被覆盖度
  ;参数NDVI为归一化植被指数,NDVI0和NDVIv分别为纯裸地和纯植被的NDVI值

  ;像元二分法
  Fv=(NDVI-NDVI0)/(NDVIv-NDVI0)

  ;将NDVI小于NDVI0(即fv<0)的像元覆盖度改为0,将fv>1的像元覆盖度改为1
  ;水体像元定义为NDVI<0,也必然包括在fv<0的情况中,不需要特别运算
  Fv =(Fv>0)<1
```

```
return, Fv

end
```

## 12.5 植被时空变化遥感监测

根据某地区 2001~2020 年夏季平均 NDVI，监测植被的时空变化。

首先逐年计算整个研究区的平均 NDVI，绘制曲线图，并利用一元线性回归计算植被的整体变化趋势，计算公式为

$$y(t) = a \cdot t + b \tag{12.7}$$

式中，$y$ 为 $t$ 年份的 NDVI；$a$ 为斜率，即年际变化率；$b$ 为截距。年际变化率大于 0，说明植被在此期间呈上升趋势；年际变化率小于 0，说明植被在此期间呈下降趋势。

然后逐像元计算 2001~2020 年期间 NDVI 的多年平均值、变异系数和年际变化率，表征在此期间植被的平均状态、年际稳定性和年际变化趋势。变异系数的计算公式为

$$CV = \frac{\sigma}{\mu} \tag{12.8}$$

式中，CV 为变异系数；$\sigma$ 为 NDVI 时间序列的标准差；$\mu$ 为 NDVI 时间序列的平均值。变异系数低，说明植被年际变化比较稳定；变异系数高，说明植被年际变化比较明显，不稳定。

NDVI 数据为 ENVI 格式文件，包含 20 个波段（年），研究区范围数据为 Shapefile 格式矢量文件。

**数据列表**

| 文件名 | 描述 |
| --- | --- |
| NDVI_annual(.hdr) | NDVI 数据文件 |
| Study_area.shp (.dbf, .shx, .prj) | 研究区范围矢量数据 |

```
pro NDVI_variations
;基于NDVI进行植被动态变化监测研究

  e=envi(/headless)

  ;******************* 读取NDVI和边界数据 *******************

  ;读取逐年NDVI数据
  fn=dialog_pickfile(title='选择NDVI数据', get_path=work_dir)
  raster=e.openRaster(fn)
  NDVI=raster.getdata()
```

```
ns=raster.ncolumns
nl=raster.nrows
nb=raster.nband

;读取波段名，即年份
yrs=fix(raster.metadata['Band names'])

;读取研究区矢量数据
fn=dialog_pickfile(title='选择研究区矢量数据')
vec=e.openVector(fn)


;****************   计算整个研究区的年平均NDVI   ****************

;根据研究区矢量数据生成掩模
task=ENVITask('GenerateMaskFromVector')
task.input_raster=raster
task.input_vector=vec
task.execute
raster_mask=task.output_raster
mask=raster_mask.getdata()

;计算整个研究区年平均NDVI
NDVI_whole_avg=fltarr(nb)
w=where(mask eq 1)
for i=0, nb-1 do begin
;逐年取出NDVI数据求有效值的平均值（水体像元值为NaN）
  tNDVI=NDVI[*,*,i]
  NDVI_whole_avg[i]=mean(tNDVI[w], /NaN)
endfor

;绘制整个研究区年平均NDVI变化曲线
p1=plot(yrs, NDVI_whole_avg, dimension=[1200, 800], $
  xtitle='Year', ytitle='NDVI', color=[0, 150, 0], $
  thick=2, font_size=14, margin=[0.1, 0.1, 0.05, 0.05])


;****************   逐像元计算年变化率   ****************
```

```
result=fltarr(ns, nl, 4)  ;4个波段为多年平均值、变异系数、年变化率和置
信水平

for i=0, ns-1 do begin
  for j=0, nl-1 do begin
   ;逐像元计算NDVI年际变化率,即线性回归方程的斜率

    tNDVI=NDVI[i, j, *]   ;当前像元所有波段NDVI值

    ;多年平均值
    result[i, j, 0]=mean(tNDVI)

    ;变异系数
    result[i, j, 1]=stddev(tNDVI)/mean(tNDVI)

    ;一元线性回归分析
    a=regress(yrs, tNDVI[*], ftest=ftest)
    result[i, j, 2]=a[0]   ;年际变化率
    result[i, j, 3]=f_pdf(ftest, 1, nb-1-1)  ;置信水平

    ;将水体的多年平均值、变异系数、年变化率和置信水平均设为0
    if mask[i,j] eq 0 then result[i, j, *]=!values.f_nan

  endfor
endfor


;*******************   保存结果   ********************

o_fn=dialog_pickfile(title='结果保存为')
spatialRef=raster.spatialRef
raster_result=enviRaster(result, uri=o_fn, spatialRef= spatialRef)
bnames=['Average', 'CV', 'Gradient', 'Confidence']
raster_result.metadata.addItem, 'BAND NAMES', bnames
raster_result.save

raster.close
```

```
vec.close
raster_mask.close

end
```

## 12.6 Landsat 8 地表温度遥感反演

基于 Landsat 8 TIRS 数据运用单通道算法反演地表温度。TIRS 有 2 个热红外波段（第 10 和 11 波段），但是第 11 波段定标存在问题，通常只用第 10 波段反演地表温度，本节所有内容均针对 TIRS 第 10 波段。

首先进行辐射定标和亮度温度计算，定标方程为

$$L = \text{Gain} \cdot \text{DN} + \text{Bias} \tag{12.9}$$

式中，$L$ 为 TIRS 第 10 波段辐射亮度，单位为 $W \cdot m^{-2} \cdot sr^{-1} \cdot \mu m^{-1}$；DN 为 TIRS 第 10 波段灰度值；Gain 和 Bias 分别为 TIRS 第 10 波段增益值和偏移值，可以从 TIRS 数据头文件中获取。

得到热辐射亮度 $L$ 后，计算亮度温度：

$$T_b = \frac{K_2}{\ln(1 + K_1/L)} \tag{12.10}$$

式中，$T_b$ 为 TIRS 第 10 波段亮度温度，单位为 K；$K_1$、$K_2$ 为常量（$K_1$=774.8853 $W \cdot m^{-2} \cdot sr^{-1} \cdot \mu m^{-1}$，$K_2$=1321.0789K）。

然后运用混合像元法计算地表比辐射率：

$$\varepsilon_i = f_v \cdot R_v \cdot \varepsilon_{i,v} + (1 - f_v) \cdot R_0 \cdot \varepsilon_{i,0} + \mathrm{d}\varepsilon \tag{12.11}$$

其中，

$$\mathrm{d}\varepsilon = \begin{cases} 0.0038 \cdot f_v & f_v \leq 0.5 \\ 0.0038 \cdot (1 - f_v) & f_v > 0.5 \end{cases} \tag{12.12}$$

$$\begin{cases} R_v = 0.9332 + 0.0585 \cdot f_v \\ R_s = 0.9902 + 0.1068 \cdot f_v \\ R_m = 0.9886 + 0.1287 \cdot f_v \end{cases} \tag{12.13}$$

式中，$\varepsilon_i$ 为第 $i$ 波段比辐射率；$f_v$ 为像元的植被覆盖度；$R_v$ 和 $R_0$ 分别为植被和非植被的温度比率；$\mathrm{d}\varepsilon$ 反映了地形对比辐射率的影响。

地表分为 3 种类型：水体、自然地表和城镇地表。水体像元的组成均一，自然地表像元由植被和裸土构成，城镇地表像元由建筑和植被构成。水体、植被、裸土和建筑的 TIRS 第 10 波段比辐射率分别为 0.99683、0.98672、0.96767 和 0.964885（宋挺等，2015）。

得到辐射亮度、亮度温度和地表比辐射率后，运用单通道算法反演地表温度（Jiménez-Muñoz et al., 2014）：

$$T_s = \gamma \left[ \varepsilon^{-1} \cdot (\psi_1 \cdot L + \psi_2) + \psi_3 \right] + \delta \tag{12.14}$$

其中，

$$\gamma \approx \frac{T_b^2}{b_\gamma \cdot L}; \quad \delta \approx T_b - \frac{T_b^2}{b_\gamma} \tag{12.15}$$

$$\begin{cases} \psi_1 = 0.04019 \cdot w^2 + 0.02916 \cdot w + 1.01523 \\ \psi_2 = -0.3833 \cdot w^2 - 1.50294 \cdot w + 0.20324 \\ \psi_3 = 0.00918 \cdot w^2 + 1.36072 \cdot w - 0.27514 \end{cases} \tag{12.16}$$

式中，$T_s$ 为地表温度，单位为 K；$\varepsilon$ 为地表比辐射率；$L$ 为辐射亮度，单位为 $W \cdot m^{-2} \cdot sr^{-1} \cdot \mu m^{-1}$；$T_b$ 为亮度温度，单位为 K；$b_\gamma$ 为常数（1324 K）；$w$ 为大气水汽含量，单位为 $g \cdot cm^{-2}$。

将 Landsat 8 TIRS 第 10 波段的辐射亮度、亮度温度、地表比辐射率以及大气水汽含量代入式（12.14），计算得到地表温度。

Landsat 8 TIRS 数据、植被覆盖度和土地覆盖数据均为 ENVI 格式文件，土地覆盖文件包含 3 种土地覆盖类型：水体（像元值为 0）、人造地表（像元值为 1）和自然地表（像元值为 2）。

**数据列表**

| 文件名 | 描述 |
| --- | --- |
| TIRS(.hdr) | TIRS 数据文件 |
| VFC(.hdr) | 植被覆盖度文件 |
| Landcover(.hdr) | 土地覆盖文件 |

```
pro LST_retrieval
;基于Landsat8运用单通道算法反演地表温度

;******* ********  打开数据文件并设置相关参数  ***************

;打开Landsat8/TIRS数据
fn_TIRS=dialog_pickfile(title='选择TIRS数据', get_path=work_dir)
cd, work_dir
fn_Fv=dialog_pickfile(title='选择植被覆盖度数据')
fn_landcover=dialog_pickfile(title='选择土地覆盖数据')

envi_open_file, fn_TIRS, r_fid=fid_TIRS
envi_open_file, fn_Fv, r_fid=fid_Fv
envi_open_file, fn_landcover, r_fid=fid_landcover
envi_file_query, fid_TIRS, dims=dims, data_gains=gains, $
   data_offsets=offsets
map_info=envi_get_map_info(fid=fid_TIRS)
```

```
;计算亮温的参数K1和K2值
K1=774.8853
K2=1321.0789

;大气水汽含量(单位g·cm-2)
w=3.15

;***************  辐射定标、亮温和比辐射率计算  ***************

;辐射定标与亮温计算
DN=envi_get_data(fid=fid_TIRS, dims=dims, pos=0)
L=gains[0]*DN+offsets[0]
Tb=K2/alog(1+K1/L)

;计算比辐射率
Fv=envi_get_data(fid=fid_Fv, dims=dims, pos=0)
landcover=envi_get_data(fid=fid_landcover, dims=dims, pos=0)
Emiss=cal_Emiss(Fv, landcover)

;***************  地表温度反演  ***************

;运用单通道算法计算地表温度
Ts=cal_Ts_SC(Tb, L, w, Emiss)

;关闭文件
envi_file_mng, id=fid_TIRS, /remove
envi_file_mng, id=fid_Fv, /remove
envi_file_mng, id=fid_landcover, /remove

;保存结果
o_fn=dialog_pickfile(title='结果保存为')
envi_write_envi_file, Ts, out_name=o_fn, map_info=map_info

end
```

;############################################################

```
function cal_Emiss, Fv, landcover
;计算TIRS第10波段比辐射率
;参数Fv为植被覆盖度，landcover为土地覆盖

  ;水体、植被、裸土和建筑的比辐射率
  Emiss_lc=[0.99683, 0.98672, 0.96767, 0.964885]

  sz=size(Fv)
  ns=sz[1] & nl=sz[2]
  Emiss=fltarr(ns, nl)

  ;计算dε
  de=fltarr(ns, nl)
  w1=where(fv le 0.5, complement=w2)
  de[w1]=0.0038*fv[w1]
  de[w2]=0.0038*(1-fv[w2])

  ;计算Rv、Rs和Rm
  Rv=0.9332+0.0585*fv
  Rs=0.9902+0.1068*fv
  Rm=0.9886+0.1287*fv

  ;水体比辐射率
  w=where(landcover eq 0)
  Emiss[w]=Emiss_lc[0]

  ;人造地表比辐射率
  w=where(landcover eq 1)
Emiss[w]=Emiss_lc[1]*Fv[w]*Rv[w]+Emiss_lc[3]*(1-Fv[w])*Rm[w]+de[w]

  ;自然地表比辐射率
  w=where(landcover eq 2)
Emiss[w]=Emiss_lc[1]*Fv[w]*Rv[w]+Emiss_lc[2]*(1-Fv[w])*Rs[w]+de[w]

  return, Emiss
```

```
end


;##########################################################

function cal_Ts_sc, Tb, L, w, Emiss
;基于单通道算法计算地表温度
;参数Tb、L、w、Emiss分别为亮温、辐亮度、水汽含量和地表比辐射率

  ;大气水汽相关函数
  x1=0.04019*w^2+0.02916*w+1.01523
  x2=-0.38333*w^2-1.50294*w+0.20324
  x3=0.00918*w^2+1.36072*w-0.27514

  ;计算地表温度
  Y=(Tb^2)/(1324*L)
  Z=Tb-Tb^2/1324
  Ts=Y*((x1*L+x2)/Emiss+x3)+Z
  return, float(Ts)

end
```

## 12.7 基于多因子局部回归的地表温度降尺度

根据 100 m 分辨率 NDVI、地表反照率和 DEM 数据，对 1 km 分辨率地表温度进行空间降尺度，生成 100 m 分辨率地表温度。

地表温度降尺度的思路是假设地表温度与 NDVI 等地表参数之间的统计关系具有尺度不变性，在粗分辨率下构建地表温度与地表参数之间的统计回归模型，再将构建的模型应用于高分辨率的地表参数，生成高分辨率地表温度。NDVI 是地表温度降尺度最常用的输入参数，经典的 TsHARP 降尺度算法以 NDVI 为唯一的空间自变量进行降尺度，但是不适用于低植被覆盖区域。为了提高精度和适用范围，除了 NDVI 之外还引入地表反照率、海拔等因子参与降尺度。此外，考虑地表温度与地表参数的关系随空间变化而变化，不通过整体构建全局回归模型，而是通过移动窗口构建多因子局部回归模型进行降尺度。

将 100 m 分辨率 NDVI、反照率和 DEM 重采样到 1 km 分辨率，与地表温度空间分辨率一致。在 1km 分辨率下循环读取 7×7 邻域窗口内地表温度、NDVI、反照率与高程值，以地表温度为因变量，NDVI、反照率与高程为自变量构建多元线性回归方程，并计

算回归方程拟合残差，将回归方程应用于对应空间范围内的 100 m 分辨率 NDVI、反照率与高程值，得到 100 m 分辨率地表温度。最后，将 1 km 分辨率下拟合残差重采样到 100 m 分辨率，叠加到 100 m 分辨率地表温度，得到最终的 100 m 分辨率地表温度。

地表温度、NDVI、反照率和 DEM 数据均为 ENVI 格式文件，其中地表温度数据空间分辨率为 1 km，其余 3 个数据空间分辨率为 100 m。

**数据列表**

| 文件名 | 描述 |
| --- | --- |
| Ts_1km(.hdr) | 1 km 分辨率地表温度文件 |
| NDVI_100m(.hdr) | 100 m 分辨率 NDVI 文件 |
| Albedo_100m(.hdr) | 100 m 分辨率地表反照率文件 |
| DEM_100m(.hdr) | 100 m 分辨率 DEM 文件 |

```
pro LST_downscaling
;对地表温度进行降尺度

;**************    打开地表温度与其他地表参数数据    **************

cd, 'e:\tempwork'

fn_Ts=dialog_pickfile(title='选择地表温度数据', get_path=work_dir)
cd, work_dir
fn_NDVI=dialog_pickfile(title='选择高分辨率NDVI数据')
fn_albedo=dialog_pickfile(title='选择高分辨率反照率数据')
fn_DEM=dialog_pickfile(title='选择高分辨率DEM数据')

envi_open_file, fn_Ts, r_fid=fid_Ts
envi_open_file, fn_NDVI, r_fid=fid_NDVI
envi_open_file, fn_albedo, r_fid=fid_albedo
envi_open_file, fn_DEM, r_fid=fid_DEM


;**************    读取地表温度与其他地表参数数据    **************

envi_file_query, fid_Ts, ns=ns_lr, nl=nl_lr, dims=dims_lr
envi_file_query, fid_NDVI, ns=ns_hr, nl=nl_hr, dims=dims_hr
map_info=envi_get_map_info(fid=fid_NDVI)
```

```
Ts_lr=envi_get_data(fid=fid_Ts, dims=dims_lr, pos=0)
NDVI_hr=envi_get_data(fid=fid_NDVI, dims=dims_hr, pos=0)
albedo_hr=envi_get_data(fid=fid_albedo, dims=dims_hr, pos=0)
alt_hr=envi_get_data(fid=fid_DEM, dims=dims_hr, pos=0)


;********  把NDVI、反照率和DEM由100m重采样到1km分辨率      *********

fact=ns_hr/ns_lr   ;转换尺度（重采样倍数）

envi_doit, 'resize_doit', fid=fid_NDVI, dims=dims_hr, pos=0, $
  r_fid=fid_NDVI_lr, /in_memory, interp=3, rfact=[fact, fact]
envi_doit, 'resize_doit', fid=fid_albedo, dims=dims_hr, pos=0, $
  r_fid=fid_albedo_lr, /in_memory, interp=3, rfact=[fact, fact]
envi_doit, 'resize_doit', fid=fid_DEM, dims=dims_hr, pos=0, $
  r_fid=fid_DEM_lr, /in_memory, interp=3, rfact=[fact, fact]

NDVI_lr=envi_get_data(fid=fid_NDVI_lr, dims=dims_lr, pos=0)
albedo_lr=envi_get_data(fid=fid_albedo_lr, dims=dims_lr, pos=0)
alt_lr=envi_get_data(fid=fid_DEM_lr, dims=dims_lr, pos=0)


;****************   逐像元进行降尺度   *****************

width=7   ;滑动窗口尺寸

Ts_hr=fltarr(ns_hr, nl_hr)   ;降尺度后高分辨率地表温度结果
residual_lr=fltarr(ns_lr, nl_lr)   ;低分辨率拟合残差

;逐粗分辨率像元循环，计算高分辨率地表温度
for i=0, ns_lr-1 do begin
  for j=0, nl_lr-1 do begin

    ;取出当前像元为中心的粗分辨率邻域窗口数据
    ns_s=(i-width/2)>0
    ns_e=(i+width/2)<(ns_lr-1)
    nl_s=(j-width/2)>0
    nl_e=(j+width/2)<(nl_lr-1)
```

```
      tTs_lr=Ts_lr[ns_s:ns_e, nl_s:nl_e]
      tNDVI_lr=NDVI_lr[ns_s:ns_e, nl_s:nl_e]
      tAlbedo_lr=Albedo_lr[ns_s:ns_e, nl_s:nl_e]
      tAlt_lr=Alt_lr[ns_s:ns_e, nl_s:nl_e]

      ;如果窗口内所有高程值相同，无法进行回归拟合，需将某个高程值微调一下
      if stddev(tAlt_lr) eq 0 then tAlt_lr[0]=tAlt_lr+1

      ;拟合多元回归方程
      y_lr=tTs_lr[*]
      x_lr=[transpose(tNDVI_lr[*]), transpose(tAlbedo_lr[*]), $
        transpose(tAlt_lr[*])]
      a=regress(x_lr, y_lr, const=b, yfit=yfit)

      ;当前像元拟合残差
      x_lr_pixel=[NDVI_lr[i,j], Albedo_lr[i,j], Alt_lr[i,j]]
      Ts_lr_fit=x_lr_pixel##a+b
      residual_lr[i,j]=Ts_lr[i,j]-Ts_lr_fit

      ;取出当前像元对应的高分辨率邻域窗口数据
      tNDVI_hr=NDVI_hr[i*fact:(i+1)*fact-1, j*fact:(j+1)*fact-1]
      tAlbedo_hr=Albedo_hr[i*fact:(i+1)*fact-1, j*fact:(j+1)*fact-1]
      tAlt_hr=Alt_hr[i*fact:(i+1)*fact-1, j*fact:(j+1)*fact-1]

      ;回归方程应用于高分辨率地表参数计算地表温度
      x_hr=[transpose(tNDVI_hr[*]), transpose(tAlbedo_hr[*]), $
        transpose(tAlt_hr[*])]
      Ts_hr[i*fact:(i+1)*fact-1, j*fact:(j+1)*fact-1]=x_hr##a+b

   endfor
endfor

;根据拟合残差对初步降尺度的地表温度进行修正
residual_hr=rebin(residual_lr, ns_hr, nl_hr)   ;残差重采样到100m
Ts_hr=Ts_hr+residual_hr   ;叠加残差
```

```
;********************* 保存结果    *********************

;删除中间文件
envi_file_mng, id=fid_NDVI, /remove
envi_file_mng, id=fid_albedo, /remove
envi_file_mng, id=fid_DEM, /remove
envi_file_mng, id=fid_NDVI_lr, /remove
envi_file_mng, id=fid_albedo_lr, /remove
envi_file_mng, id=fid_DEM_lr, /remove

;保存结果
o_fn=dialog_pickfile(title='结果保存为')
envi_write_envi_file, Ts_hr, out_name=o_fn, map_info=map_info
end
```

## 12.8 近地表气温遥感估算

根据站点观测气温和遥感数据估算近地表气温。

根据气象站点位置提取对应像元的遥感地表温度、NDVI 和海拔，结合站点观测气温构建数据集。将数据集按照 7:3 的比例随机分割为两部分，70%作为建模数据集，30%作为验证数据集。

基于建模数据集，以站点观测气温为因变量，以地表温度、NDVI 和海拔为自变量拟合多元线性回归构建气温估算模型，利用验证数据集对模型精度进行评价，评价指标为判定系数 $R^2$ 和平均绝对误差 MAE。

$$\text{MAE} = \frac{1}{n}\sum_{i=1}^{n}|y_i - \hat{y}_i| \tag{12.17}$$

式中，$y_i$ 为气温观测值；$\hat{y}_i$ 为气温估算值；$n$ 为样本量。

站点观测气温数据为 CSV 格式，有 4 列，分别为站点编号、纬度、经度和气温。遥感数据为 ENVI 格式文件，包括 3 个波段，分别为地表温度、NDVI 和海拔。

**数据列表**

| 文件名 | 描述 |
|---|---|
| Observed_Ta.csv | 站点观测气温数据 |
| RS_variables(.hdr) | 遥感数据文件 |

```
pro Ta_estimation
;根据站点观测气温与遥感地表温度估算气温
```

```
e=envi(/headless)

;********************  读入数据  ********************

;读入站点资料
fn_Ta=dialog_pickfile(title='选择站点气温数据', get_path=work_dir)
cd, work_dir
data=read_csv(fn_Ta, count=nsta, header=header)
Lat=data.(1)      ;站点纬度
Lon=data.(2)      ;站点经度
Ta=data.(3)       ;站点观测气温

;读入遥感数据
fn_RS=dialog_pickfile(title='选择遥感数据')
raster_RS=e.OpenRaster(fn_RS)
var_names=raster_RS.metadata['band names']


;**************  提取各个站点位置对应的地表温度值  **************

;读取站点坐标对应的遥感像元值(地表温度、NDVI和海拔)
RS_values_station=read_RS_values(raster_RS, lat, lon)
data_full=[transpose(Ta), RS_values_station]

;********************  构建气温估算模型  ********************

;将整个数据集按照7:3比例随机分割为训练集和验证集
split_data, data_full, data_train, data_test

;基于建模数据集构建回归方程
a=regress(data_train[1:*, *], transpose(data_train[0, *]), $
  mcorrelation=r_fit, const=b)
print, '回归方程: Ta='+string(a[0], format='(f8.4)')+'*Ts'+ $
  string(a[1], format='(f+8.4)')+'*NDVI'+ $
  string(a[2], format='(f+8.4)')+'*Altitude'+ $
  string(b, format='(f+8.4)')
print, '拟合R2:', r_fit^2, format='(a, f6.2)'
```

```
;利用验证数据集验证回归方程精度
Ta_fit=transpose(data_test[1:*, *]##a+b)   ;验证集Ta估算值
Ta_obs=transpose(data_test[0, *])   ;验证集Ta观测值

;保存验证数据集观测与估算气温值
o_fn_test='Validation_result.csv'
header=['Ta_observed', 'Ta_estimated']
write_csv, o_fn_test, Ta_obs, Ta_fit, header=header

;绘制验证散点图
range=[min([Ta_obs, Ta_fit])-0.2, max([Ta_obs, Ta_fit])+0.2]
p1=scatterplot(Ta_obs, Ta_fit, dimension=[1000, 800], $
  xrange=range, yrange=range, symbol=24, /sym_filled, $
  sym_color=[0, 0, 150], sym_fill_color=[50, 150, 250], $
  xtitle='Observed Ta ($^o$C)', ytitle='Estimated Ta ($^o$C)', $
  font_size=14, margin=[0.12, 0.1, 0.05, 0.05])

;添加拟合直线
p2=plot(range, range, color=[150, 150, 150], /overplot)

;添加标注
r2=correlate(Ta_obs, Ta_fit)^2
MAE=mean(abs(Ta_obs-Ta_fit))
str_R2='$r^2$='+string(r2, format='(f4.2)')
str_MAE='MAE='+string(MAE, format='(f4.2)')
t1=text(0.2, 0.85, str_R2, font_size=14)
t2=text(0.2, 0.78, str_MAE, font_size=14)


;********************   反演气温并保存   ********************

;计算Ta
vars=raster_RS.getdata()   ;遥感自变量
Ta=a[0]*vars[*,*,0]+a[1]*vars[*,*,1]+a[2]*vars[*,*,2]+b

;保存结果
o_fn=dialog_pickfile(title='结果保存为')
```

```
  spatialRef=raster_RS.spatialRef
  raster_Ta=enviRaster(Ta, uri=o_fn, spatialRef=spatialRef)
  raster_Ta.metadata.addItem, 'BAND NAMES', 'Ta'
  raster_Ta.save

  raster_RS.close

end



;##############################################################

function read_RS_values, raster, lat, lon
;根据经纬度坐标读取遥感像元值
;参数raster、lat、lon分别为ENVIRaster对象、纬度和经度

  ;将经纬度转换为文件坐标
  spatialRef=raster.spatialRef
  spatialRef.ConvertLonLatToMap, Lon, Lat, MapX, MapY
  spatialRef.ConvertMapToFile, MapX, MapY, xf, yf
  xf=floor(xf)  &  yf=floor(yf)

  ;循环读取各个站点对应像元的值
  nb=raster.nbands      ;波段数
  nsta=lon.length       ;站点数
  RS_values=fltarr(nb, nsta)
  for i=0, nsta-1 do begin
    sub_rect=[xf[i], yf[i], xf[i], yf[i]]   ;站点像元的空间范围数组
    RS_values[*,i]=raster.getdata(sub_rect=sub_rect,bands=[0:nb-1])
  endfor

  return, RS_values

end



;##############################################################
```

```
pro split_data, data_full, data_train, data_test
;将数据集按照7:3比例随机分割为训练集和验证集
;参数data_full、data_train、data_test分别为总样本、建模和验证样本

  ratio=0.7   ;建模样本的比例
  num=(data_full.dim)[1]   ;样本数
  num_train=round(num*ratio)   ;建模样本数

  ;随机分割为建模集和验证集
  random_nums=randomu(seed, num)
  s=sort(random_nums)   ;创建0~num-1的随机整数数组
  data_train=data_full[*,s[0:num_train-1]]
  data_test=data_full[*,s[num_train:*]]

end
```

## 12.9 遥感生态指数 RSEI 计算

根据 Landsat 8 OLI 地表温度和地表反射率数据计算遥感生态指数 RSEI。

RSEI 指数由绿度指数、湿度指数、干度指数和热度指数这 4 个指标经过主成分变换计算得到（徐涵秋, 2013）。绿度指数以 NDVI 表征，湿度指数以穗帽变换的湿度分量表征，热度指数以地表温度表征，干度指数以干度指数 NDBSI 表征，该指数由建筑指数 IBI 和裸土指数 SI 取平均计算得到。

对于 Landsat 8 OLI 数据，穗帽变换的湿度分量计算公式为

$$\text{Wet} = 0.1511 \cdot \rho_2 + 0.1973 \cdot \rho_3 + 0.3283 \cdot \rho_4 + 0.3407 \cdot \rho_5 - 0.7117 \cdot \rho_6 - 0.4559 \cdot \rho_7 \quad (12.18)$$

式中，$\rho_2 \sim \rho_7$ 分别为 Landsat/OLI 第 2~7 波段反射率。

NDBSI 计算公式为

$$\text{NDBSI} = (\text{SI} + \text{IBI})/2 \quad (12.19)$$

其中，

$$\text{SI} = \frac{(\rho_6 + \rho_4) - (\rho_5 + \rho_2)}{(\rho_6 + \rho_4) + (\rho_5 + \rho_2)}, \quad \text{IBI} = \frac{2 \cdot \rho_6 \cdot (\rho_6 + \rho_5) - [\rho_5/(\rho_5 + \rho_4) + \rho_3/(\rho_3 + \rho_6)]}{2 \cdot \rho_6 \cdot (\rho_6 + \rho_5) + [\rho_5/(\rho_5 + \rho_4) + \rho_3/(\rho_3 + \rho_6)]}$$

$$(12.20)$$

由于各指标量纲不同，进行主成分变换之前对各指标进行极差归一化处理：

$$\text{NI}_i = \frac{I_i - I_{\min}}{I_{\max} - I_{\min}} \quad (12.21)$$

式中，$\text{NI}_i$ 为像元 $i$ 归一化后的指标值；$I_i$ 为像元 $i$ 原始指标值；$I_{\min}$ 和 $I_{\max}$ 分别为指标最小值和最大值，为了去除极少数极端值的影响，此处分别取累积直方图 0.5%和 99.5%的

值作为 $I_{min}$ 和 $I_{max}$。

对归一化处理后的绿度、湿度、热度和干度指数进行主成分变换，第一主成分量即初始生态指数 $RSEI_0$，$RSEI_0$ 值越高代表生态环境越好。但由于主成分变换的不确定性，有时候得到的 $RSEI_0$ 为反向指标。为了使 $RSEI_0$ 高值代表好的生态环境，当 $RSEI_0$ 为反向指标时需要用"1–$RSEI_0$"对其进行调整（徐涵秋和邓文慧，2022）。考虑绿度与湿度指标对生态起正面作用，而热度与干度指标起负面作用，根据 $RSEI_0$ 与湿度之间的相关系数判断 $RSEI_0$ 为正向或反向指标，如果相关系数为负 $RSEI_0$ 为反向指标，需要进行调整。

根据式（12.2）利用从反射率数据计算 MNDWI，运用大津法分割 MNDWI 识别水体，对 $RSEI_0$ 进行水体掩模，然后进行归一化处理得到

$$RSEI = \frac{RSEI_0 - RSEI_{0,min}}{RSEI_{0,max} - RSEI_{0,min}} \quad (12.22)$$

地表温度和地表反射率数据均为 ENVI 格式文件，地表反射率数据包括 Landsat 8 OLI 的 7 个多光谱波段。

**数据列表**

| 文件名 | 描述 |
| --- | --- |
| Ts(.hdr) | 地表温度文件 |
| Ref(.hdr) | 地表反射率文件 |

```
pro cal_RSEI
;地表温度和地表反射率数据计算遥感生态指数RSEI

  e=envi(/headless)

;******************  读取地表温度和反射率数据  ******************

  fn_Ts=dialog_pickfile(title='选择地表温度数据', get_path=work_dir)
  cd, work_dir
  fn_Ref=dialog_pickfile(title='选择地表反射率数据')

  raster_Ts=e.OpenRaster(fn_Ts)
  raster_Ref=e.OpenRaster(fn_Ref)
  Ts=raster_Ts.getdata()
  Ref=raster_Ref.getdata()



;******************  计算绿度、湿度和干度  ******************
```

```
;读取第2~7波段反射率
Ref2=Ref[*,*,1]
Ref3=Ref[*,*,2]
Ref4=Ref[*,*,3]
Ref5=Ref[*,*,4]
Ref6=Ref[*,*,5]
Ref7=Ref[*,*,6]

;绿度
NDVI=(Ref5-Ref4)/(Ref5+Ref4)
;湿度
Wet=0.1511*Ref2+0.1973*Ref3+0.3283*Ref4+0.3407*Ref5-$
  0.7117*Ref6-0.4559*Ref7
;干度
SI=((Ref6+Ref4)-(Ref5+Ref2))/((Ref6+Ref4)+(Ref5+Ref2))

IBI=(2*Ref6*(Ref5+Ref6)-(Ref5/(Ref5+Ref4)+Ref3/(Ref3+Ref6)))/$
  (2*Ref6*(Ref5+Ref6)+(Ref5/(Ref5+Ref4)+Ref3/(Ref3+Ref6)))
NDBSI=(SI+IBI)/2


;******************  计算RSEI  ******************

;合并为一个文件，然后进行归一化处理：
;归一化处理时分别将最低最高0.5%的值拉伸到0和1去除极少数极端值的影响
raster_stacking=enviRaster([[[NDVI]],[[Wet]],[[NDBSI]], [[Ts]]])
raster_stacking.save
fid_stacking=ENVIRasterToFID(raster_stacking)
envi_file_query, fid_stacking, nb=nb, dims=dims
pos=[0:nb-1]
envi_doit, 'stretch_doit', fid=fid_stacking, dims=dims, $
  pos=pos, r_fid=fid_normalized, /in_memory, method=1, $
  out_dt=4, range_by=0, i_min=0.5, i_max=99.5, $
  out_min=0, out_max=1

;PCA变换计算得到RSEI0
envi_doit,'envi_stats_doit', fid=fid_normalized, dims=dims, $
  pos=pos, comp_flag=5, mean=mean, eval=eval, evec=evec
```

```
envi_doit, 'pc_rotate', fid=fid_normalized, dims=dims, pos=pos, $
  r_fid=fid_PCA, out_dt=4, /in_memory, /forward, mean=mean, $
  eval=eval, evec=evec
RSEI0=envi_get_data(fid=fid_PCA, dims=dims, pos=0)

;判断RSEI0为正向还是反向指标，如为反向指标则进行调整
r=correlate(Wet, RSEI0)   ;计算湿度与RSEI0的相关系数
if r lt 0 then RSEI0=1-RSEI0   ;进行调整

;RSEI0水体掩模后，区分正向和反向情况进行标准化
MNDWI=(Ref3-Ref6)/(Ref3+Ref6)
water=fix(image_threshold(MNDWI, /OTSU))
w=where(water eq 1, complement=w1)
RSEI0[w]=!values.f_nan
RSEI=(RSEI0-min(RSEI0))/(max(RSEI0)-min(RSEI0))

;******************   保存结果   ******************

;保存结果
o_fn=dialog_pickfile(title='结果保存为')
map_info=envi_get_map_info(fid=fid_PCA)
envi_write_envi_file, RSEI, out_name=o_fn, map_info=map_info

;移除中间结果
raster_Ts.close
raster_Ref.close
raster_stacking.close
envi_file_mng, id=fid_normalized, /remove
envi_file_mng, id=fid_PCA, /remove

end
```

## 12.10 温度植被干旱指数 TVDI 计算

根据 NDVI 和地表温度数据计算温度植被干旱指数 TVDI。

温度植被干旱指数 TVDI 由 Sandholt 等（2002）根据简化的 NDVI-$T_s$ 特征空间提出（图 12.1）。位于 NDVI-$T_s$ 空间中代表完全缺水的干边上的像元干旱指数为 1，位于代

完全无水分胁迫的湿边上的像元干旱指数为 0，干边和湿边之间的数据点干旱指数则为 0~1。TVDI 值越大，相对干旱程度越严重。

TVDI 的计算公式为

$$\text{TVDI} = \frac{T_s - T_{s_{\min}}}{T_{s_{\max}} - T_{s_{\min}}} \tag{12.23}$$

式中，$T_s$ 为某像元的地表温度；$T_{s_{\min}}$ 表示在该像元 NDVI 值时的最低温度（即湿边温度）；$T_{s_{\max}}$ 为某一 NDVI 值时的最高温度（即干边温度）。

按一定间隔计算出每一个 NDVI 值域内对应的地表温度最高和最低值，即可拟合出干边和湿边方程：

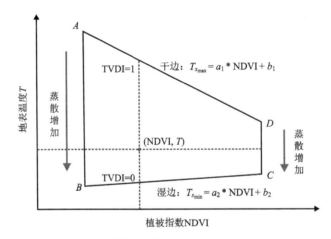

图 12.1 简化的地表温度-植被指数特征空间（改绘自 Sandholt et al.，2002）

$$\begin{cases} T_{s_{\max}} = a_1 \cdot \text{NDVI} + b_1 \\ T_{s_{\min}} = a_2 \cdot \text{NDVI} + b_2 \end{cases} \tag{12.24}$$

将式（12.24）代入式（12.23），计算 TVDI：

$$\text{TVDI} = \frac{T_s - a_2 \cdot \text{NDVI} - b_2}{a_1 \cdot \text{NDVI} + b_1 - a_2 \cdot \text{NDVI} - b_2} \tag{12.25}$$

NDVI 和地表温度数据均为 ENVI 格式文件，研究区范围为 Shapefile 格式矢量文件。

**数据列表**

| 文件名 | 描述 |
| --- | --- |
| NDVI(.hdr) | NDVI 文件 |
| Ts(.hdr) | 地表温度文件 |
| Study_area.shp (.dbf, .shx, .prj) | 研究区范围文件 |

```
pro cal_TVDI
;根据NDVI和LST计算温度植被干旱指数TVDI
```

```
e=envi(/headless)

;****************    读取NDVI、地表温度和边界数据    ****************

fn_NDVI=dialog_pickfile(title='选择NDVI数据', get_path=work_dir)
cd, work_dir
fn_Ts=dialog_pickfile(title='选择地表温度数据')
fn=dialog_pickfile(title='选择研究区矢量数据')

raster_NDVI=e.OpenRaster(fn_NDVI)
raster_Ts=e.OpenRaster(fn_Ts)
vec=e.openVector(fn)

NDVI=raster_NDVI.getdata()
Ts=raster_Ts.getdata()


;********************    计算TVDI并保存结果    ********************

;根据研究区矢量数据生成掩模
task=ENVITask('GenerateMaskFromVector')
task.input_raster=raster_NDVI
task.input_vector=vec
task.execute
raster_mask=task.output_raster
mask=raster_mask.getdata()

;提取研究区内的非水体像元,以NDVI>0.1为条件判断是否为水体
w=where(mask eq 1 and NDVI ge 0.1, complement=w1, $
  ncomplement=count)

;拟合干湿边方程
fitting_dry_wet_equation, NDVI[w], Ts[w], a1, b1, a2, b2
;计算TVDI指数
TVDI=(Ts-a2*NDVI-b2)/(a1*NDVI+b1-a2*NDVI-b2)
;掩去研究区以外的数据
if count gt 0 then TVDI[w1]=!values.f_nan
```

```
;保存结果
o_fn=dialog_pickfile(title='结果保存为')
if file_test(o_fn) then file_delete, o_fn
spatialRef=raster_NDVI.spatialRef
raster_TVDI=enviRaster(TVDI, uri=o_fn, spatialRef=spatialRef)
raster_TVDI.save

raster_Ts.close
raster_NDVI.close
vec.close

end


;##############################################################

pro fitting_dry_wet_equation, NDVI, Ts, a1, b1, a2, b2
;拟合干边和湿边方程
;参数NDVI、Ts分别为归一化植被指数和地表温度
;参数a1、b1、a2、b2为拟合的干边和湿边方程系数

  ;*******************   NDVI划分等距区间   *********************

  NDVI_ranges=[0.1:max(NDVI):0.01]  ;以0.01间距等分NDVI
  nums=NDVI_ranges.length-1   ;NDVI区间数
  NDVIs=NDVI_ranges[0:nums-1]   ;NDVI各区间起始值
  NDVIe=NDVI_ranges[1:*]   ;NDVI各区间终止值
  NDVIm=NDVIs+0.01/2   ;每个NDVI区间的均值

  ;********************   拟合干边和湿边   *********************

  ;每一个NDVI区间对应的地表温度最大和最小值
  Ts_max=fltarr(nums)
  Ts_min=fltarr(nums)
  for i=0, nums-1 do begin
    w=where(NDVI ge NDVIs[i] and NDVI lt NDVIe[i], count)
    if count gt 0 then begin
```

```
      Ts_max[i]=max(Ts[w])    ;当前NDVI区间对应的地表温度最大值
      Ts_min[i]=min(Ts[w])    ;当前NDVI区间对应的地表温度最小值
   endif
endfor

;移除没有值的统计区间
w=where(Ts_max ne 0)
NDVIm=NDVIm[w]
Ts_max=Ts_max[w]
Ts_min=Ts_min[w]

;拟合干、湿边方程
a1=regress(NDVIm, Ts_max, const=b1, correlation=r1)    ;干边方程
a2=regress(NDVIm, Ts_min, const=b2, correlation=r2)    ;湿边方程

;函数regress返回的系数a为一个元素的数组，转换为单个数字
a1=a1[0] & a2=a2[0]

;********************   绘制干湿边拟合图   ********************

;散点图的x和y坐标轴范围
xrange=[min(NDVIm)-0.05, max(NDVIm)+0.05]
yrange=[min(Ts_min)-3, max(Ts_max)+2]

;干边和湿边的点拟合直线
p1=scatterplot(NDVIm, Ts_max, dimension=[1000, 800], $
   xrange=xrange, yrange=yrange, symbol=24, /sym_filled, $
   sym_color=[150, 0, 0], sym_fill_color=[250, 150, 50], $
   xtitle='NDVI', ytitle='Ts (K)', font_size=14, $
   margin=[0.12, 0.1, 0.05, 0.05])
p2=scatterplot(NDVIm, Ts_min, symbol=24, /sym_filled, $
   sym_color=[0, 0, 150], sym_fill_color=[50, 150, 250], $
   /overplot)

;干边和湿边的拟合直线
x=[min(NDVIm), max(NDVIm)]
y_dry=a1*x+b1
p3=plot(x, y_dry, color=[200, 100, 0], thick=3, /overplot)
```

```
y_wet=a2*x+b2
p4=plot(x, y_wet, color=[0, 100, 200], thick=3, /overplot)

;干边方程
equation_dry='Ts='+string(a1, format='(f6.2)')+'*NDVI+' $
  +string(b1, format='(f6.2)')
r2_wet='$R^2$='+string(r1^2, format='(f6.2)')
t1=text(0.55, 0.78, equation_dry, font_size=14)
t2=text(0.55, 0.74, r2_wet, font_size=14)

;湿边方程
equation_wet='Ts='+string(a2, format='(f6.2)')+'*NDVI+' $
  +string(b2, format='(f6.2)')
r2_dry='$R^2$='+string(r2^2, format='(f6.2)')
t3=text(0.35, 0.38, equation_wet, font_size=12)
t4=text(0.35, 0.34, r2_dry, font_size=12)

end
```

## 12.11 人口加权 $PM_{2.5}$ 暴露水平监测

基于人口密度格网数据和 $PM_{2.5}$ 浓度格网数据，监测研究区内各城市的人口加权 $PM_{2.5}$ 暴露水平。

人口加权 $PM_{2.5}$ 暴露水平即人口加权 $PM_{2.5}$ 浓度，该指标综合考虑人口和 $PM_{2.5}$ 的空间分布差异，能够更有效地反映人群 $PM_{2.5}$ 暴露风险。其计算公式为（伏晴艳和阚海东，2014）

$$C_{pop} = \frac{\sum_{i=1}^{n} Pop_i \cdot C_i}{Pop} \tag{12.26}$$

式中，$C_{pop}$ 为某地区的人口加权 $PM_{2.5}$ 浓度；$C_i$ 为格网 $i$ 内的 $PM_{2.5}$ 浓度；$Pop_i$ 为格网 $i$ 内的人口数；$n$ 为某地区格网总数；$Pop$ 为某地区人口数。

人口密度格网数据和 $PM_{2.5}$ 浓度格网数据为 ENVI 格式文件，人口密度单位为人·$km^{-2}$，$PM_{2.5}$ 浓度单位为 $\mu g \cdot m^{-3}$；城市行政区划数据为 Shapefile 格式文件，包括研究区内 41 个城市的边界和属性，其中属性第 4 列为城市名称。

**数据列表**

| 文件名 | 描述 |
| --- | --- |
| Pop_dens(.hdr) | 人口密度格网数据 |
| PM25(.hdr) | $PM_{2.5}$ 浓度格网数据 |
| Cities.shp(.dbf, .shx, .prj) | 城市行政区划数据 |

```idl
pro PM25_exposure
  ;根据人口、PM2.5和行政区数据统计各城市人口加权PM2.5浓度

  e=envi(/headless)

  ;******************      读取人口和PM2.5数据      ******************

  fn_pop=dialog_pickfile(title='选择人口密度数据', get_path=work_dir)
  cd, work_dir
  fn_pm25=dialog_pickfile(title='选择PM2.5浓度数据')
  fn_city=dialog_pickfile(title='选择城市行政区划数据')

  raster_pop=e.openRaster(fn_pop)
  raster_pm25=e.openRaster(fn_pm25)
  vector_city=e.openVector(fn_city)
  pop=raster_pop.getdata()
  pm25=raster_pm25.getdata()


  ;**************      计算各城市区的人口加权PM2.5浓度      **************

  ;针对各个城市边界生成ROI
  Task=ENVITask('VectorAttributeToROIs')
  Task.attribute_name='name'
  Task.input_vector=Vector_city
  task.execute
  ROIs=Task.output_roi


  Task=ENVITask('ROIToClassification')
  Task.input_roi=ROIs
  Task.input_raster=raster_pm25
  task.execute
  raster_cities=Task.output_raster
  cities=raster_cities.getdata()

  ;获取各城市名称
  metadata=raster_cities.metadata
  cnames=metadata['class names']
```

```
cnames=cnames[1:*]  ;去掉默认的第1类'Unclassified'
nc=cnames.length
for i=0, nc-1 do begin
;从类别名'Cities [name=城市名]'中提取城市名
  tstr=strsplit(cnames[i], '=]', /extract)
  cnames[i]=tstr[-1]
endfor


;逐城市循环,计算人口加权PM2.5浓度
pwpm_city=fltarr(nc)
for i=0, nc-1 do begin

  ;计算人口加权PM2.5浓度
  w=where(cities eq i+1)
  pwpm_city[i]=total(pop[w]*pm25[w], /nan)/total(pop[w], /nan)

endfor

o_fn=dialog_pickfile(title='结果保存为')+'.csv'
write_csv, o_fn, cnames, pwpm_city, header=['City', 'PW_PM2.5']

end
```

## 12.12 森林火点遥感监测

基于MODIS数据提取森林火点信息。

首先检测云覆盖像元和水体像元。云覆盖像元的判别条件为（Giglio et al., 2003）

$$\rho_1 + \rho_2 > 0.9 \quad \text{或者} \quad T_{32} < 265\,\text{K} \quad \text{或者} \quad \rho_1 + \rho_2 > 0.7 \text{且} T_{32} < 285\,\text{K} \quad (12.27)$$

式中，$\rho_1$、$\rho_2$ 分别为MODIS第1、2波段的表观反射率；$T_{32}$ 为MODIS第32波段的亮度温度。

MODIS亮度温度的计算公式为

$$T_b = \frac{C_2}{\lambda \cdot \ln(C_1/(\lambda^5 \cdot L)+1)} \quad (12.28)$$

式中，$T_b$ 为亮度温度，单位为K；$C_1$、$C_2$ 为常量（$C_1$=1.1910659×10$^8$ W·m$^{-2}$·sr$^{-1}$·μm$^4$，$C_2$=1.438833×10$^4$ K·μm）；$\lambda$ 为波段的有效中心波长（表12.1），单位为μm；$L$ 为定标后得到的热辐射亮度，单位为W·m$^{-2}$·μm$^{-1}$·sr$^{-1}$。

### 表 12.1 MODIS 各波段的中心波长

| 波段 | 中心波长/μm |
|---|---|
| 21 | 3.99157 |
| 31 | 11.0121 |
| 32 | 12.0259 |

首先，水体像元判别条件为

$$\rho_2 < 0.15 \text{ 且 } \rho_7 < 0.05 \text{ 且 NDVI} < 0 \tag{12.29}$$

式中，$\rho_2$、$\rho_7$ 分别为 MODIS 第 2、7 波段的表观反射率；NDVI 为归一化植被指数。

然后，针对无云非水体像元提取潜在火点。潜在火点的判别条件为（Giglio et al., 2003）

$$T_{21} > 310 \text{ K 且 } \Delta T > 10 \text{ K 且 } \rho_2 < 0.3 \tag{12.30}$$

式中，$T_{21}$ 为 MODIS 第 21 波段的亮度温度；$\Delta T$ 为 MODIS 第 21 和 31 波段的亮温差（$T_{21}-T_{31}$）；$\rho_2$ 为 MODIS 第 2 波段的表观反射率。

潜在火点中的有些火点可以确定为火点，其判别条件为（Kaufman et al., 1998）

$$T_{21} > 360 \text{ K} \quad \text{或者} \quad T_{21} > 320 \text{ K 且 } \Delta T > 20 \text{ K} \tag{12.31}$$

不满足上面条件的潜在火点进入下一步处理：基于背景辐射信息提取火点。以潜在火点为中心，建立 7×7 大小的背景窗口分析非火点像元的背景统计信息，有效背景像元的判断条件是无云、非水体、非背景火点，白天背景火点的判别条件为 $T_{21}>325$ K 并且 $\Delta T>20$ K（Giglio et al., 2003）。统计窗口中有效背景像元在第 21、31 波段亮温以及这两个波段亮温差的温度特性，并将其与潜在火点的温度特性进行判别，同时满足下面 4 个判别条件的潜在火点被标示为火点，否则为非火点。

$$\begin{cases} \Delta T > \overline{\Delta T} + 3.5 \cdot \delta_{\Delta T} \\ \Delta T > \overline{\Delta T} + 6\text{K} \\ T_{21} > \overline{T_{21}} + 3 \cdot \delta_{T21} \\ T_{31} > \overline{T_{31}} + \delta_{T31} - 4 \text{ K 或 } \delta'_{T21} > 5 \text{ K} \end{cases} \tag{12.32}$$

式中，$T_{21}$、$T_{31}$、$\Delta T$ 分别为当前潜在火点 MODIS 第 21、31 波段的亮度温度及两者的亮温差；$\overline{T_{21}}$、$\overline{T_{31}}$、$\overline{\Delta T}$ 分别为窗口中有效背景像元的 MODIS 第 21、31 波段亮温及两者亮温差的平均值；$\delta_{T21}$、$\delta_{T31}$、$\delta_{\Delta T}$ 分别为窗口中有效背景像元的 MODIS 第 21、31 波段亮温及两者亮温差的平均绝对偏差；$\delta'_{T21}$ 为背景火点 MODIS 第 21 波段亮温的平均绝对偏差。

MODIS 数据为 ENVI 格式文件，包含 6 个波段，分别为第 1、2、7 波段表观反射率以及第 21、31、32 波段表观辐射亮度数据。

### 数据列表

| 文件名 | 描述 |
|---|---|
| MODIS_data(.hdr) | MODIS 数据文件 |

```
pro Forest_fire_detection
;基于MODIS数据检测森林火点

  e=envi(/headless)

  ;********************   读入MODIS数据   ********************

  ;打开MDOIS数据
  fn=dialog_pickfile(title='选择MODIS数据', get_path=work_dir)
  cd, work_dir
  raster=e.OpenRaster(fn)
  data=raster.getdata()

  ;第1、2、7波段表观反射率
  ref1=data[*,*,0]
  ref2=data[*,*,1]
  ref7=data[*,*,2]
  ;第21、31、32波段表观辐亮度
  rad21=data[*,*,3]
  rad31=data[*,*,4]
  rad32=data[*,*,5]


  ;********************   亮温计算   ********************

  wv=[3.99157, 11.0121, 12.0259]   ;有效中心波长
  Tb21=cal_Tb(temporary(rad21), wv[0])
  Tb31=cal_Tb(temporary(rad31), wv[1])
  Tb32=cal_Tb(temporary(rad32), wv[2])


  ;********************   云和水体检测   ********************

  ;云检测
  cloud=ref1+ref2 gt 0.9 or Tb32 lt 265 $
    or (ref1+ref2 gt 0.7 and Tb32 lt 285)
  ;水体检测
  NDVI=(ref2-ref1)/(ref2+ref1)
```

```
water=ref2 lt 0.15 and ref7 lt 0.05 and NDVI lt 0
;水体和云掩模（非云且非水体的像元）
mask=cloud eq 0 and water eq 0


;*********************** 提取火点 ***********************

ns=raster.ncolumns
nl=raster.nrows
fire=bytarr(ns, nl)    ;最终火点


;基于绝对阈值提取火点
w=where((Tb21 gt 360 or (Tb21 gt 320 and Tb21-Tb31 gt 20)) $
  and mask eq 1, count)
if count gt 0 then fire[w]=1


;提取除了绝对火点之外的潜在火点位置
w_pfire=where(Tb21 gt 310 and Tb21-Tb31 gt 10 and $
  ref2 lt 0.3 and mask eq 1 and fire eq 0, count)

;如果存在潜在火点，则逐火点基于背景辐射信息循环判断其是否为火点
if count gt 0 then begin
  win_sz=7   ;背景窗口尺寸
  for i=0, count-1 do begin
  ;根据以潜在火点为中心7*7大小的背景窗口温度特性判断是否为火点
    fire[w_pfire[i]]=fire_dect(Tb21, Tb31, mask, w_pfire[i], $
      win_sz)
  endfor
endif


;*********************** 保存火点检测结果 ***********************

w_fire=where(fire eq 1, count)
txt_msg='Detected fire points: '+string(count, format='(i6)')
msg=dialog_message(txt_msg, /information)

if count gt 0 then begin
```

```
    ;火点的一维坐标转换为二维坐标
    xf=(w_fire mod ns)+0.5    ;列号
    yf=(w_fire/ns)+0.5    ;行号

    ;将火点坐标转换为经纬度坐标
    spatialRef=raster.spatialRef
    spatialRef.ConvertFileToMap, xf, yf, MapX, MapY
    spatialRef.ConvertMapToLonLat, MapX, MapY, lon, lat

    ;保存火点结果为CSV文件
    o_fn=dialog_pickfile(title='结果保存为CSV文件')+'.csv'
    ID=[1:count]
    write_csv, o_fn, lat, lon, ID, header=['Lat', 'Lon', 'ID']

    ;保存火点结果为矢量文件
    o_fn_vec=dialog_pickfile(title='结果保存为SHP文件')+'.shp'
    task=ENVITask('ASCIIToVector')
    task.input_uri=o_fn
    task.lines_to_skip=1
    task.data_columns=[2, 1]
    task.output_vector_uri=o_fn_vec
    task.Execute

  endif

end


;############################################################

function cal_Tb, radiance, wv
;对MODIS中红外及热红外波段进行亮温计算
;参数radiance为辐射亮度,参数wv为中心有效波长

  C1=1.1910659e8
  C2=1.438833e4
  result=C2/(wv*alog(1+C1/(wv^5*radiance)))
```

```
    return, result

end


;###########################################################

function fire_dect, Tb21, Tb31, mask, pfire_location, win_sz
;根据以潜在火点为中心的背景窗口温度特性判断是否为火点
;参数Tb21、Tb31分别为第21、31波段亮温
;参数mask为云和水体掩模，值为1表示为非云且非水体
;参数pfire_location为潜在火点的位置（一维坐标的形式）
;参数win_sz为背景窗口尺寸

   ;****************  取出以潜在火点为中心的窗口数据  ****************

   ;影像的行列数
   sz=size(mask)
   ns=sz[1]  &  nl=sz[2]

   ;潜在火点的一维坐标转换为二维坐标
   col=pfire_location mod ns    ;列号
   row=pfire_location/ns        ;行号

   ;背景窗口起始和终止列号
   col_s=col-win_sz/2 > 0   ;如果起始列号小于0，则从0开始
   col_e=col+win_sz/2 < ns-1  ;如果起始列号大于最后1列，至最后1列结束
   ;背景窗口起始和终止行号
   row_s=row-win_sz/2 > 0   ;如果起始行号小于0，则从0开始
   row_e=row+win_sz/2 < ns-1  ;如果起始行号大于最后1行，至最后1行结束

   ;取出当前潜在火点的第21、31波段亮温值及两者之差
   Tb21_pfire=Tb21[col, row]
   Tb31_pfire=Tb31[col, row]
   dif_Tb_pfire=Tb21_pfire-Tb31_pfire

   ;取出背景窗口第21、31波段亮温、亮温差及mask波段的数据
   tTb21=Tb21[col_s:col_e, row_s:row_e]
```

```
tTb31=Tb31[col_s:col_e, row_s:row_e]
dif_Tb=tTb21-tTb31    ;第21、31波段亮温差
tmask=mask[col_s:col_e, row_s:row_e]


;***************** 检测背景火点和有效背景像元 *****************

;背景火点
mask_bfire=Tb21 gt 325 and dif_Tb gt 20
w_bfire=where(mask_bfire eq 1, nbfire)
;有效背景像元
w_background=where(tmask eq 1 and mask_bfire eq 0, nbackground)


;******************* 根据背景像元判别火点 *******************

if nbackground gt 0 then begin
;背景窗口中包含有效背景像元

  ;有效背景像元第21、31波段亮温及两者亮温差的平均值
  mean_Tb21=mean(tTb21[w_background])
  mean_Tb31=mean(tTb31[w_background])
  mean_dif_Tb=mean(dif_Tb[w_background])
  ;有效背景像元第21、31波段亮温及两者亮温差的平均绝对偏差
  MAD_Tb21=mean(abs(tTb21[w_background]-mean_Tb21))
  MAD_Tb31=mean(abs(tTb31[w_background]-mean_Tb31))
  MAD_dif_Tb=mean(abs(dif_Tb[w_background]-mean_dif_Tb))
  ;背景火点第21波段亮温的平均绝对偏差
  if nbfire gt 0 then begin
MAD_Tb21_bfire=mean(abs(dif_Tb[w_bfire]-mean(tTb21[w_bfire])))
  endif else begin
    MAD_Tb21_bfire=0
  endelse

  ;同时符合下面4个判别条件，则为火点，返回1，否则返回0
  if dif_Tb_pfire gt (mean_dif_Tb+3.5*MAD_dif_Tb) and $
    dif_Tb_pfire gt (mean_dif_Tb+6) and $
```

```
   Tb21_pfire gt (mean_Tb21+3*MAD_Tb21) and $
    (Tb31_pfire gt (mean_Tb31+MAD_Tb31-4) or MAD_Tb21_bfire gt 5) $
   eq 1 then begin
   return, 1
  endif else begin
   return, 0
  endelse


 endif else begin
;如果窗口中不包含有效背景像元,不进行检测

   return, 0

  endelse

end
```

# 参 考 文 献

卞小林, 邵芸. IDL 程序设计与应用. 北京: 科学出版社, 2019.

董彦卿. IDL 程序设计: 数据可视化与 ENVI 二次开发. 北京: 高等教育出版社, 2012.

伏晴艳, 阚海东. 城市大气污染健康危险度评价的方法. 环境与健康杂志, 2004, 21(6): 414-416.

韩培友. IDL 可视化分析与应用. 西安: 西北工业大学出版社, 2006.

刘英, 朱蓉, 钱嘉鑫, 等. 多因子地表温度降尺度研究. 遥感信息, 2020, 35(6): 6-18.

全金玲, 占文凤, 陈云浩, 等. 遥感地表温度降尺度方法比较: 性能对比及适应性评价. 遥感学报, 2013, 17(2): 374-387, 361.

宋挺, 段峥, 刘军志, 等. Landsat8 数据地表温度反演算法对比. 遥感学报, 2015, 19(3): 451-464.

王桥, 厉青, 陈良富, 等. 大气环境卫星遥感技术及其应用. 北京: 科学出版社, 2011.

徐涵秋. 区域生态环境变化的遥感评价指数. 中国环境科学, 2013, 33(5): 889-897.

徐涵秋, 邓文慧. MRSEI 指数的合理性分析及其与 RSEI 指数的区别. 遥感技术与应用, 2022, 37(1): 1-7.

徐永明. ENVI 遥感软件综合实习教程. 北京: 科学出版社, 2019.

徐永明, 张宇, 白琳. 基于遥感数据监测若尔盖高原植被覆盖度变化. 高原气象, 2016, 35(3): 643-650.

阎殿武. IDL 可视化工具入门与提高. 北京: 机械工业出版社, 2003.

赵银娣. 遥感数字图像处理教程 IDL 编程实现. 北京: 测绘出版社, 2015.

Bowman K P. An Introduction to Programming with IDL: Interactive Data Language. New York: Academic Press, 2005.

Fanning D W. IDL Programming Techniques (2nd Edition). Fanning Software Consulting, USA, 2002.

Giglio L, Descloitres J, Justice C O, et al. An enhanced contextual fire detection algorithm for MODIS. Remote Sensing of Environment, 2003, 87(2-3): 273-282.

Gumley L E. Practical IDL Programming. San Fransisco: Morgan Kaufmann, 2002.

Gutman G, Ignatov A. The derivation of the green vegetation fraction from NOAA/AVHRR data for use in numerical weather prediction models. International Journal of Remote Sensing, 1998, 19(8): 1533-1543.

HDF Group. HDF4 User's Guide, Release 2.5, San Fransisco: Git Hub, 2010.

HDF Group. HDF5 User's Guide, Release 1.8.8, San Fransisco: Git Hub, 2011.

ITT Visual Information Solutions. ENVI Programmer's Guide. Boulder: ITT Visual Information Solutions, 2008.

ITT Visual Information Solutions. Using IDL. Boulder: ITT Visual Information Solutions, 2010.

Jiménez-Muñoz J C, Sobrino J A, Skoković D, et al. Land Surface Temperature Retrieval Methods From Landsat-8 Thermal Infrared Sensor Data. IEEE Geosciense and Remote Sensing Letters, 2014, 11(10): 1840-1843.

Kathleen S. MODIS Cloud Mask User's Guide. Madison: University of Wisconsin-Madison, 2005.

Kaufman Y J, Justice C O, Flynn L P, et al. Potential global fire monitoring from EOS-MODIS. Journal of Geophysical Research, 1998, 103(D24): 32215-32238.

Liang S. Narrowband to broadband conversions of land surface albedo I Algorithms, Remote Sensing of Environment, 2000, 76(2): 213-238.

Román M O, Wang Z, Shrestha R, et al. Black Marble User Guide Version 1. 0. Washington, DC: NASA, 2019.

Russ R, Glenn D, Steve E, et al. The NetCDF Users Guide, NetCDF Version 4. 1. 3. Boulder: University Corporation of Atmospheric Researchs, 2011.

Sandholt I, Rasmussen K, Anderson J. A Simple interpretation of the surface temperature/vegetation index space for assessment of the surface moisture status. Remote Sensing of Environment, 2002, 79: 213-224.

Vermote E F, Tanre D, Deuze J L, et al. Second simulation of the satellite signal in the solar spectrum, 6S: an overview. IEEE Transactions on Geoscience and Remote Sensing, 1997, 35(3): 675-686.

Xu Y, Qin Z, Shen Y. Study on the estimation of near surface air temperature from MODIS data by statistical methods. International Journal of Remote Sensing, 2012, 33(24): 7629-7643.